细说 Linux 基础知识

（第 2 版）

尚硅谷 IT 教育　组编

沈　超　李　明　等编著

電子工業出版社

Publishing House of Electronics Industry

北京 • BEIJING

内 容 简 介

本书详细讲解了Linux系统的特点和各发行版本，并提供了学习建议内容，包括：使用虚拟机构建Linux学习环境、常用Linux工具软件的使用、无人值守安装及网络安装；Linux服务器在生产环境中的管理建议；Linux常用命令；文本编辑器Vim的使用与进阶技巧；Linux源码包与二进制包的安装、软件包部署的建议；Linux用户和用户组的管理命令；Linux的权限管理、访问控制列表、系统特殊权限和文件属性权限、管理员授权；Linux文件系统介绍、文件系统管理常用命令、系统分区规划与操作等。

本书适合基于Linux平台进行服务部署、运维及开发的技术人员，以及大学计算机相关专业的学生使用，也可以作为学习云计算的入门书籍。

图书在版编目（CIP）数据

细说Linux基础知识/尚硅谷IT教育组编；沈超等编著. —2版. —北京：电子工业出版社，2019.10
ISBN 978-7-121-37397-8

Ⅰ. ①细… Ⅱ. ①尚… ②沈… Ⅲ. ①Linux操作系统－基本知识 Ⅳ. ①TP316.85

中国版本图书馆CIP数据核字（2019）第197953号

责任编辑：李 冰　　特约编辑：王 纲
印　　刷：北京七彩京通数码快印有限公司
装　　订：北京七彩京通数码快印有限公司
出版发行：电子工业出版社
　　　　　北京市海淀区万寿路173信箱　邮编：100036
开　　本：787×1092　1/16　印张：19.5　字数：474千字
版　　次：2018年8月第1版
　　　　　2019年10月第2版
印　　次：2023年2月第13次印刷
定　　价：79.00元

凡所购买电子工业出版社图书有缺损问题，请向购买书店调换。若书店售缺，请与本社发行部联系，联系及邮购电话：（010）88254888，88258888。

质量投诉请发邮件至zlts@phei.com.cn，盗版侵权举报请发邮件至dbqq@phei.com.cn。

本书咨询联系方式：libing@phei.com.cn。

前言

多年前，编者录制了一套 Linux 的视频教程，在互联网上好评如潮。讲解 Linux 技术的课程会有这么多人关注，大大出乎我们的意料。很多朋友希望我们出书，终于在 2018 年此事成行，我们出版了《细说 Linux 基础知识》和《细说 Linux 系统管理》两本书。今年，我们对这两本书进行了改版升级，推出了第 2 版，希望可以帮助更多想要学习 Linux 的读者。

2001 年，编者在自学 UNIX 的时候，转遍了北京西单图书大厦，只买到仅有的两本书，它们帮编者打开了第一份工作的大门。2003 年，北京市政府软件采购选择了 Linux，自此编者开始接触 Linux，相比 UNIX 的死板与固执，Linux 应用简便、软件丰富、社区活跃，深深地吸引了编者。后来，编者有幸加入一家 Linux 公司，还参与了相关的 Linux 考试命题，和 Ubuntu China 合作出版了 Ubuntu Linux 的教材。

这么多年过去了，编者依然保留着当年的那两本 UNIX 图书，希望这本书也可以带读者走进 Linux 的世界，这也是我们出书的初衷。

本书是编者十多年技术与教学经验的总结，我们试图通过通俗易懂的方式、由浅入深的讲解，给予每位 Linux 初学者帮助。近日在尚硅谷教育的汪洋、刘川与我们共同的努力下，推出了一系列免费的 Linux 视频教程，内容涵盖 Linux 基础知识和系统管理、Linux 网络服务与数据库管理、Linux 集群、Linux 虚拟化等众多内容，期望可以通过我们的视频教程，帮助到更多的初学者。

读者可以扫码关注尚硅谷教育官方公众号，回复“Linux”即可免费获取尚硅谷运维学科全套教程，内容由浅入深总计近 200 小时的视频讲解，附赠全部课件、文档、资料及随堂讲解使用的开源软件包，让你的 Linux 学习之路如虎添翼！

在此公众号你还可以获取更多免费视频教程，涵盖 Java、大数据、Python、Go、HTML5、Android 等技术视频，包括编者最新录制完成的求职指导和职业素养视频等。

如果读者想参加面授课程，也可以了解一下尚硅谷教育，这是编者所在的培训学校，目前在北京、上海、深圳都有分校，开设了大数据运维+Python 自动化、Java 高级工程师、HTML5 前端+

全栈、大数据+机器学习等众多课程。

最后，感谢参与本书编写工作的黄惠娟，也感谢刘川和汪洋给予本书的支持及建议。特别鸣谢李冰编辑，没有她的帮助，就没有本书的面世。

由于编者水平有限，书中不足及错误之处在所难免，敬请各位读者批评指正，联系邮箱：liming@atguigu.com。

编者

2019 年 8 月 9 日

目录

第 1 章　知其然知其所以然：Linux 系统简介

学前导读

好的开始是成功的一半。学习 Linux 的第一个问题是搞明白 Linux 是什么，了解其来龙去脉、前世今生，知道其发展趋势、应用前景，弄清楚为什么学习它，以及如何掌握它和使用它。本章致力于让读者对 Linux 有一个宏观的认识，后续章节再依次讲解 Linux 的每一部分的知识点。

工欲善其事，必先利其器。建议学习 Linux 的读者不要忽视本章。很多人看技术类图书都不喜欢或不重视第 1 章，甚至直接跳过去，觉得大多是介绍性的内容，并且没什么技术含量。建议读者还是认真阅读本书第 1 章的内容，一方面，更多地了解 Linux 相关知识对后续阅读本书助益良多；另一方面，本书第 1 章与其他书籍有所不同，它结合了编者的学习和工作经历，给出了很多指导，可供读者参考。

本章内容

- 什么是操作系统
- 从 UNIX 到 Linux
- 详细了解 Linux
- 学习 Linux 的建议

1.1　什么是操作系统

要讲明白 Linux 是什么，首先得说说什么是操作系统。

计算机系统是指按用户的要求，接收和存储信息、自动进行数据处理并输出结果信息的系统，它由硬件子系统（计算机系统赖以工作的实体，包括显示屏、键盘、鼠标、硬盘等）和软件子系统（保证计算机系统按用户指定的要求协调工作，如 Windows 操作系统、Office 办公软件等）组成。

而操作系统（Operating System，OS）是软件子系统的一部分，是硬件基础上的第一层软件，是硬件与其他软件的接口，就好似吃饭的桌子，有了桌子才能摆放碟子、碗、筷子、勺子等。它控制程序运行，管理系统资源，提供最基本的计算功能，如管理及配置内存、决定系统资源供需的优先次序等，同时还提供一些基本的服务程序。

（1）文件系统。提供计算机存储信息的结构，信息存储在文件中，文件主要存储在计算机的内部硬盘里，在目录的分层结构中组织文件。文件系统为操作系统提供了组织管理数据的方式。

（2）设备驱动程序。提供连接计算机的每个硬件设备的接口，设备驱动器使程序能够写入设备，而不需要了解操作每个硬件的细节。

（3）用户接口。操作系统需要为用户提供一种运行程序和访问文件系统的方法。如常用的 Windows 图形界面，可以理解为一种用户与操作系统交互的方式；智能手机的 Android 或 iOS 系统，也是操作系统的一种交互方式。

（4）系统服务程序。当计算机启动时，会启动许多系统服务程序，执行安装文件系统、启动网络服务、运行预定任务等操作。

目前流行的服务器和 PC 端操作系统有 Linux、Windows、UNIX 等。

作为一本应用类的技术指导书，本节不对操作系统的类型和功能等理论知识进行过多探讨，只是让读者明白操作系统也是软件，只不过它是底层的软件，位于计算机硬件和应用程序软件之间，提供最基本的计算功能，而 Linux 和 Windows 都是操作系统的一种。

1.2 从 UNIX 到 Linux

UNIX 与 Linux 之间的关系是一个很有意思的话题。在目前主流的服务器端操作系统中，UNIX 诞生于 20 世纪 60 年代末，Windows 诞生于 20 世纪 80 年代中期，Linux 诞生于 20 世纪 90 年代初，可以说 UNIX 是操作系统中的“老大哥”。

1.2.1 UNIX 的坎坷历史

UNIX 操作系统由肯·汤普森（Ken Thompson）和丹尼斯·里奇（Dennis Ritchie）发明。它的部分技术来源可追溯到从 1965 年开始的 Multics 工程计划，该计划由贝尔实验室、美国麻省理工学院和通用电气公司联合发起，目标是开发一种交互式的、具有多道程序处理能力的分时操作系统，以取代当时广泛使用的批处理操作系统。

说明： 分时操作系统使一台计算机可以同时为多个用户服务，连接计算机的终端用户交互式发出命令，操作系统采用时间片轮转的方式处理用户的服务请求，并在终端上显示结果（操作系统将 CPU 的时间划分成若干个片段，称为时间片）。操作系统以时间片为单位，轮流为每个终端用户服务，每次服务一个时间片。

可惜，由于 Multics 工程计划所追求的目标太庞大、太复杂，以至于它的开发人员都不知道要做成什么样子，最终以失败收场。

以肯·汤普森为首的贝尔实验室研究人员吸取了 Multics 工程计划失败的经验教训，于 1969 年实现了一种分时操作系统的雏形，1970 年该系统正式取名为 UNIX。想一下英文中的前缀 Multi 和 Uni，就明白了 UNIX 的隐意。Multi 是大的意思，大而繁杂；而 Uni 是小的意思，小而精巧。这是 UNIX 开发者的设计初衷，这个理念一直影响至今。

有意思的是，肯·汤普森当年开发 UNIX 的初衷是运行他编写的一款计算机游戏《Space Travel》，这款游戏模拟太阳系天体运动，由玩家驾驶飞船、观赏景色并尝试在各种行星和月亮上登陆。他先后在多个系统上试验，但运行效果不甚理想，于是决定自己开发一个操作系统，就这样，UNIX 诞生了。

自 1970 年后，UNIX 系统在贝尔实验室内部的程序员之间逐渐流行起来。1972 年，肯・汤普森的同事丹尼斯・里奇发明了传说中的 C 语言，这是一种适合编写系统软件的高级语言，它的诞生是 UNIX 系统发展过程中的一个重要里程碑，它宣告了在操作系统的开发中，汇编语言不再是主宰。到了 1973 年，UNIX 系统的绝大部分源代码都用 C 语言进行了重写，这为提高 UNIX 系统的可移植性打下了基础（之前操作系统多采用汇编语言编写，对硬件的依赖性强），也为提高系统软件的开发效率创造了条件。可以说，UNIX 系统与 C 语言是一对孪生兄弟，具有密不可分的关系。

20 世纪 70 年代初，计算机界还有一项伟大的发明——TCP/IP，这是当年美国国防部接手 ARPAnet 后所开发的网络协议。美国国防部把 TCP/IP 与 UNIX 系统、C 语言捆绑在一起，由 AT&T 发行给美国各个大学非商业的许可证，这为 UNIX 系统、C 语言、TCP/IP 的发展拉开了序幕，它们分别在操作系统、编程语言、网络协议这三个领域影响至今。肯・汤普森和丹尼斯・里奇因在计算机领域做出的杰出贡献，于 1983 年获得了计算机科学的最高奖——图灵奖。

随后出现了各种版本的 UNIX 系统，目前常见的有 Sun Solaris、FreeBSD、IBM AIX、HP-UX 等。

我们重点介绍一下 Solaris，它是 UNIX 系统的一个重要分支。Solaris 除可以在 SPARC CPU 平台上运行，还可以在 x86 CPU 平台上运行。在服务器市场上，Sun 的硬件平台具有高可用性和高可靠性，在市场上处于支配地位。对于难以接触到 Sun SPARC 架构计算机的用户来说，可以通过使用 Solaris x86 来体验世界知名大厂的商业 UNIX 风采。当然，Solaris x86 也可以用于实际生产应用的服务器，在遵守 Sun 的有关许可条款的情况下，Solaris x86 可以免费用于学习研究或商业应用。

FreeBSD 源于美国加利福尼亚大学伯克利分校开发的 UNIX 版本，它由来自世界各地的志愿者开发和维护，为不同架构的计算机系统提供了不同程度的支持。FreeBSD 在 BSD 许可协议下发布，允许任何人在保留版权和许可协议信息的前提下随意使用和发行，并不限制将 FreeBSD 的代码在另一个协议下发行，因此商业公司可以自由地将 FreeBSD 代码融入到它们的产品中。苹果公司的 OS X 就是基于 FreeBSD 的操作系统。

FreeBSD 与 Linux 的用户群有相当一部分是重合的，二者支持的硬件环境也比较一致，所采用的软件也比较类似。FreeBSD 的最大特点就是稳定和高效，是作为服务器操作系统的不错选择；但其对硬件的支持没有 Linux 完备，所以并不适合作为桌面系统。

其他 UNIX 版本因应用范围相对有限，在此不做过多介绍。

1.2.2　Linux 的那些往事

Linux 内核最初是由李纳斯・托瓦兹（Linus Torvalds）在赫尔辛基大学读书时出于个人爱好而编写的，当时他觉得教学用的迷你版 UNIX 操作系统 Minix 太难用了，于是决定自己开发一个操作系统。第一个版本于 1991 年 9 月发布，当时仅有 10 000 行代码。

李纳斯·托瓦兹没有保留 Linux 源代码的版权，公开了代码，并邀请他人一起完善 Linux。与 Windows 及其他有专利权的操作系统不同，Linux 开放源代码，任何人都可以免费使用它。

据估计，现在只有 2%的 Linux 核心代码是由李纳斯·托瓦兹自己编写的，虽然他仍然拥有 Linux 内核（操作系统的核心部分），并且保留了选择新代码和需要合并的新方法的最终裁定权。现在大家所使用的 Linux，编者更倾向于说是由李纳斯·托瓦兹和后来陆续加入的众多 Linux 爱好者共同开发完成的。

李纳斯·托瓦兹无疑是这个世界上最伟大的程序员之一，何况，他还建立了全世界最大的程序员交友社区 GitHub（开源代码库及版本控制系统）。

图 1-1　Linux Logo

关于 Linux Logo 的由来是一个很有意思的话题，它是一只企鹅（如图 1-1 所示）。

为什么选择企鹅，而不选择狮子、老虎或小白兔？有人说因为李纳斯·托瓦兹是芬兰人，所以选择企鹅；有人说因为其他动物图案都被用光了，李纳斯·托瓦兹只好选择企鹅。

编者更愿意相信以下说法：

企鹅是南极洲的标志性动物，根据国际公约，南极洲不属于世界上的任何国家，任何国家都无权将南极洲纳入其版图。Linux 选择企鹅图案作为 Logo，其含义是：开放源代码的 Linux 为全人类共同所有，任何公司无权将其私有。

1.2.3　UNIX 与 Linux 的亲密关系

二者的关系不是“大哥”和“小弟”，“UNIX 是 Linux 的父亲”这个说法更恰当。之所以要介绍它们的关系，是因为要告诉读者，在学习的时候，其实 Linux 与 UNIX 有很多的共通之处，简单地说，如果你已经熟练掌握了 Linux，那么再上手使用 UNIX 会非常容易。

二者也有两个大的区别：其一，UNIX 系统大多是与硬件配套的，也就是说，大多数 UNIX 系统如 AIX、HP-UX 等是无法安装在 x86 服务器和个人计算机上的，而 Linux 则可以运行在多种硬件平台上；其二，UNIX 是商业软件，而 Linux 是开源软件，是免费、公开源代码的。

Linux 受到广大计算机爱好者的喜爱，主要原因有两个：一是它属于开源软件，用户不用支付任何费用就可以获得它和它的源代码，并且可以根据自己的需要对它进行必要的修改，无偿使用，无约束地继续传播；二是它具有 UNIX 的全部功能，任何使用 UNIX 操作系统或想要学习 UNIX 操作系统的人都可以从 Linux 中获益。

开源软件是不同于商业软件的一种模式，从字面上理解，就是开放源代码，大家不用担心里面有什么秘密，这会带来软件的革新和安全。

另外，开源其实并不等同于免费，而是一种新的软件盈利模式。目前很多软件都是开源软件，对计算机行业与互联网影响深远。

开源软件本身的模式、概念比较晦涩，本书旨在指导读者应用 Linux，大家简要理解即可。

近年来，Linux 已经青出于蓝而胜于蓝，以超常的速度发展，从一个“丑小鸭”变成了一个拥有庞大用户群的、真正优秀的、值得信赖的操作系统。历史的车轮让 Linux 成为了 UNIX 最优秀的传承者。

1.2.4　UNIX/Linux 系统结构

UNIX/Linux 系统可以粗糙地抽象为 3 个层次（所谓粗糙，就是不够细致、精准，但是便于初学者抓住重点理解），如图 1-2 所示。底层是 UNIX/Linux 操作系统，一般称为内核层（Kernel）；中间层是 Shell 层，即命令解释层；高层则是应用层。

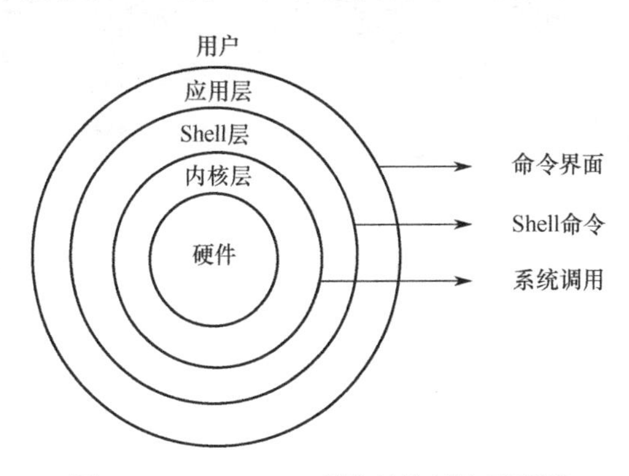

图 1-2　UNIX/Linux 系统结构层次示意图

1．内核层

内核层是 UNIX/Linux 系统的核心和基础，它直接附着在硬件平台上，控制和管理系统内各种资源（硬件资源和软件资源），有效地组织进程的运行，从而扩展硬件的功能，提高资源的利用效率，为用户提供方便、高效、安全、可靠的应用环境。

2．Shell 层

Shell 层是与用户直接交互的界面。用户可以在提示符下输入命令行，由 Shell 解释执行并输出相应结果或有关信息，所以我们也把 Shell 称为命令解释器，利用系统提供的丰富命令可以快捷而简便地完成许多工作。

3．应用层

应用层提供基于 X Window 协议的图形环境。X Window 协议定义了一个系统所必须具备的功能（如同 TCP/IP 是一个协议，定义软件所应具备的功能），任何系统能满足此协议及符合 X 协会其他的规范，便可称为 X Window。

现在大多数的 UNIX 系统上（包括 Solaris、HP-UX、AIX 等）都可以运行 CDE（Common Desktop Environment，通用桌面环境，是运行于 UNIX 的商业桌面环境）的用户界面；而在 Linux 上广泛应用的有 GNOME（如图 1-3 所示）、KDE 等。

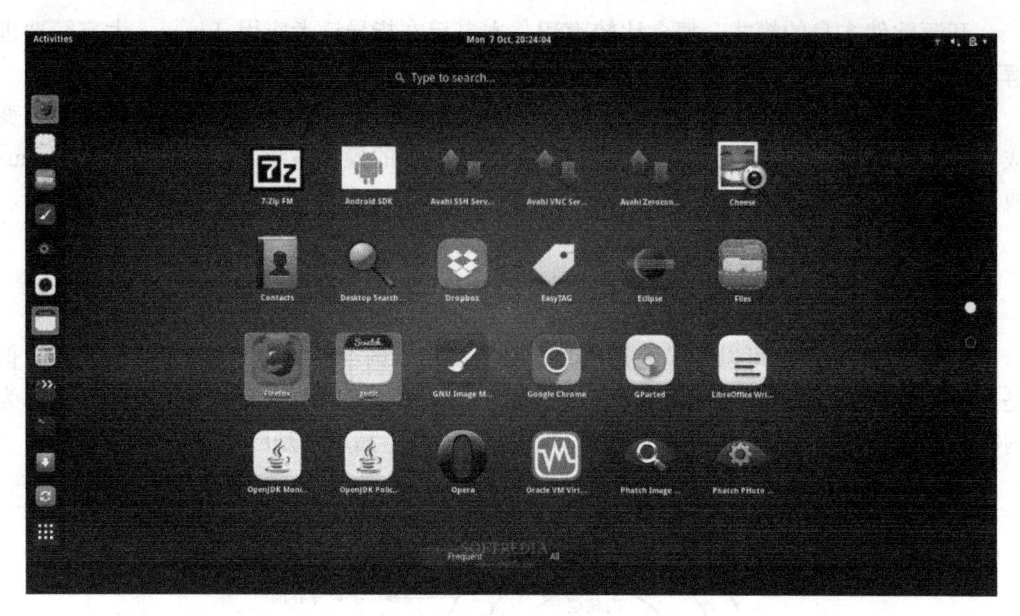

图 1-3　GNOME 图形界面

X Window 与微软的 Windows 图形环境有很大的区别：UNIX/Linux 系统与 X Window 没有必然捆绑的关系，也就是说，UNIX/Linux 可以安装 X Window，也可以不安装；而微软的 Windows 图形环境与内核捆绑密切。UNIX/Linux 系统不依赖图形环境，依然可以通过命令行完成 100%的功能，而且因为不使用图形环境还会节省大量的系统资源。

作为服务器部署，绝大多数 Linux 并不安装或并不启用图形环境，本书讲解的也基本上是 Linux 命令行下的操作。

1.3　详细了解 Linux

接下来我们介绍一下 Linux 系统的优缺点、应用领域和发行版本。

1.3.1　天使与魔鬼

Linux 不可比拟的优势如下。

1. 大量的可用软件及免费软件

Linux 系统上有着大量的可用软件，且绝大多数是免费的，比如声名赫赫的 Apache、Nginx、PHP、MySQL 等，构建成本低廉是 Linux 被众多企业青睐的原因之一。当然，这和 Linux 出色的性能是分不开的，否则，节约成本就没有任何意义。

但不可否认的是，Linux 在办公应用和游戏娱乐方面的软件相比 Windows 系统还很匮乏，Linux 更适合用在它擅长的服务器领域。

2．良好的可移植性及灵活性

Linux 系统有良好的可移植性，它几乎支持所有的 CPU 平台，这使得它便于裁剪和定制。我们可以把 Linux 放在 U 盘、光盘等存储介质中，也可以在嵌入式领域广泛应用。

如果读者希望不进行安装就体验 Linux 系统，则可以在网上下载一个 Live DVD 版的 Linux 镜像，刻成光盘放入光驱或用虚拟机软件直接载入镜像文件，设置 CMOS/BIOS 为光盘启动，系统就会自动载入光盘文件，启动进入 Linux 系统。

3．优良的稳定性和安全性

著名的黑客埃里克·雷蒙德（Eric S. Raymond）有一句名言："足够多的眼睛，就可让所有问题浮现。" Linux 开放源代码，将所有代码放在网上，全世界的程序员都看得到，有什么缺陷和漏洞，很快就会被发现，从而成就了它的稳定性和安全性。

4．支持几乎所有的网络协议和开发语言

经常有初学的朋友问我，Linux 是不是对 TCP/IP 支持得不好、是不是 Java 开发环境不好之类的问题。前面在 UNIX 发展史中已经介绍了，UNIX 系统是与 C 语言、TCP/IP 一同发展起来的，而 Linux 是 UNIX 的一种，C 语言又衍生出了现今主流的语言 PHP、Java、C++等，而哪一个网络协议与 TCP/IP 无关呢？所以，Linux 对网络协议和开发语言的支持都很好。

Linux 的优点在此不一一列举，只说明这几点供读者参考。Linux 不可能没有缺点，如桌面应用还有待完善、Linux 的标准统一还需要推广、开源软件的盈利模式与发展还有待考验等。

1.3.2　Linux 的应用领域

Linux 似乎在我们平时的生活中很少看到，那么它应用在哪些领域呢？其实，在生活中随时随地都有 Linux 为我们服务的例子。

1．网站服务器

访问国际知名的 Netcraft 网站"http://www.netcraft.com"，在"What's that site running?"的地址栏内输入想了解信息的网站地址，单击箭头图标即可搜索到相关信息，如图 1-4 所示。

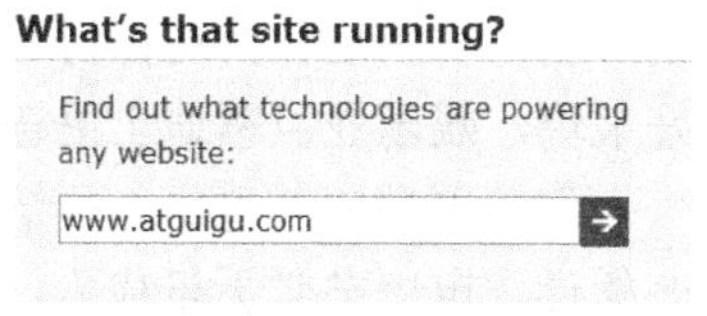

图 1-4　Netcraft 网站

在搜索结果中会看到网站的操作系统信息。如搜索尚硅谷网站"www.atguigu.com"，可以看到结果中的 OS（操作系统）。

Netcraft 可以理解为一个基于 Web 页面的扫描器，向目标电脑发送数据包，通过返回的应答数据包分析，获取对方电脑的信息。

验证一下哪些大型网站在使用 Linux。

大家常用的购物网站淘宝用的就是 Linux，如图 1-5 所示。如果你看到搜索结果中的

OS 项显示为“unknown”，可能是由于安装了防火墙或代理，无法准确地获取信息。

Site	http://www.taobao.com	Netblock Owner	Alibaba
Domain	taobao.com	Nameserver	ns4.taobao.com
IP address	195.59.70.252 (VirusTotal)	DNS admin	hostmaster@alibabadns.com
IPv6 address	Not Present	Reverse DNS	unknown
Domain registrar	hichina.com	Nameserver organisation	grs-whois.hichina.com
Organisation	unknown	Hosting company	vfns.net
Top Level Domain	Commercial entities (.com)	DNS Security Extensions	unknown
Hosting country	UK	Latest Performance	Performance Graph

⊟ Hosting History

Netblock owner	IP address	OS	Web server	Last seen Refresh
Alibaba	195.59.70.252	Linux	Tengine	7-Apr-2019
TAOBAO HONG KONG LIMITED	80.231.126.243	Linux	Tengine	1-Jul-2018
Alibaba	195.59.70.252	Linux	Tengine	28-Jun-2018
China Telecom Global Ltd	213.244.178.246	Linux	Tengine	13-Jun-2018
Alibaba	195.59.70.252	Linux	Tengine	9-Mar-2017
Alibaba	195.27.31.252	Linux	Tengine	15-Dec-2016

图 1-5　淘宝 Netcraft 搜索截图

为了节省篇幅，其他网站不一一截图，读者如果有兴趣可以搜索一下。其实业内知名的网站无一例外地应用着 Linux。如果你输入 download.microsoft.com，会发现微软的下载站等也在使用 Linux。

为什么这么多大型网站会采用 Linux 而不使用 UNIX 或 Windows 呢？其中一个重要的原因就是使用 Linux 的成本较低，而 UNIX 和 Windows 都是商业软件；另一个更重要的原因是出于安全和性能方面的考虑。

2. 电影工业

1998 年，上映了一部电影《泰坦尼克号》，那些看起来真实、恐怖的豪华巨轮与冰山相撞最终沉没的场面要归功于 Linux，归功于电影特技效果公司里终日处理数据的 100 多台 Linux 服务器。

在过去，SGI 图形工作站支配了整个电影产业，20 世纪 90 年代的影片《侏罗纪公园》中生动的恐龙正是从 SGI 上孕育出来的，SGI 的操作系统 Irix 就是 UNIX 的一种。当时所有动画制作公司都得看 SGI 的脸色。然而，从 1997 年开始，Linux 开始全面占领好莱坞，娱乐业巨擘迪士尼宣布全面采用 Linux，宣告了 SGI 的没落，Linux 走向辉煌。

好莱坞精明的电影人热情地拥抱 Linux，其中的原因不言而喻。首先，Linux 作为开源软件，可以节省大量成本；其次，Linux 具有商业软件不具备的功能定制化特点，各家电影厂商都可依据自己的制片需要铺设相关平台。到现在为止，使用 Linux 制作的好莱坞大片已经有几百部。

3. 嵌入式应用

嵌入式系统是以应用为中心，以计算机技术为基础，并且软硬件可定制，适用于各种应用场合，对功能、可靠性、成本、体积、功耗有严格要求的专用计算机系统。它一般由嵌入式微处理器、外围硬件设备、嵌入式操作系统及用户的应用程序 4 部分组成，用于实现对其他设备的控制、监视或管理等。嵌入式系统几乎涵盖了生活中的所有电器设备，如手机、平板电脑、电视机顶盒、游戏机、智能电视、汽车、数码相机、自动售货机、工业自动化仪表与医疗仪器等。

不得不提的是安卓系统（Android）。安卓是基于 Linux 的开源系统，主要适用于便携设备，如智能手机和平板电脑等，是 Google 公司为移动终端打造的真正开放和完整的移动软件。在如今的人工智能领域，安卓系统的占有率已然傲视群雄。

从安卓手机到智能机器人，从大型网站到美国太空站，Linux 都已涉足其中。Linux 的发展震动了整个科技界，动摇了微软一贯以来的霸主地位，并且为科技界贡献了一种软件制造的新方式。

Top500（www.top500.org）是评定全球 500 台最快的超算系统性能榜单，其最新的统计中，世界上 500 台超级计算机几乎全部运行着 Linux 系统。

1.3.3　Linux 的发行版本

新手往往会被 Linux 众多的发行版本搞得一头雾水，我们首先来解释一下这个问题。

从技术上来说，李纳斯·托瓦兹开发的 Linux 只是一个内核。内核指的是一个提供设备驱动、文件系统、进程管理、网络通信等功能的系统软件，但一个内核并不是一套完整的操作系统，它只是操作系统的核心。一些组织或厂商将 Linux 内核与各种软件和文档包装起来，并提供系统安装界面和系统配置、设定与管理工具，就构成了 Linux 的发行版本。

在 Linux 内核的发展过程中，各种 Linux 发行版本起了巨大的作用，正是它们推动了 Linux 的应用，从而让更多的人开始关注 Linux。因此，把 Red Hat、Ubuntu、SUSE 等直接说成 Linux 其实是不确切的，它们是 Linux 的发行版本，更确切地说，应该叫作"以 Linux 为核心的操作系统软件包"。Linux 的各个发行版本使用的是同一个 Linux 内核，因此在内核层不存在什么兼容性问题，每个版本有不一样的感觉，只是在发行版本的最外层（由发行商整合开发的应用）才有所体现。

Linux 的发行版本可以大体分为两类：一类是商业公司维护的发行版本，另一类是社区组织维护的发行版本。前者以著名的 Red Hat 为代表，后者以 Debian 为代表。很难说大量的 Linux 版本中哪一款更好，每个版本都有自己的特点。下面为大家介绍 4 款国内应用较多的 Linux 发行版本。

1. Red Hat Linux

Red Hat（红帽公司）创建于 1993 年，是目前世界上资深的 Linux 厂商，也是最获认可的 Linux 品牌之一。

Red Hat 公司的产品主要包括 RHEL（Red Hat Enterprise Linux，收费版本）、CentOS（RHEL 的社区克隆版本，免费版本）、Fedora Core（由 Red Hat 桌面版发展而来，免费

版本）。Red Hat 是国内使用最多的 Linux 版本，资料丰富，如果你有什么不明白的地方，容易找到人来请教，而且大多数 Linux 教程是以 Red Hat 为例来讲解的（包括本书）。

本书以国内互联网公司常用的 Linux 发行版本 CentOS 为例讲解，它是基于 Red Hat Enterprise Linux 源代码重新编译、去除 Red Hat 商标的产物，各种操作使用和付费版本没有区别，并且完全免费。缺点是不向用户提供技术支持，也不负任何商业责任。有实力的公司可以选择付费版本。

Red Hat 官方网站：http://www.redhat.com。

CentOS 官方网站：http://www.centos.org。

2. Ubuntu Linux

Ubuntu 基于知名的 Debian Linux 发展而来，界面友好，容易上手，对硬件的支持非常全面，是目前最适合作为桌面系统的 Linux 发行版本，而且 Ubuntu 的所有发行版本都免费提供。

Ubuntu 的创始人 Mark Shuttleworth 是一个非常具有传奇色彩的人物。他在大学毕业后创建了一家安全咨询公司，1999 年以 5.75 亿美元被收购，他由此一跃成为南非最年轻有为的本土富翁。作为一名狂热的天文爱好者，Mark Shuttleworth 于 2002 年自费乘坐俄罗斯联盟号飞船，在国际空间站中度过了 8 天的时光。之后，Mark Shuttleworth 创立了 Ubuntu 社区，2005 年 7 月 1 日建立了 Ubuntu 基金会，并为该基金会投资 1000 万美元。如今，他最热衷的事情就是到处为自由开源的 Ubuntu 进行宣传和演讲。

Ubuntu 官方网站：http://www.ubuntu.com。

3. SUSE Linux

SUSE Linux 以 Slackware Linux 为基础，原来是德国的 SUSE Linux AG 公司发布的 Linux 版本，1994 年发行了第一版，早期只有商业版本，2004 年被 Novell 公司收购后，成立了 OpenSUSE 社区，推出了自己的社区版本 OpenSUSE。

SUSE Linux 在欧洲较为流行，在国内也有较多应用。值得一提的是，它吸取了 Red Hat Linux 的很多特质。

SUSE Linux 可以非常方便地实现与 Windows 的交互，硬件检测非常优秀，拥有界面友好的安装过程、图形管理工具，对于终端用户和管理员来说使用非常方便。

SUSE 官方网站：https://www.suse.com。

OpenSUSE 官方网站：http://www.opensuse.org。

4. Gentoo Linux

Gentoo 最初由 Daniel Robbins（FreeBSD 的开发者之一）创建，首个稳定版本发布于 2002 年。Gentoo 是所有 Linux 发行版本里安装最复杂的版本，到目前为止仍采用源码包编译安装操作系统。不过，它是安装完成后最便于管理的版本，也是在相同硬件环境下运行最快的版本。

自从 Gentoo 1.0 面世后，它就像一场风暴，给 Linux 世界带来了巨大的惊喜，同时也吸引了大量的用户和开发者投入 Gentoo Linux 的怀抱。

有人这样评价 Gentoo：快速、设计干净而有弹性，它的出名是因为高度的自定制性，它是一个基于源代码的发行版。尽管安装时可以选择预先编译好的软件包，但是大部分使用 Gentoo 的用户都选择自己手动编译。这也是为什么 Gentoo 适合比较有 Linux 使用经验的老手使用。但要注意的是，由于编译软件需要消耗大量的时间，所以，如果所有的软件都由自己编译，并安装 KDE 桌面系统等比较大的软件包，则可能需要花费很长时间。

Gentoo 官方网站：http://www.gentoo.org。

Linux 的发行版本众多，在此不逐一介绍，下面给选择 Linux 发行版本发愁的读者一点建议：

如果你需要的是一个服务器系统，而且已经厌烦了各种 Linux 的配置，只是想要一个比较稳定的服务器系统，那么建议你选择 CentOS 或 RHEL；如果你只是需要一个桌面系统，既不想使用盗版，又不想花大价钱购买商业软件，不想自己定制，也不想在系统上浪费太多时间，可以选择 Ubuntu；如果你想深入摸索一下 Linux 各方面的知识，而且还想非常灵活地定制自己的 Linux 系统，那就选择 Gentoo 吧；如果你对系统稳定性要求很高，可以考虑 FreeBSD；如果你需要使用数据库高级服务和电子邮件网络应用，可以选择 SUSE……

以上纯属个人化建议，非官方指导意见。其实 Linux 的发行版本众多，但是系统的核心——内核系出同门，所以只要学会使用其中一种，即可触类旁通。

1.4 学习 Linux 的建议

本节介绍初学者如何学习 Linux。如果你已经确定对 Linux 产生了兴趣，那么接下来我们介绍一下学习 Linux 的方法。

1. 如何去学习

学习大多类似庖丁解牛，对事物的认识一般都有一个由浅入深、由表及里的过程，循序才能渐进。学习 Linux 同样要有一定的顺序和方法，当然这也是你购买本书学习的意义。如果你是初学者，那么建议按照本书的顺序阅读，不要跳跃，欲速则不达。

另外，强烈建议做好读书笔记，边看边记，边练习边思考，比勤奋更重要的是思考的能力，不要傻学、死学。养成看书的好习惯，学习类的图书如果没能看成自己知识的积累，就是白读。一本书，可能看一遍是不够的，多次阅读，反复实践，才能印象深刻。

2. 碰到问题怎么办

任何人学习和使用 Linux 或多或少会遇到问题，很多人遇到问题的第一个念头就是问人。没错，这可以快速解决问题。但是我们建议你先尝试自己解决问题，询问别人获得答案固然好，但是对于知识的积累和提升解决问题的能力并没有帮助，不要做依赖别人帮助的懒虫。在寻找答案的过程中，虽然会花费很多时间，也可能会遇到挫折，但久而久之你会发现，也许为了找一个问题的解答，你了解了 Linux 很多相关的知识，经验也越来越丰富。记住，你不可能永远有人问，也不可能永远有人愿意回答你。

Linux 系统的一个非常大的好处是，当命令执行错误或系统设置错误时，通常会清楚地显示错误信息，告诉你哪里出错了，只要认真观察报错信息，大概就知道问题出现在哪里、应该如何解决了。有的操作步骤复杂，出现状况时，回头检查一下，是不是前面步骤的命令敲错或配置文件改错。Linux 的帮助文档是很好的工具，命令的选项、配置文件的设置都可以从这里找到答案。

3．英文读不懂怎么办

每次在教授 Linux 课程的第一天，编者都要给学生介绍两个英文短语，一个是“No such file or directory”，另一个是“Command not found”。初学者在学习命令时问得最多的就是这两个问题：输入的文件或目录名称错误、命令没有被发现（命令敲错了）。

能看懂 Linux 的英文提示及英文文档非常重要。其实计算机英语很简单，只要熟记了计算机专业英语单词，高中毕业的英文水平就可以轻松阅读英文文档了。即便你的英文水平实在太差了，连最简单的计算机英文文档都看不懂，那么在学习 Linux 的同时学学英语，每天从背一定量的单词开始。编者的建议是每天背 30 个在电脑上看到的不认识的单词，30 个单词不需要你会读、会写、会念，看到单词知道意思即可，一般 3～5 个月，常见的计算机英语都能看懂。

4．忘记 Windows 的思维方式

思想的转变比暂时性的技术提高更重要，因为它能帮助你加快学习速度。很多人使用 Linux 时骨子里却还是 Windows 的思想，比如每次讲 Linux 安装都会有学生问：“老师，是把 Linux 装在 C 盘吗？”可见被 Windows“毒害”之深。Windows 是一个优秀的系统，它的易用性非常好，不过也正是因为易用性好，使用者往往不了解自己所做操作的原理。

大多数初学者已经习惯了使用 Windows 的图形界面来完成操作，可是我们在学习和日后使用 Linux 时基本上在命令行模式下，这让很多初学者很头疼也很困惑。这里的问题是“如何有效利用系统资源”，X Window 本身相当消耗系统资源，这也就是在架设 Linux 服务器时不启动图形界面的原因。如果你想深入了解 Linux，就必须学习命令行操作。

所以，我们在开始学习 Linux 之前，不要被 Windows 的思想所束缚。这其实是一个使用习惯的问题。

本章小结

通过本章的学习，了解 UNIX 与 Linux 的发展历史及关系、Linux 的主要应用领域、Linux 内核与 Linux 发行版本的区别及主流的发行版本、Linux 系统的优缺点；了解操作系统的概念、X Window 图形环境的特点、开源软件的特性；建立对 Linux 系统粗略和整体的认识，知道学习 Linux 时要注意的问题。

第2章 好的开始是成功的一半：Linux系统安装

学前导读

“要想知道梨子的味道就要先尝尝它”，学习 Linux 的第一个问题是搭建学习环境，以便开始本书的学习过程。很多新手对 Linux 望而生畏，皆因对 Linux 安装的恐惧，害怕 Windows 系统被破坏，害怕硬盘数据丢失……这些变成了新手的噩梦。本章将介绍如何搭建虚拟机的 Linux 环境、各种安装 Linux 的方法及远程管理工具的使用。

本书以 Red Hat 公司的社区版 Linux——CentOS 7.x 为例讲解。虽然 Linux 版本众多，但主要分为两个流派：Red Hat 与 Debian。二者最大的区别主要是软件包管理方式不同。不同版本的 Linux 在安装及使用方面大同小异，不过建议初学者使用我们示例的 Linux 版本，更加便于学习。

本章是我们万里长征的第一步。自本章开始，请大家边学、边练、边思考、边总结，实践才能出真知。

本章内容

- 虚拟机软件 VMware 的应用
- Linux 光盘安装及设置
- Linux U 盘安装
- Linux 无人值守安装
- 用 dd 命令复制安装 Linux
- 远程管理工具

2.1 虚拟机软件 VMware 的应用

编者第一次使用的虚拟机软件是 Virtual PC，至今印象深刻。此前一直天真地认为，介绍操作系统安装的截图都是作者用照相机对着屏幕咔嚓咔嚓拍下来的……直到遇到了虚拟机软件。

本节介绍的虚拟机软件是 VMware，简单来说，VMware 可以使你在一台计算机上同时运行多个操作系统（如 Windows、Linux、FreeBSD 同时运行）。在计算机上直接安装多个操作系统，同一个时刻只能运行一个操作系统，切换要重启才可以；而 VMware 可以同时运行多个操作系统，可以像 Windows 应用程序一样来回切换。虚拟机系统可以如同真实安装的系统一样操作，甚至可以在一台计算机上将几个虚拟机系统连接为一个局域网或连接到互联网。

在虚拟机系统中，每一台虚拟产生的计算机都被称为“虚拟机”，而用来存储所有虚拟机的计算机则被称为“宿主机”。例如，你的计算机的 Windows 即宿主机，而 VMware

安装的 Linux 则为虚拟机。

使用虚拟机软件 VMware 还有以下两点好处。

1. 减少因安装 Linux 系统而导致的数据丢失

太多的新手尝试安装 Linux 系统，从而导致原有的 Windows 系统被破坏，甚至硬盘数据丢失。使用 VMware 则不需要担心这个问题，在虚拟机系统上所做的任何操作，包括划分硬盘分区、删除或修改数据等，都是在虚拟硬盘中进行的，无论怎么折腾，最坏的结局不过就是重装虚拟机的系统而已。

编者去大学里办讲座，不是第一次就在几百人面前侃侃而谈、面不改色的，此前都要悄悄地在家里反复练习，准备好了才敢上阵。初学 Linux 也是一样的，千万不要在公司的服务器上做实验；而在虚拟机中则百无禁忌，可以大胆练习、随意尝试。

2. 可以方便地体验各种系统进行学习或测试

在同一台计算机上，可以通过 VMware 安装多个操作系统，编者的计算机上就通过 VMware 安装了 CentOS、Windows、Solaris、Ubuntu 等操作系统，方便体验各种不同的操作系统，测试操作系统平台迁移等也非常方便。

如果你只有一台计算机，那么学习 Linux 无法做一些需要多台主机的网络实验。有了 VMware 就可以解决这个问题，用虚拟机和宿主机进行网络通信、文件共享，和真实的网络操作一样。在硬件配置较高的情况下，还可以同时启动两三个甚至更多个虚拟机系统，进行虚拟机系统之间网络应用方面的实验。更多的惊喜是，如果你想使用 Linux 的 RAID 或 LVM 等需要多块硬盘的服务，或者想体验一下双 CPU 的设置、想试试在 Linux 下添加双网卡，通过 VMware 添加虚拟硬件都可以实现。

VMware 官方网站：http://www.vmware.com。

推荐使用版本：VMware Workstation Pro 或 VMware Workstation Player。其中，Player 版本推荐个人用户使用，非商业用途，是免费的。其他的 VMware 产品在此不做过多介绍。

使用 VMware 虚拟机软件的计算机硬件配置要达到要求，否则虚拟机运行速度会很慢，甚至不能运行。理论上，配置越高越好。现在主流的计算机配置都可以达到运行 VMware 的要求，千万不要用多年珍藏的“老古董”来运行 VMware，你会发现耐心并不是你的美德。再者，VMware 只是工具，没必要追求最新版本，能用即可。

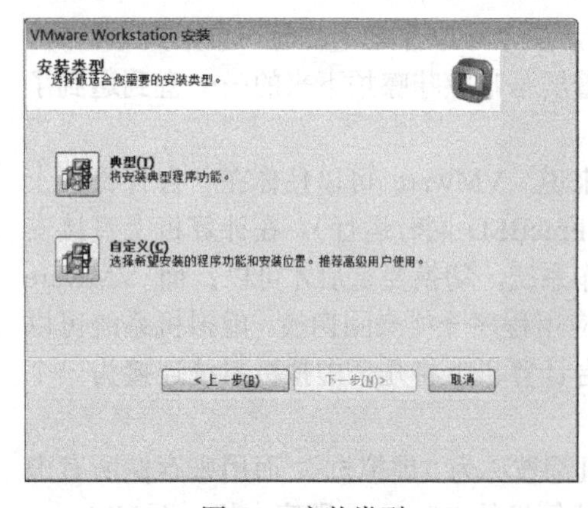

图 2-1 安装类型

VMware 支持多种平台，可以安装在 Windows、Linux 等操作系统上，初学者大多使用 Windows 系统，可下载 VMware Workstation for Windows 版本。如果是对英文有恐惧的读者，则可以使用汉化版本。VMware 软件的安装非常简单，与其他 Windows 软件类似，不做详细讲解。

唯一值得一提的是在安装过程中应选择何种安装类型，有典型安装和自定义安装两种，如图 2-1 所示，建议初学者选择典型安装。

VMware 安装好后，启动，进入主界面，如图 2-2 所示，我们依次进行新虚拟机设置。

图 2-2　VMware 主界面

单击“创建新的虚拟机”按钮，进入“欢迎使用新建虚拟机向导”对话框，有“典型（推荐）”配置和“自定义（高级）”配置，建议新手选择“典型（推荐）”，如图 2-3 所示。

单击“下一步”按钮进入“安装客户机操作系统”界面，这里选择“稍后安装操作系统”。如果选择“安装程序光盘”或“安装程序光盘映像文件（iso）”，那么 VMware 会帮助用户自动安装一个最小化的 Linux 操作系统，安装过程完全不用用户参与。这样做的好处是安装简单，适合初学者；坏处是完全不能干预安装过程，包括系统分区过程等，就失去了学习的意义，所以选择“稍后安装操作系统”，如图 2-4 所示。

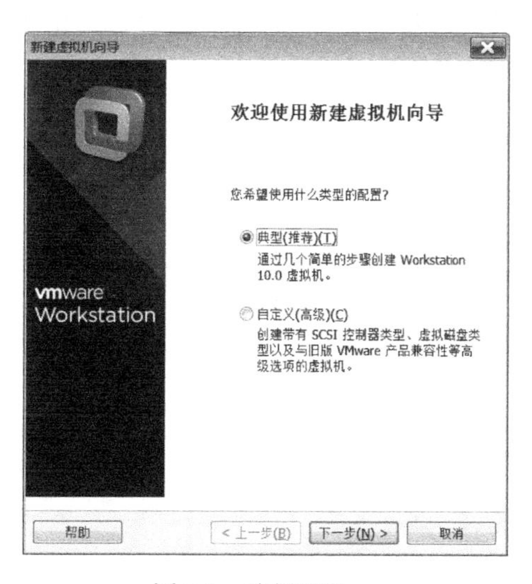

图 2-3　选择配置

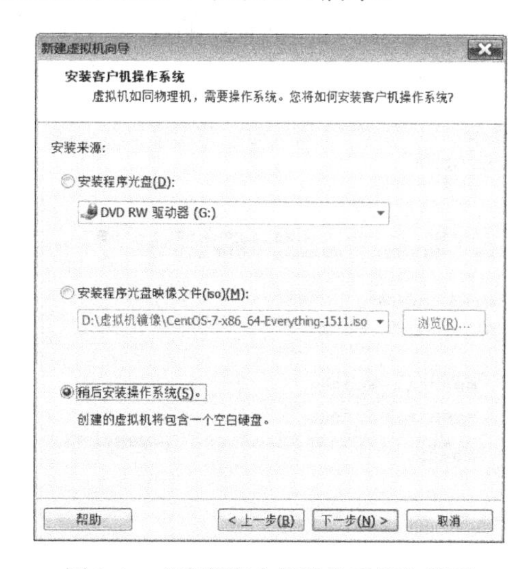

图 2-4　“安装客户机操作系统”界面

单击“下一步”按钮，进入“选择客户机操作系统”界面，选择“Linux”，然后在“版本”下拉列表框中选择要安装的对应的 Linux 版本，这里选择“CentOS 64 位”，如图 2-5 所示。

单击“下一步”按钮，进入“命名虚拟机”界面，给虚拟机起一个名字，如“CentOS 7.5-64”，然后单击“浏览”按钮，选择虚拟机系统安装文件的保存位置，如图 2-6 所示。

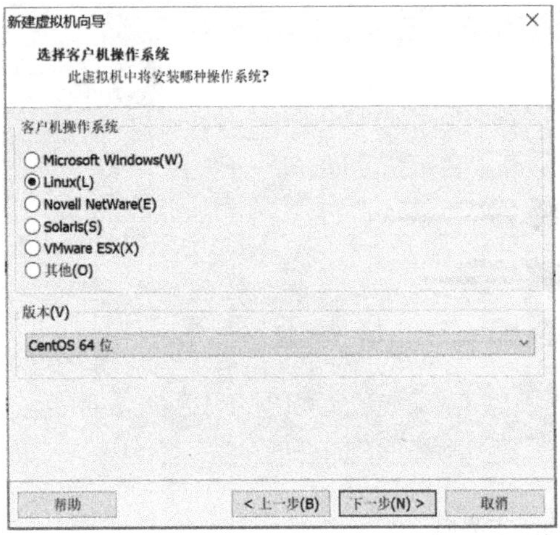

图 2-5 “选择客户机操作系统”界面

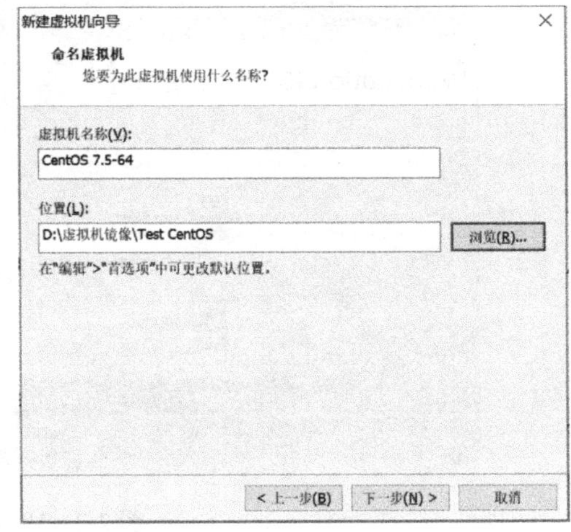

图 2-6 “命名虚拟机”界面

单击“下一步”按钮，进入“指定磁盘容量”界面。默认虚拟的硬盘大小为 20GB（虚拟出来的硬盘会以文件形式存放在虚拟机系统安装目录中）。虚拟硬盘的空间可以根据需要调整大小，但不用担心其占用的空间，因为实际占用的空间还是以安装的系统大小而非此处划分的硬盘大小为依据的。比如你设定了硬盘容量为 20GB，但是安装 Linux 只用了 4GB，那么实际上只会在你的 Windows 分区中占用 4GB 的空间，占用空间会随着虚拟机系统使用的空间增加而增加，如图 2-7 所示。

接下来进入“已准备好创建虚拟机”界面，确认虚拟机设置，不需要改动则单击“完成”按钮，开始创建虚拟机，如图 2-8 所示。

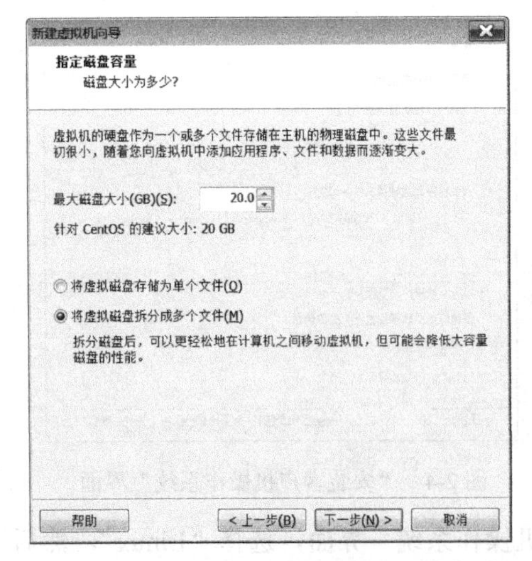

图 2-7 “指定磁盘容量”界面

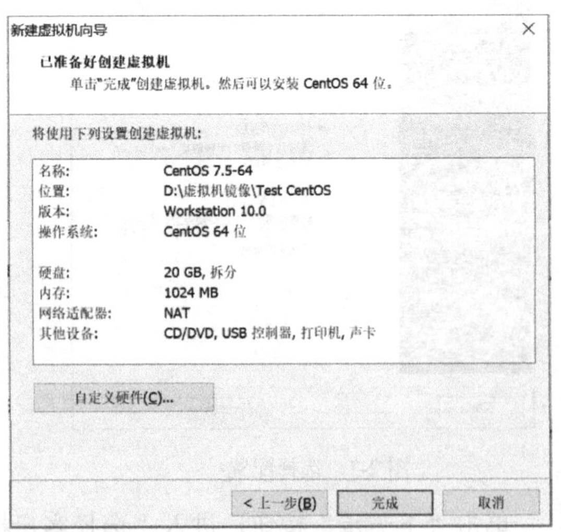

图 2-8 “已准备好创建虚拟机”界面

我们可以略做调整，单击“自定义硬件”按钮进入硬件调整界面。为了让虚拟机中的系统运行速度快一些，我们可以选择“内存”来调整虚拟机内存大小，但是建议虚拟机内存不要超过宿主机内存的一半。CentOS 7.x 最少需要 1GB 及以上内存，如图 2-9 所示。

图 2-9　定制硬件

选择“新 CD/DVD(IDE)”可以选择光驱配置。如果选择“使用物理驱动器”，则虚拟机会使用宿主机的物理光驱；如果选择“使用 ISO 映像文件”，则可以直接加载 ISO 映像文件，单击“浏览”按钮找到 ISO 映像文件位置即可，如图 2-10 所示。

图 2-10　光盘配置

选择“网络适配器”，将进入 VMware 新手设置中最难以理解的部分——设置网络类型，如图 2-11 所示。此设置较复杂，不过网络适配器配置在虚拟机系统安装完成后还可以再修改。

图 2-11　网络适配器配置

VMware 提供的网络连接有 5 种，分别是“桥接模式”“NAT 模式”“仅主机模式”“自定义”和“LAN 区段”。

- 桥接模式：相当于虚拟机的网卡和宿主机的物理网卡均连接到虚拟机软件所提供的 VMnet0 虚拟交换机上。因此，虚拟机和宿主机是平等的，相当于一个网络中的两台计算机。这种设置既可以保证虚拟机和宿主机通信，也可以和局域网内的其他主机通信，还可以连接 Internet，是限制最少的连接方式，推荐新手使用。
- NAT 模式：相当于虚拟机的网卡和宿主机的虚拟网卡 VMnet8 连接到虚拟机软件所提供的 VMnet8 虚拟交换机上，因此本机是通过 VMnet8 虚拟网卡通信的。在这种网络结构中，VMware 为虚拟机提供了一个虚拟的 NAT 服务器和一个虚拟的 DHCP 服务器，虚拟机利用这两个服务器可以连接到 Internet。所以，在正常情况下，虚拟机系统只要设定自动获取 IP 地址，就既能和宿主机通信，又能连接到 Internet 了。但是这种设置不能连接局域网内的其他主机。
- 仅主机模式：宿主机和虚拟机通信使用的是 VMware 的虚拟网卡 VMnet1，但是这种连接没有 NAT 服务器为虚拟机提供路由功能，所以只能连接宿主机，不能连接局域网，也不能连接 Internet。
- 自定义：可以手工选择使用哪块虚拟机网卡。如果选择 VMnet0，就相当于桥接网络；如果选择 VMnet8，就相当于 NAT 网络。
- LAN 区段：这是新版 VMware 新增的功能，类似于交换机中的 VLAN（虚拟局域网），可以在多台虚拟机中划分不同的虚拟网络。

以上对于 VMware 网络的描述，读者看完了可能会有点困惑。简单总结一下：在 VMware 安装好后，会生成两个虚拟网卡——VMnet1 和 VMnet8（在 Windows 系统的“网络连接”中可以看到），如图 2-12 所示。

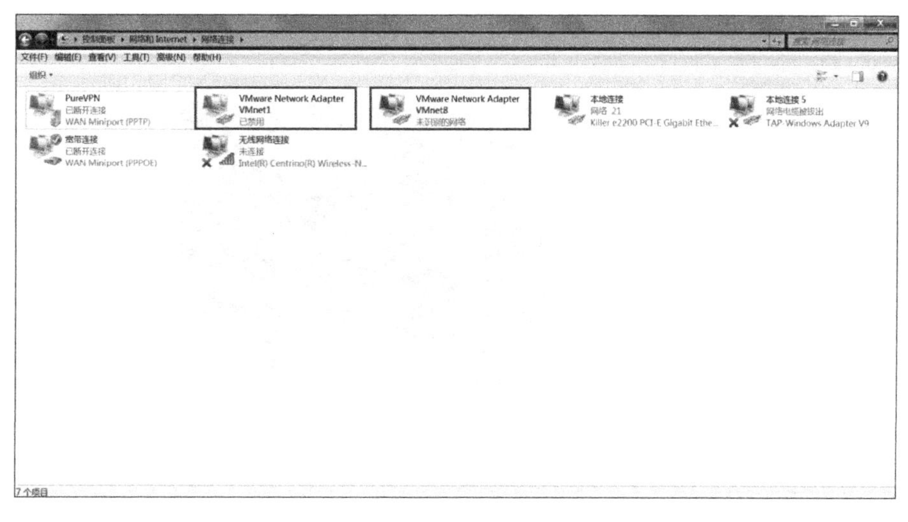

图 2-12　虚拟网卡

其中常用设置为：一种情况是需要宿主机的 Windows 和虚拟机的 Linux 能够进行网络连接，使用“桥接模式”（桥接时，Linux 也可以访问互联网，只是虚拟机需要配置和宿主机 Windows 同样的联网环境）；另一种情况是需要宿主机的 Windows 和虚拟机的 Linux 能够进行网络连接，同时虚拟机的 Linux 可以通过宿主机的 Windows 连接互联网，使用“NAT 模式”。

单击“完成”按钮，可看到如图 2-13 所示的虚拟机操作界面。当然，这只是一台新建的虚拟机，还没有安装任何操作系统。

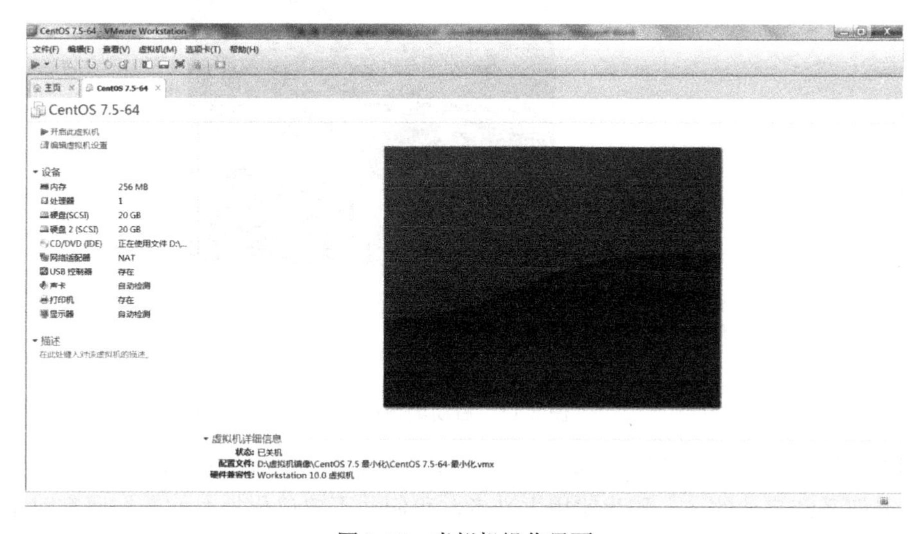

图 2-13　虚拟机操作界面

这时如果还想调整虚拟机的硬件配置，则可以选择“虚拟机”→“设置”命令，重新进入“硬件”界面，如图 2-14 所示。

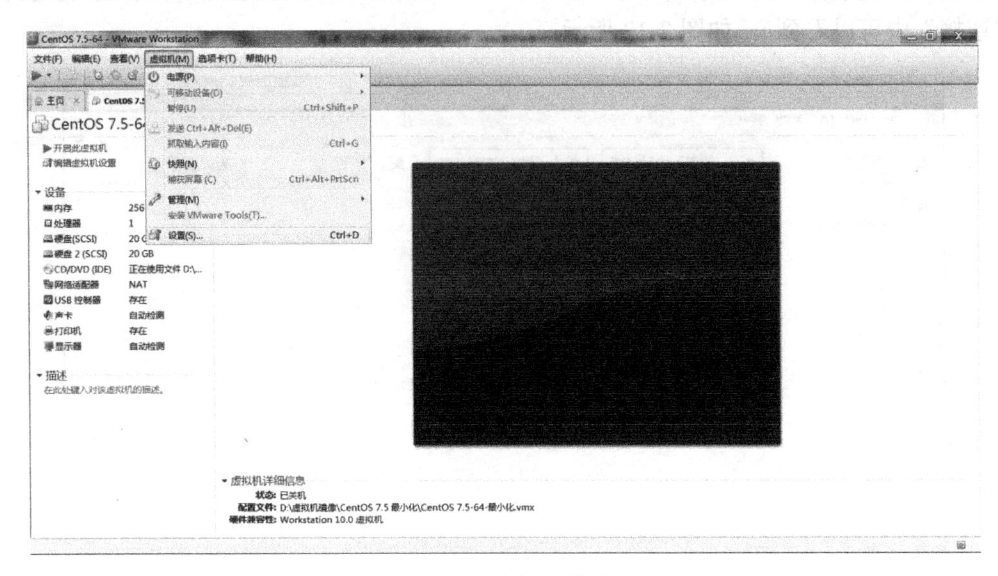

图 2-14　虚拟机设置

可关闭虚拟机中关于软驱的自动检测设置，以减少启动检测时间。至此，VMware 新建虚拟机设置完成，单击“开启此虚拟机”按钮就可以开始安装虚拟机系统了，如图 2-15 所示。

图 2-15　启动虚拟机

本书不讲解 Linux 和 Windows 双系统安装，为什么？道理很简单，你不会看到任何服务器是双系统启动的……作为实用主义者，我们并不建议你把时间花在研究双系统或多系统的安装使用上，意义不大。体验多个系统，使用我们介绍的虚拟机方式即可。

2.2 Linux 光盘安装及设置

接下来，我们开启 CentOS 的安装之旅。

2.2.1 CentOS 7.x 版本的区别

CentOS 7.x 可安装在 i386、x86_64 的 CPU 硬件平台上，我们使用的个人计算机多从 i386 发展而来，现在到了 i686，是向下兼容的；而 x86_64 则是用于 x86 CPU 架构的 64 位硬件平台。也就是说，如果是 32 位的 CPU，则安装 i386 版本；如果是 64 位的 CPU，则安装 x86_64 版本。所以需要下载正确的安装版本，才可顺利安装。CPU 的信息可在开机时进入 BIOS 查看。不过一般 32 位或 64 位的硬件平台都可以运行 32 位的操作系统，作为学习来说，倒是没有大碍，像上面提及的出错情况较少发生。若使用 VMware 安装，则下载 i386 的版本即可。

试验环境使用 32 位操作系统消耗的资源更小，推荐使用 32 位操作系统。不过需要注意的是，32 位的操作系统，理论上最大只支持 2 的 32 次方 bit 大小的内存，约为 4GB。这么小的内存支持量，明显已经不适合生产环境的真实服务器了，所以如果在真实服务器上，则必须安装 64 位的操作系统。

CentOS 7.x 官网目前主要提供两个版本可供下载（之前一段时间，官网还提供一种 Everything ISO，目前官网已经不提供此版本了）。

- DVD ISO：这是 CentOS 标准安装版本，里面包含了 CentOS 安装所需的绝大多数软件包，大多数情况下请选择此版本。
- Minimal ISO：最小化安装版本，里面提供了安装 CentOS 所需的最少软件包组合。如果在生产服务器上，我们推荐最小化安装，需要什么软件再手工进行安装，这样占用的系统资源更小。但是这个版本对初学者来讲，很多基本的命令和工具都没有安装，使用起来并不方便，所以推荐初学者使用 DVD ISO 版本。

我们下载并使用 DVD ISO 版本的 CentOS。

2.2.2 光盘安装 CentOS 7.x

在光驱中放入安装光盘，或者在虚拟机光驱设置中直接指定下载的 ISO 镜像。推荐使用后者，比较环保。然后单击“开启此虚拟机”按钮启动虚拟机，在启动界面按 F2 键，进入虚拟机的 BIOS 设置（注意：要用鼠标单击虚拟机后，再按 F2 键）。

现在的计算机由于性能强大，虚拟机模拟的启动界面速度非常快，按 F2 键的时间变得非常短暂，用户很难来得及按 F2 键。所以虚拟机提供了启动直接进入 BIOS 设置的按钮，单击绿色启动三角旁的小箭头，可以看到启动选项，选择“启动时进入 BIOS”，如图 2-16 所示。

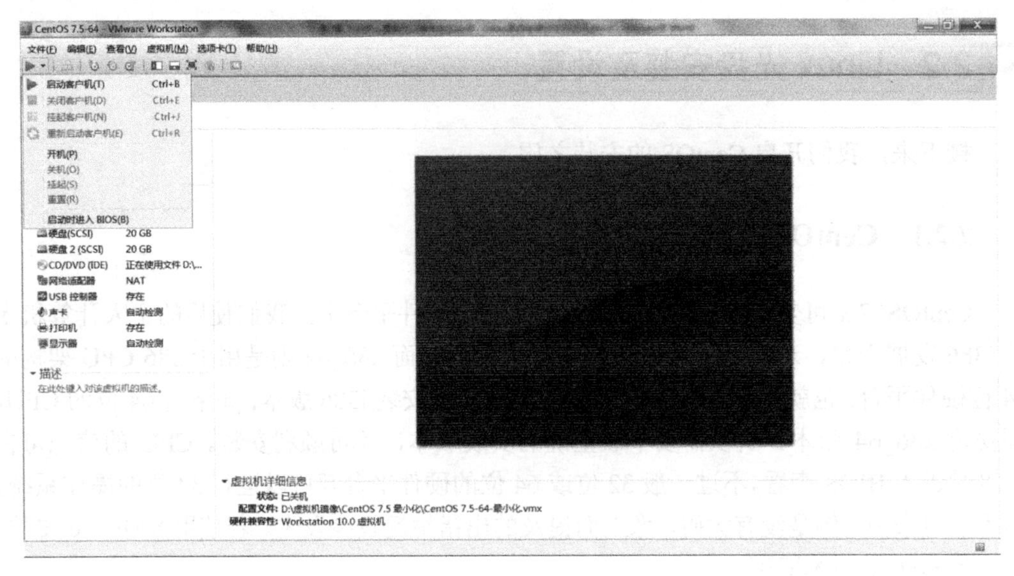

图 2-16　启动时进入 BIOS

进入虚拟机 BIOS 后，会看到如图 2-17 所示的界面。

在此界面中，按箭头键移动光标，按加号键或减号键改变键值，按 Esc 键退出，按 Enter 键确定，按 F10 键保存退出。

移动光标到 Boot（启动）项，修改启动顺序。把光标移动到 CD-ROM Drive（光驱）上，按加号键把 CD-ROM Drive 变为第一项，让光盘成为第一启动设备，如图 2-18 所示。

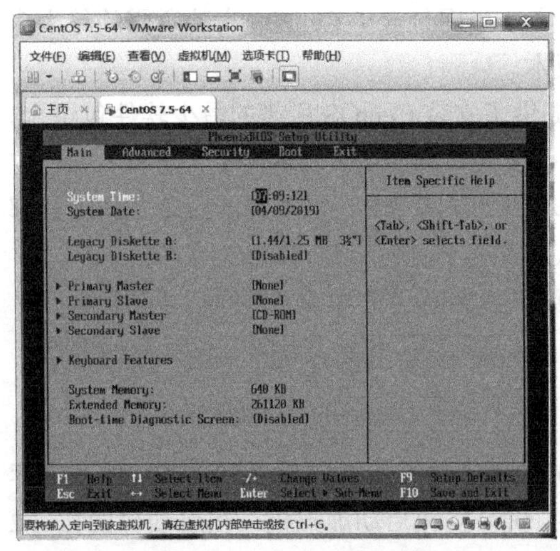

图 2-17　虚拟机 BIOS 界面

图 2-18　修改启动顺序

务必记得在 Linux 系统安装完成后，要改回 Hard Drive（硬盘驱动）为第一启动设备，否则每次启动虚拟机，都将进入 Linux 安装界面。

按 F10 键保存退出后，就能看到 Linux 的安装欢迎界面了，如图 2-19 所示。以下 Linux 安装过程和在真实计算机中安装没有任何差别。

在安装欢迎界面上有以下 3 个选项。

- Install CentOS 7：安装 CentOS 7，请选择此项。
- Test this media & install CentOS 7：测试光盘镜像并安装 CentOS 7，注意此选项是默认选项。
- Troubleshooting：故障排除。

这里默认选项是“Test this media & install CentOS 7”，这个选项会先检测光盘，这个检测非常浪费时间，而且没有太大的意义。所以请选择“Install CentOS 7”，直接安装 CentOS 7 即可。

如果选择了“Troubleshooting”，则会出现新的选项，如图 2-20 所示。

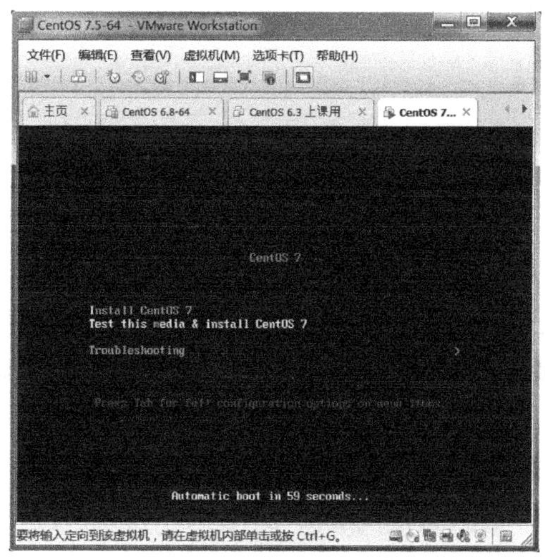

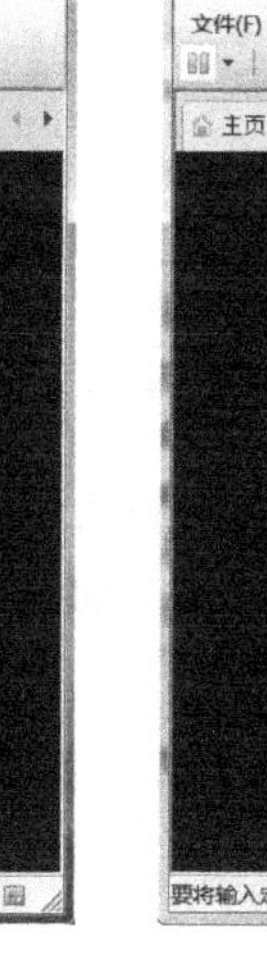

图 2-19　Linux 的安装欢迎界面

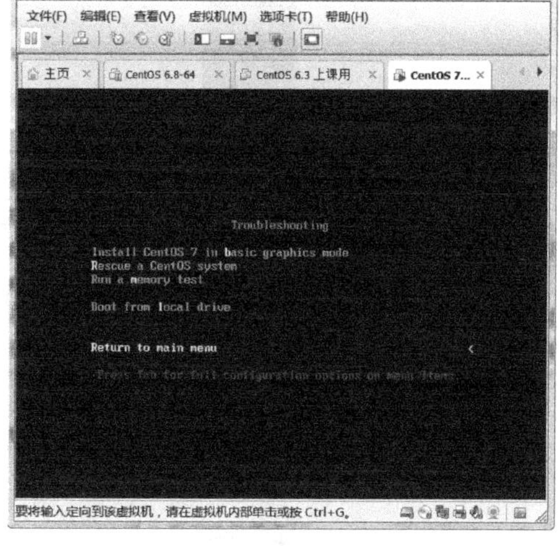

图 2-20　故障排除

这里有以下几个选项。

- Install CentOS 7 in basic graphics mode：使用基本图形模式安装 CentOS 7，就是字符界面。
- Rescue a CentOS system：进入系统修复模式。
- Run a memory test：内存检测。
- Boot from local drive：从本地硬盘启动。
- Return to main menu：返回主界面。

这些选项是进行 Linux 高级安装操作的选项，如“Rescue a CentOS system”这个选项就是修复 Linux 系统错误使用的，我们会在启动章节讲解修复模式的使用方法，这里先忽略这些选项。

我们这里选择“Install CentOS 7”开始 Linux 安装。

注意：*在虚拟机系统和宿主机系统之间，鼠标是不能同时起作用的。如果从宿主机进入虚拟机，则需要单击虚拟机；当从虚拟机返回宿主机时，按 Ctrl + Alt 组合键退出。*

等待一会，就会进入选择安装系统默认语言的界面，这里可以根据需要选择你需要的语言，我们当然建议大家选择“简体中文（中国）”，如图 2-21 所示。

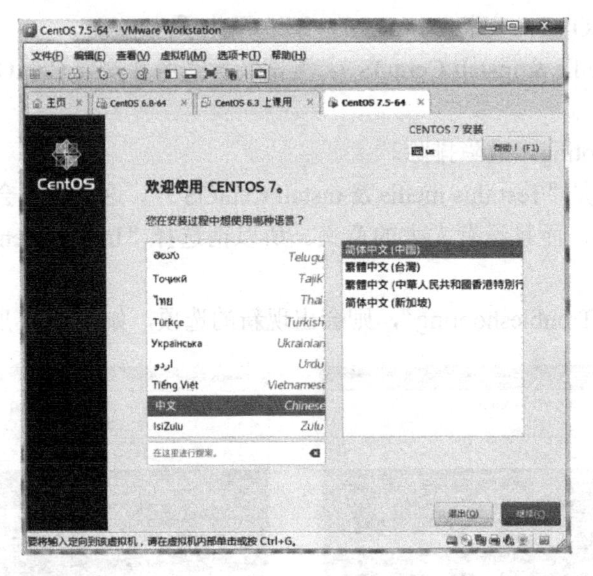

图 2-21　默认语言选择

单击“继续”按钮，进入“安装信息摘要”界面。CentOS 7 安装过程所需要的信息全部都在这一个界面中进行配置，不再像之前的 CentOS 版本，一步一步进行配置，如图 2-22 所示。

图 2-22　安装信息摘要

这里需要配置的内容很多，可以通过鼠标滚轮进行调节。我们一个一个来看，首先选择“日期和时间”，进入日期和时间配置界面。这里可以设定时区、时间和日期，时区有“上海”和“乌鲁木齐”，可以根据实际情况进行选择。

设置好之后，单击“完成”，会返回“安装信息摘要”界面。接下来的“键盘”使用默认选项即可，我们就不多介绍了。

我们接下来选择“语言支持”选项，有读者会问，我们之前不是已经选择语言了吗？怎么还要选择？大家注意，之前选择的语言是系统的默认语言，只能选择一个；而这里选择的是系统支持语言，可以选择多个。也就是说，如果除了支持中文之外，还想支持其他的语言，就可以在这里选择。如图 2-23 所示，大家如果仔细看，会发现这里的语言选择提供了复选框，代表可以选择多种语言。

图 2-23　选择系统支持语言

单击“完成”，返回“安装信息摘要”界面。接下来我们选择“安装源”选项，会看到“安装源”界面。这里可以选择本地安装源或网络安装源。这里使用默认的本地光盘安装源即可，如图 2-24 所示。

图 2-24　“安装源”界面

单击“完成”，返回“安装信息摘要”界面。接下来我们单击“软件选择”选项，会进入“软件选择”界面，如图 2-25 所示。

图 2-25 “软件选择”界面

在“软件选择”界面中，左半边是选择安装的软件包基本环境，而右半边是已选环境中可以选择的附加选项。

左边的“基本环境”中，后三种“GNOME 桌面”“KDE Plasma Workspaces”“开发及生产工作站”安装之后，Linux 拥有图形界面。对服务器端的 Linux 来说，图形界面会占用更多的资源，开启更多的服务，这会使服务器的性能和安全性下降，所以我们建议不要选择这三种安装方式。

如果站在服务器端的角度，我们建议选择“最小安装”。“最小安装”的优点在于安装的软件少，系统占用的资源更少；而且安装的软件少，出错的概率也小。这种安装的缺点在于不方便使用，安装的软件少，导致大量的常用工具及命令没有安装，需要手工安装。而服务器主要追求的是安全与稳定，那么明显“最小安装”在安全性与稳定性上占有优势。至于不方便使用，可能就不是专业运维工程师所考虑的问题了。

至于其他安装选项，主要可以在安装系统的时候，同时安装一些程序及服务。例如“基础设施服务器”是在常规安装的基础之上，可以选装 Linux 常用服务，如 DNS、FTP 等；“虚拟化主机”是在常规安装的基础之上，安装了 KVM、Virtual Machine Manager 等虚拟化组件。这些组件都可以在“最小安装”之后手工进行安装。

我们这里选择“最小安装”，同时在右侧勾选“调试工具”“兼容性程序库”“开发工具”这三个子选项，这能在最小化安装基础之上，安装一些系统必备的工具。

单击“完成”，返回“安装信息摘要”界面。接下来单击“安装位置”，会进入“安装目标位置”界面，也就是分区的界面。在这个界面下，可以选择“添加硬盘”来给 Linux 加入新的硬盘。分区选项中，我们可以选择“自动配置分区”，这样 Linux 会自动进行分区；也可以选择“我要配置分区”，这是手工分区的方式，如图 2-26 所示。

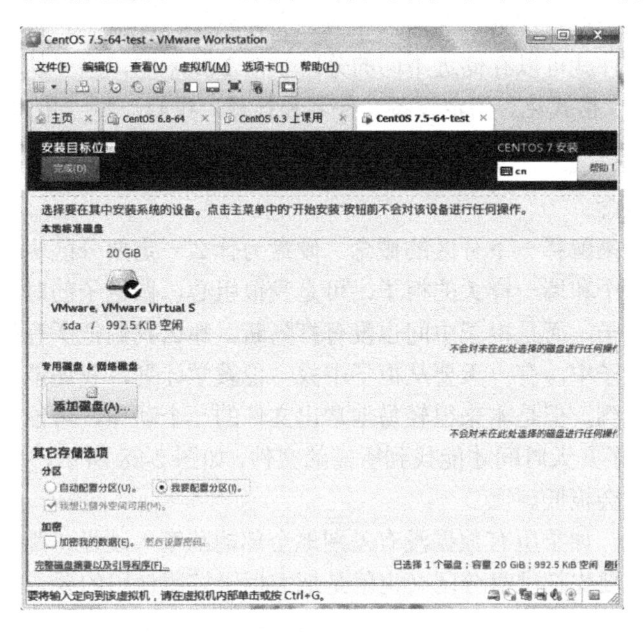

图 2-26 “安装目标位置”界面

如果选择“自动配置分区”，则默认会使用 LVM（逻辑卷管理）方式进行分区，而读者目前只是初学状态，LVM 我们会在高级文件系统管理章节再进行探讨。所以我们目前选择“我要配置分区”，来进行手工分区设置。

勾选“我要配置分区”，然后单击“完成”，会进入“手动分区”界面，如图 2-27 所示。

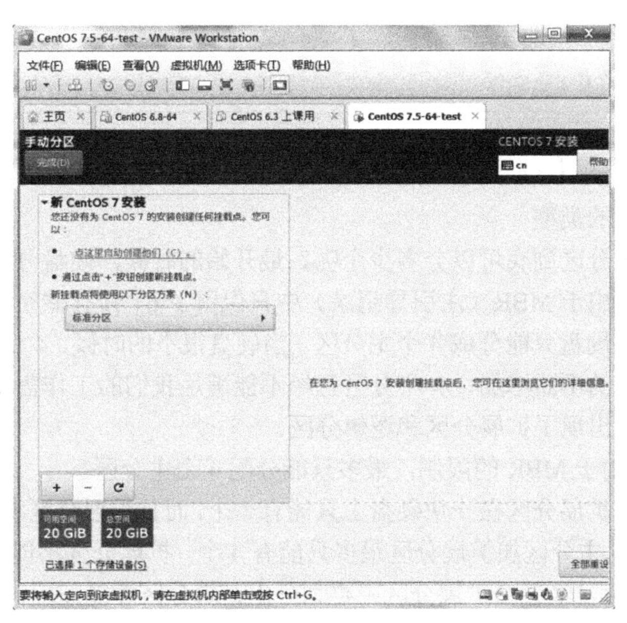

图 2-27　“手动分区”界面

硬盘分区是本章的重点和难点，我们需要单独进行讲解。硬盘分区是使用分区编辑器在硬盘上划分几个逻辑部分，并写入相应的文件系统。硬盘一旦被划分成数个分区，不同类的目录与文件就可以存储进不同的分区。在 Linux 中，给一块硬盘分区，主要需要 4 个步骤：分区、格式化、指定设备文件名和挂载。我们一步一步来介绍这 4 个步骤。

1．硬盘的分区

（1）分区的概念

我们举个例子来解释一下分区的概念。硬盘为什么一定要分区呢？想象一下，编者在办公室里做了一个和墙一样大的柜子，可是我很粗心，做柜子的时候没有把大柜子分成合适大小的小柜子，而且柜子中间也没有打隔断。那么我们把所有的办公用品全部放入这个不合理的柜子中，有一天要从柜子中找一份教学计划，我还能找到这份文件吗？答案是当然能够找到，但是本来很轻易地拿出文件的一个动作，可能会变成整个柜子中文件的大清理，用了几天时间才能找到所需的文件。如图 2-28 所示，如果柜子做成这样，查找文件的效率就会极低。

硬盘也是如此，如果所有数据没有差别地全部胡乱塞入硬盘，那么数据的读取效率会非常低。所以需要先把硬盘分区（也就是把大柜子按照使用的要求分成多个小柜子），这样不同的数据保存到不同的分区中，管理起来效率就会更高，如图 2-29 所示。

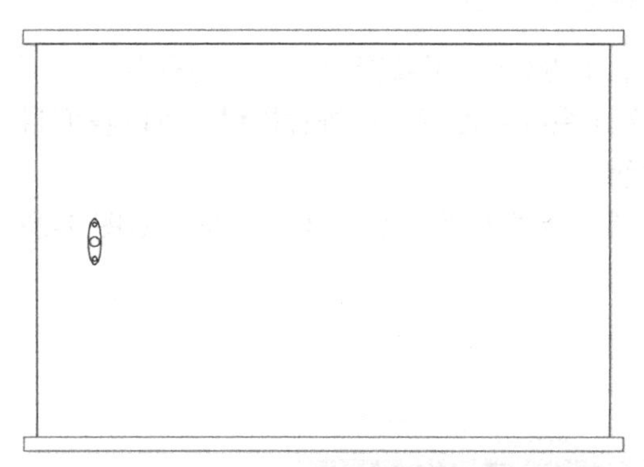

图 2-28　柜子示意图

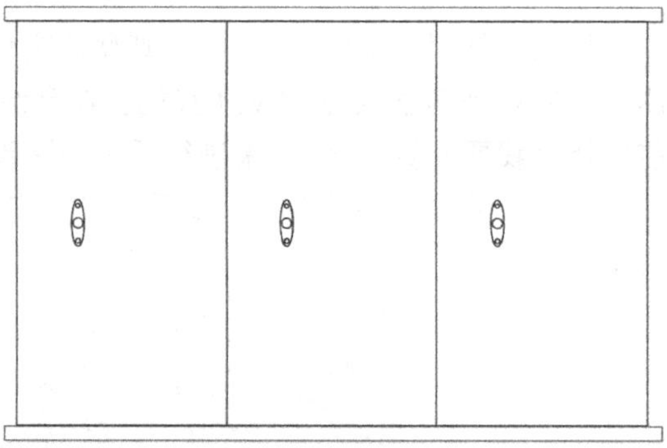

图 2-29　硬盘分区

（2）硬盘分区的类型

可是硬盘当中分区到底可以分多少个呢？最开始的时候，硬盘分区只有一种类型，就是主分区，但是由于 MBR（主引导记录）中只保留了 64 B 存储空间，而每个分区要用 16 B，所以一块硬盘只能分成 4 个主分区。当硬盘很小的时候，4 个主分区足够使用；但是随着硬盘容量的不断增加，4 个分区已经不能满足我们的工作需要了。这时为了分配更多的分区，就出现了扩展分区和逻辑分区。

- 主分区。由于 MBR 的限制，最多只能分配 4 个主分区。
- 扩展分区。扩展分区在一块硬盘上只能有 1 个，而且扩展分区和主分区是平级的，也就是说，主分区加扩展分区最多只能有 4 个。扩展分区不能直接写入数据，也不能格式化，需要在扩展分区中再划分出逻辑分区才能使用。
- 逻辑分区。逻辑分区是在扩展分区中再划分出来的。在 Linux 系统中，IDE 硬盘最多有 59 个逻辑分区（加 4 个主分区最多能识别 63 个分区），SCSI 硬盘最多有 11 个逻辑分区（加 4 个主分区最多能识别 15 个分区）。

这三种分区可以用图 2-30 表示。在图 2-30 中，分区 1、2、3 是主分区，分区 4 是扩展分区，而分区 5 和 6 是逻辑分区。扩展分区不能写入数据，也不能格式化，唯一的作用就是包含逻辑分区。大家可以理解为柜子 4 是一个大柜子，这个柜子不能放文件，只能在里面放小柜子（逻辑分区）。

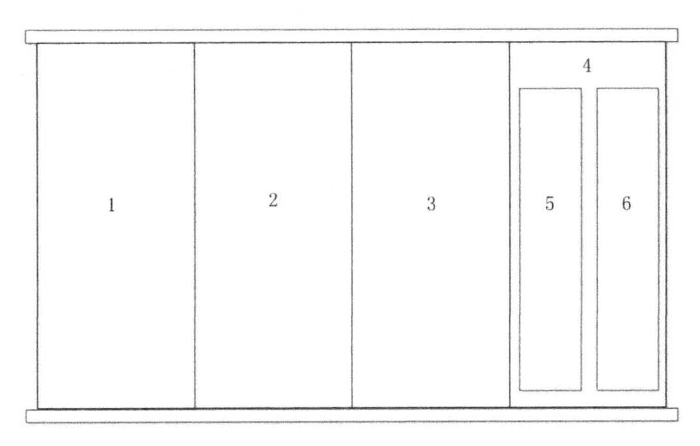

图 2-30　分区类型

2. 格式化

分区有了，就可以向里面存储数据了吗？当然不是。我们还用柜子来说明，大柜子分成了小柜子就能放文件了吗？还是不行，柜子当然要打入隔断，才能放入数据，如图 2-31 所示。

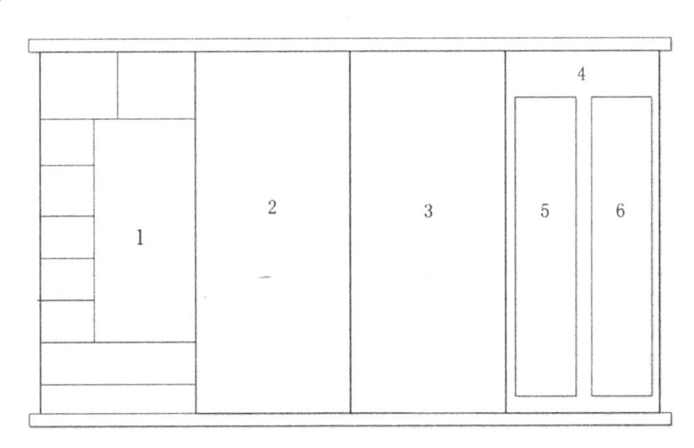

图 2-31　格式化示意图

对柜子来讲，格式化就是打入隔断；对硬盘来讲，格式化的目的是写入文件系统。很多人认为格式化是为了清空数据，这个概念是错误的。目前常见的文件系统有以下几种。

- Ext3 文件系统：Ext2 文件系统的升级版本，带日志功能，支持最大 16TB 的分区和最大 2TB 的文件（1TB=1024GB=1024×1024MB）。而且 Ext3 文件系统最大只支持 32000 个子目录。

- Ext4 文件系统：Ext3 文件系统的升级版，向下兼容 Ext3 文件系统，支持无限量子目录，支持最大 1EB（1EB=1024PB=1024×1024TB）的文件系统（分区）和最大 16TB 的文件。这是 CentOS 6.x 默认的文件系统。
- BTRFS 文件系统：通常读为 Butter FS，是在 2007 年 Oracle 发布的文件系统，支持最大 16EB 的文件系统（分区），最大文件大小是 16EB。它拥有强大的扩展性、数据一致性，支持快照和克隆等一系列先进技术。可是很遗憾，BTRFS 读写速度上非常缓慢，甚至连 Ext4 或 XFS 文件系统的一半都达不到，这使得 BTRFS 的实用性大大降低。目前 CentOS 7.x 虽然支持 BTRFS 文件系统，但是并不推荐大家使用。
- XFS 文件系统：一种高性能的日志文件系统，于 2000 年左右移植到 Linux 内核中。XFS 特别擅长处理大文件，同时提供平滑的数据传输。XFS 最大支持 18EB 的文件系统和 9EB 的单个文件。这是 CentOS 7.x 的默认文件系统。
- FAT32 文件系统：早期 Windows 的文件系统，支持最大 32GB 的分区和最大 4GB 的文件。
- NTFS 文件系统：现在 Windows 的主流文件系统，比 FAT32 更加安全、速度更快，支持最大 2TB 的分区和最大 64GB 的文件。

把硬盘当成柜子，格式化就是按照文件系统的要求，把分区分成等大小的数据块（默认 4KB）。可以理解为将小柜子分成等大小的抽屉，并在柜子门上贴上标签，标签上写明每个文件的索引号、访问时间、权限、数据保存在哪个抽屉中等信息。硬盘有了这样的隔断，才可以真正地保存数据。不过在写入文件系统的时候，会顺带清空分区中的数据，就像给柜子打隔断，当然要先取出柜子内的所有文件一样。

3. 指定设备文件名

在 Windows 中，在硬盘分区并格式化之后，只要分配盘符就可以使用了。而在 Linux 中，还需要给分区分配一个设备文件名。Linux 中所有的硬件都被当成一个文件来对待，分区当然也是文件。既然是文件，当然就有文件名，不过把硬件的文件名称为设备文件名。分区的设备文件名有固定的命名方式。常见的设备文件名见表 2-1。

表 2-1　常见的设备文件名

硬　件	设备文件名
IDE 硬盘	/dev/hd[a-d]
SCSI/SATA/USB 硬盘	/dev/sd[a-p]
光驱	/dev/cdrom 或/dev/sr0
软盘	/dev/fd[0-1]
打印机（25 针）	/dev/lp[0-2]
打印机（USB）	/dev/usb/lp[0-15]
鼠标	/dev/mouse

（1）IDE 硬盘接口

IDE（Integrated Drive Electronics，电子集成驱动器）硬盘也称“ATA 硬盘”或“PATA

硬盘”，ATA100 的硬盘理论传输速率是 100MB/s。在 Linux 中，IDE 硬盘接口被标识为“hd”，如图 2-32 所示。

图 2-32 IDE 硬盘接口

（2）SCSI 硬盘接口

SCSI（Small Computer System Interface，小型计算机系统接口）硬盘广泛应用在服务器上，具有应用范围广、多任务、带宽大、CPU 占用率低及支持热插拔等优点。其理论传输速率达到 320MB/s。在 Linux 中，SCSI 硬盘接口被识别为“sd”，如图 2-33 所示。

图 2-33 SCSI 硬盘接口

（3）SATA 硬盘接口

SATA（Serial ATA，串口硬盘）硬盘是速度更高的硬盘标准，具备了更高的传输速率，并具备了更强的纠错能力。目前已经是 SATA 三代，理论传输速率达到 600MB/s。目前 SATA 硬盘接口已经取代 IDE 硬盘接口和 SCSI 硬盘接口，成为主流的硬盘接口。在 Linux 中，SATA 硬盘接口也被识别为“sd”，如图 2-34 所示。

图 2-34 SATA 硬盘接口

也就是说，在 Linux 中使用“/dev/sd”代表 SCSI 或 SATA 接口的硬盘，而使用“/dev/hd”代表 IDE 接口的硬盘。“a”代表第一块硬盘，“b”代表第二块硬盘，以此类推。知道了硬盘的设备文件名，那分区又该如何表示呢？我们通过图 2-35 来说明分区的设备文件名。

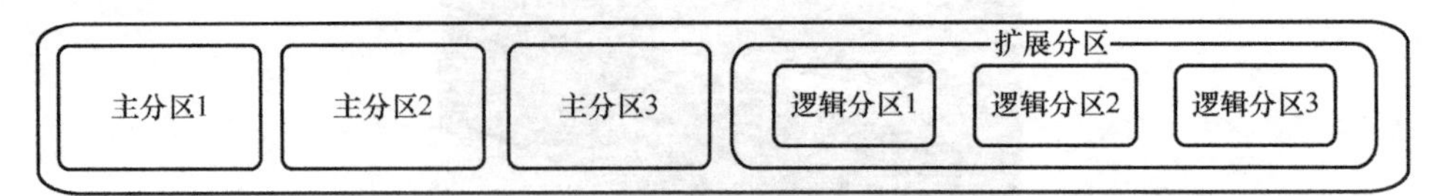

图 2-35 分区设备文件名示意图 1

在 Linux 中用 1、2、3 和 4 代表主分区的分区号，而从 5 开始代表逻辑分区。也就是说，主分区 1 用/dev/sda1 表示，主分区 2 用/dev/sda2 表示，主分区 3 用/dev/sda3 表示，扩展分区用/dev/sda4 表示，逻辑分区 1 用/dev/sda5 表示，逻辑分区 2 用/dev/sda6 表示，逻辑分区 3 用/dev/sda7 表示。

如果我们采用如图 2-36 所示的方式来分区呢？

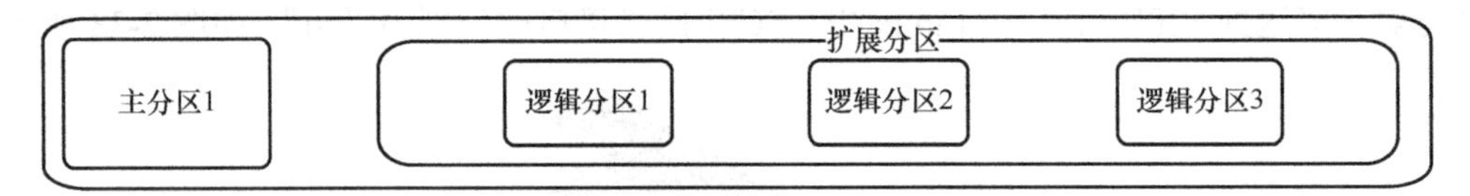

图 2-36 分区设备文件名示意图 2

主分区 1 用/dev/sda1 表示，扩展分区应该用/dev/sd2 表示，可是逻辑分区 1 还是用/dev/sda5 表示，逻辑分区 2 还是用/dev/sda6 表示，逻辑分区 3 还是用/dev/sda7 表示。因为虽然分区号 3 和 4 是空闲的，但是分区号 1～4 只能用来表示主分区和扩展分区，所以逻辑分区在任何分区情况下都是从 5 开始计算的。

4．挂载

Linux 中的挂载可以当成 Windows 中的分配盘符，只不过 Windows 的盘符是 C、D、E 等字母，而 Linux 的盘符是目录。在 Linux 中把盘符称为挂载点。这是分区的最后一步，只要给分区分配了挂载点，就可以正常使用分区了。

（1）Linux 基础分区

Linux 系统安装必须划分的分区有两个：

- 一个是根分区“/”，在硬盘不太大时，建议根分区越大越好，主要用于存储数据。而现在的硬盘都以 TB 计量了，这时如果给根分区分配太大的空间，存储太多的数据，是有可能降低系统的性能的。所以目前不建议根分区越大越好，而是建议给根分区几十 GB 足够使用即可，剩余空间可以分配在真正存储数据的分区（如/home 分区，或建立/web 分区，用于存储网页数据）。
- 另一个是虚拟内存分区“swap”。swap 分区的作用可简单描述为：当系统的物理内存不够用时，就需要将物理内存中的一部分空间释放出来，以供当前运行的程序使用。那些被释放的空间可能来自一些很长时间没有什么操作的程序，这些被释放的空间被临时保存到 swap 分区中，等到那些程序要运行时，再从 swap 分区中恢复保存的数据到内存中。这样，系统总是在物理内存不够时，才进行 swap 分区交换。其实，swap 分区的调整对 Linux 服务器，特别是 Web 服务器的性能至关重要。通过调整 swap 分区，有时可以越过系统性能瓶颈，节省系统升级费用。

现代操作系统都实现了“虚拟内存”这一技术，不但在功能上突破了物理内存的限制，使程序可以操纵大于实际物理内存的空间，更重要的是，“虚拟内存”是隔离每个进程的安全保护网，使每个进程都不受其他程序的干扰。

计算机用户经常会遇到这种现象：在使用 Windows 系统时，可以同时运行多个程序，当你切换到一个很长时间没有理会的程序时，会听到硬盘“哗哗”直响。这是因为这个程序的内存被那些频繁运行的程序给“偷走”了，放到了 swap 分区中。因此，一旦该程序被放置到前端，它就会从 swap 分区中取回自己的数据，将其放进内存，然后接着运行。

需要说明一点，并不是所有从物理内存中交换出来的数据都会被放到 swap 分区中（如果这样做，swap 分区就会不堪重负），有相当一部分数据被直接交换到文件系统中。例如，有的程序会打开一些文件，对文件进行读/写（其实每个程序至少要打开一个文件，那就是运行程序本身），当需要将这些程序的内存空间交换出去时，就没有必要将文件部分的数据放到 swap 分区中了，而可以直接将其放到文件中。如果是读文件操作，那么内存数据被直接释放，不需要交换出来，因为当下次需要时，可直接从文件系统中恢复；如果是写文件操作，那么只要将变化的数据保存到文件中，以便恢复。

分配太多的 swap 分区会浪费硬盘空间，而 swap 分区太小，如果系统的物理内存用完了，系统就会运行得很慢，但仍能运行；如果 swap 分区用完了，系统就会发生错误。例如，Web 服务器能根据不同的请求数量衍生出多个服务进程（或线程），如果 swap 分区用完了，则服务进程无法启动，通常会出现“application is out of memory”的错误，严重时会造成服务进程的死锁。因此，swap 分区的分配是很重要的。

通常情况下，swap 分区应大于或等于物理内存的大小，一般官方文档会建议 swap 分区的大小应是物理内存的 2 倍。但现在的服务器通常有 16GB/32GB 内存，是不是 swap 分区也要扩大到 32GB/64GB 呢？其实，大可不必。根据服务器实际负载、运行情况及未来可能的应用来综合考虑 swap 分区的大小即可，如桌面系统，只需要较小的 swap 分区；而服务器系统，尤其是数据库服务器和 Web 服务器，则对 swap 分区要求较高。我们推荐的 swap 分区设置如下：

- 4GB 或 4GB 以下内存的系统，最少需要 2GB swap 分区。
- 大于 4GB 而小于 16GB 内存的系统，最少需要 4GB swap 分区。
- 大于 16GB 而小于 64GB 内存的系统，最少需要 8GB swap 分区。
- 大于 64GB 而小于 256GB 内存的系统，最少需要 16GB swap 分区。

swap 分区设置过大，是对硬盘空间的浪费，而对系统性能不会产生太大的影响。

学习用的实验环境，swap 分区不需要超过 2GB。

（2）Linux 的常用分区

除根分区和 swap 分区外，其他也可单独划分出来的分区如下。

- /boot/：存放 Linux 系统启动所需文件。我们建议给/boot 单独分区，分配 500MB 空间。任何系统启动都需要一定的空闲空间，如果不把/boot 单独分区，那么，一旦根目录写满，系统将无法正常启动。
- /usr/：存放 Linux 系统所有命令、库、手册页等，类似 Windows 系统引导盘 C 盘的 Windows 目录。
- /home：用户宿主目录，用于存放用户数据。

其他应用分区，如专门划分一个分区“/web/”用于存放 Web 服务器文件；或者创建一个用于本地和远程主机数据备份的分区“/backup/”；初学者创建一个专门用于练习的分区“/test”……都可以视服务器需求来决定。

（3）不能单独分区的目录

不过大家需要小心，并不是所有目录都可以单独分区，有些目录必须和根目录（/）在一个分区中，因为这些目录是和系统启动相关的，如果单独分区，系统就无法正常启动，如下所示。

- /etc/：配置文件目录。
- /bin/：普通用户可以执行的命令保存目录。
- /dev/：设备文件保存目录。
- /lib/：函数库和内核模块保存目录。
- /sbin/：超级用户才可以执行的命令保存目录。

（4）Linux 的目录结构

Linux 采用树形目录结构，最高一级目录是根目录（/），根目录下保存一级目录，一级目录下保存二级目录，如图 2-37 所示。

Linux 系统的每个目录（除不能单独分区的目录外）都可以划分为分区，包括自己手工建立的新目录。它们从 Linux 层面上看都是根目录的子目录，但是从硬盘层面上看是并列的。也就是说，给“/”分了一个区，也可以给“/home”单独分区，从 Linux 层面上看“/home”目录是“/”目录的子目录，但是从硬盘层面上看“/home”分区有单独的存储空间，在“/home”下写入的内容会写到不同的硬盘存储空间上，如图 2-38 所示。

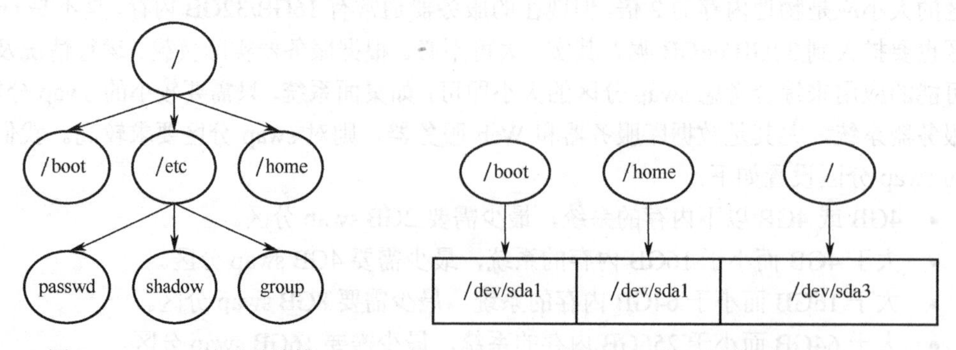

图 2-37　Linux 的目录结构　　图 2-38　分区硬盘空间

简单总结一下 Linux 硬盘分区的 4 个步骤：第一步是分区，把大硬盘分为逻辑上的小硬盘；第二步是分区格式化，也就是给分区写入文件系统；第三步是给分区指定设备文件名；第四步是分配挂载点。

我们介绍完了分区的基本知识，继续回到 CentOS 7.x 的安装过程。在手动分区界面，我们可以单击“新挂载点将使用以下分区方案”，会出现分区方案选择界面，这里我们选择“标准分区”。“Btrfs”文件系统并不是 CentOS 主要使用的文件系统，我们就不再讨论；而“LVM”我们会在高级文件系统管理章节再进行介绍，如图 2-39 所示。

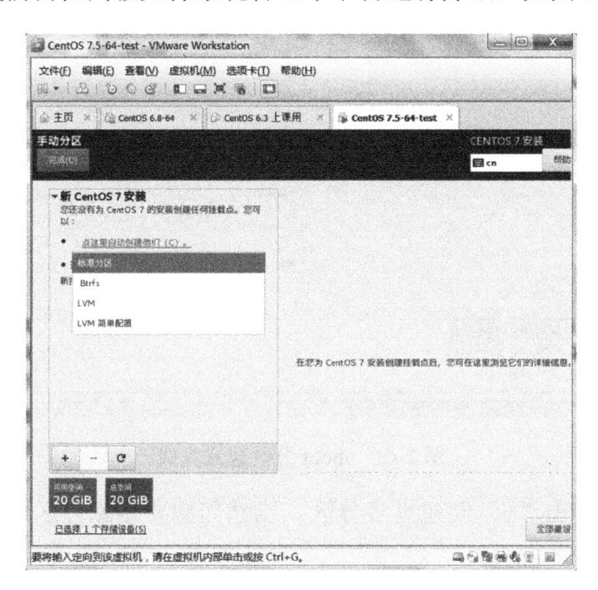

图 2-39　选择标准分区

在选择“标准分区”之后，我们可以单击“+”来新建分区。我们先分/boot 分区，给它 500MB 的空间足够了，如图 2-40 所示。

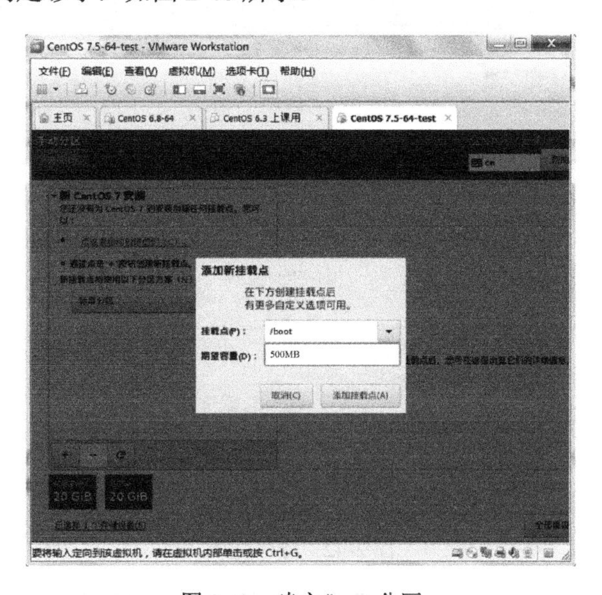

图 2-40　建立/boot 分区

单击“添加挂载点”之后，/boot 分区就会建立完成，如图 2-41 所示。

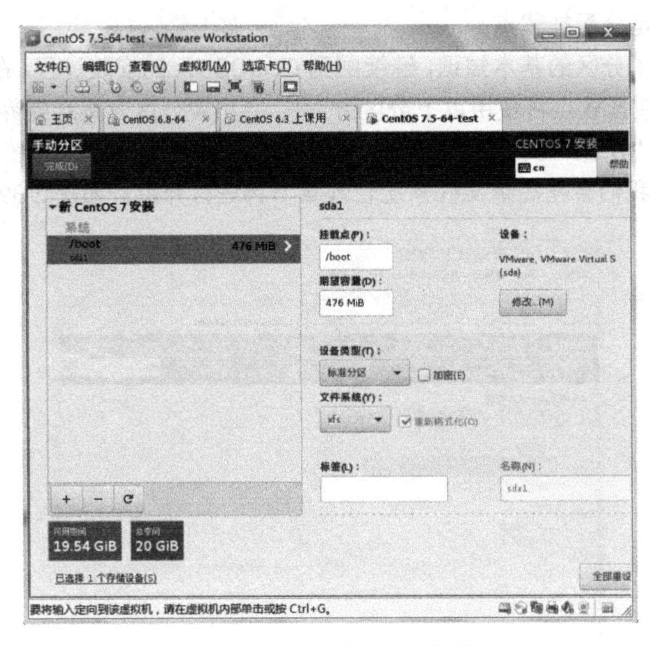

图 2-41 /boot 分区建立完成

然后可以接着单击“+”创建更多分区，当然如想要删除分区可以单击“-”。我们这里只分最基本的“/”“/boot”“swap”三个分区即可。分区完成，如图 2-42 所示。

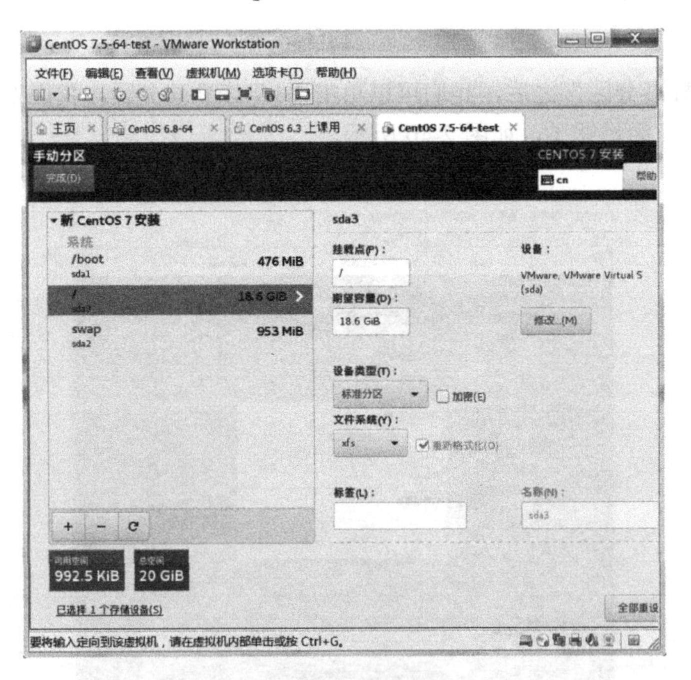

图 2-42 分区完成

单击“完成”，出现了“更改摘要”界面，这是一个确认界面，如图 2-43 所示。

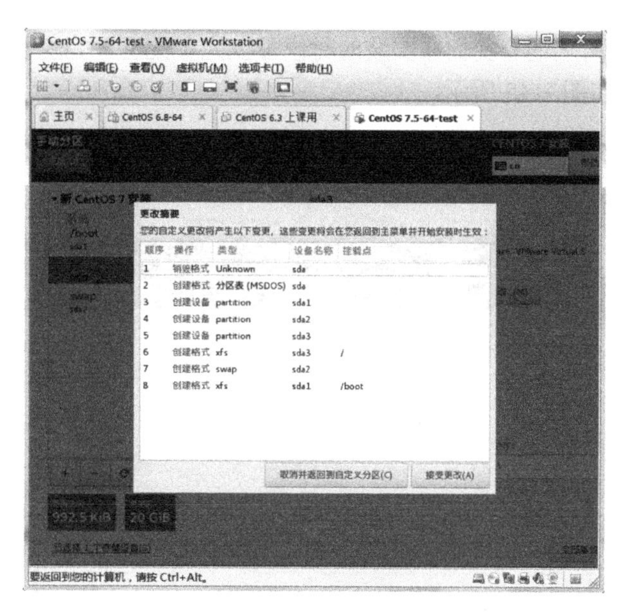

图 2-43　“更改摘要”界面

单击“接受更改”，分区终于完成了，会返回“安装信息摘要”界面。

当然，我们在手动分区界面，也可以选择“点这里自动创建他们”，可以自动创建分区。当然要注意在自动分区的时候，“分区方案”需要选择“标准分区”。

在“安装信息摘要”界面，接下来的“KDUMP”是 Linux 内核崩溃存储机制，用于崩溃诊断。它默认是开启的，但是会占用大量内存，如果你不是 Linux 系统的开发工程师，一般都不需要分析系统崩溃信息，建议大家还是关闭这个选项，如图 2-44 所示。

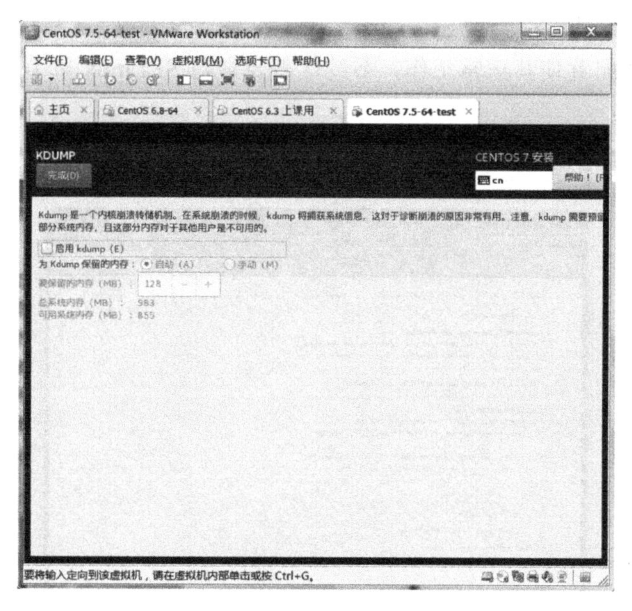

图 2-44　KDUMP 设置

单击“完成”后，会返回“安装信息摘要”界面，接下来的“网络和主机名”是用于配置 IP 地址和主机名的。我们在安装的时候可以先不配置，等安装完成之后，可以通过命令进行修改，如图 2-45 所示。

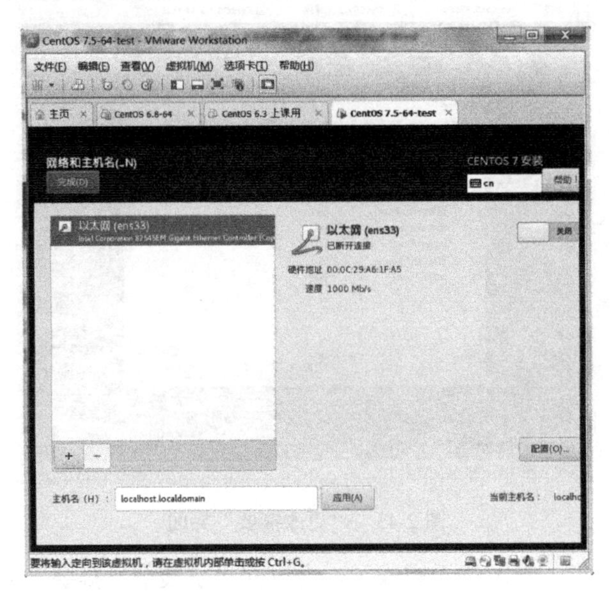

图 2-45　网络和主机名设置

单击“完成”，会返回“安装信息摘要”界面，最后一项是“SECURITY POLICY”（安全策略）设置，这是 SELinux 安全策略的配置。SELinux 是一个 Linux 安全增强组件，由 Red Hat 和 NSA（美国国家安全局）联合开发，可以明显地提升 Linux 的安全性能。SELinux 我们会在 SELinux 管理章节中进行讲解，在这里先关闭 SELinux，因为如果不关闭，很多网络服务试验都会被 SELinux 阻挡，导致试验失败（工作中建议开启 SELinux 策略，并通过合理配置使其正常工作，不过这需要学习 SELinux 章节），如图 2-46 所示。

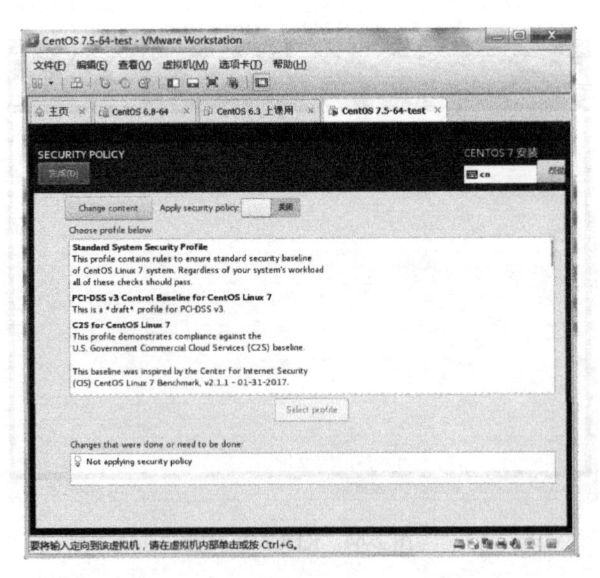

图 2-46　SECURITY POLICY 设置

单击“完成”，返回“安装信息摘要”界面。这个界面中所有选项我们都已经配置完成了，接下来可以单击“开始安装”，开始真正的安装了，如图 2-47 所示。

图 2-47　开始安装

在此界面下，可以单击“ROOT 密码”，给 root 用户配置密码，也可以添加普通用户（普通用户如果需要，安装完成之后，可以通过命令添加，在此不添加普通用户），如图 2-48 所示。

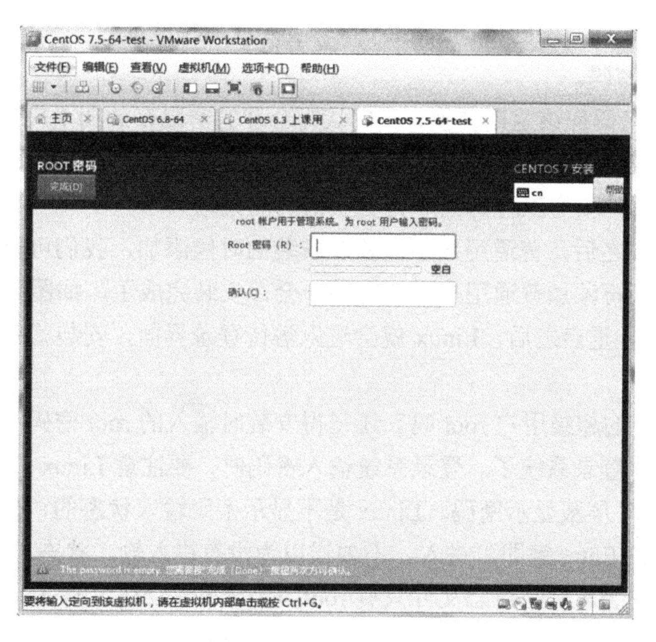

图 2-48　设置 root 密码

给 root 用户设置密码，什么样的密码是合理密码呢？下面介绍一下密码三原则。

① 复杂性：复杂性需要符合以下几个条件。

- 密码长度大于 8 位，密码位数越长，被暴力破解（暴力破解指的是穷举法，不是真使用暴力来威胁别人）的可能性越小，安全性也越高。当然密码太长，并且不方便记忆与使用，所以我们认为 8 位密码是一个合理的长度。
- 密码中需要大写字母、小写字母、数字和特殊符号，四种符号最少包含三种。
- 不能使用和个人相关的信息作为密码。例如，你的身份证号码、电话号码、家庭门牌号码等都不能作为密码，这样非常容易被熟悉你信息的人猜出密码。
- 不能使用现有的英文单词作为密码。比如“hello world”就不能作为密码，因为母语是英语的人很容易猜出这样的英文单词。

② 易记忆：在工作中运维工程师有可能需要同时维护成百上千，甚至上万台服务器，理论上每台服务器都应该使用不同的密码。当然如果服务器数量真的太多了，每台服务器使用单独的密码并不现实，这时一般采用的是每组服务器使用同样的密码（比如数据库服务器密码一致，Web 服务器密码一致等）。就算是每组服务器密码一致，密码数量也可能会有几十上百个，这时易记忆就显得至关重要了。关于易记忆，我们给出如下建议。

- 可以说一句对你有意义的话，然后通过变形作为合理密码。如“我们学习云计算”，就可以把这句话的拼音首字母连起来变成“wmxxyjs”，再通过合理变形变成“wmxx_YJS”，这就可以作为合理密码，而且比较容易记忆。
- 可以唱一句你喜欢的歌词，比如“知否？知否？应是绿肥红瘦”，通过变形（字母 z 和数字 2 非常接近）变成“zf2fys_LFHS”，就是合理密码。
- 可以背一句你熟悉的诗词，比如“停车坐爱枫林晚”，通过变形，变成“tc2a_FLW”，就是合理密码。

③ 时效性：密码应该定期更换，我们认为合理的密码有效期不应该超过 180 天，也就是每半年密码应该更换一次（实际工作中，半年换一次密码实在太过烦琐，我们一般采用的是掌握密码的核心工程师离职再更换密码的策略）。

密码设定完成之后，普通用户不需要在安装的时候添加，我们可以以后通过命令行来添加，这里就不再添加普通用户了。等待一会，安装完成了，如图 2-49 所示。

单击“重启”，重启之后，Linux 就会进入等待登录界面，安装就完成了，如图 2-50 所示。

还记得 Linux 的超级用户 root 吗？还记得安装时输入的 root 密码吗？输入正确的用户名和密码就可以登录系统了。登录系统输入密码时，要注意 Linux 不像 Windows 在登录时会直接用“*”屏蔽显示密码，Linux 是不显示密码输入状态的，只要你输入的密码是正确的，直接按 Enter 键即可进入，不要误以为没有进入输入状态。

CentOS 7.x 安装之后的日志文件只剩/root/anaconda-ks.cfg 文件了，如表 2-2 所示。

图 2-49　安装完成

图 2-50　等待登录界面

表 2-2　日志文件

日志文件	说　明
/root/anaconda-ks.cfg	以 Kickstart 配置文件的格式记录安装过程中设置的选项信息（自动化安装使用）

2.3　Linux U 盘安装

光盘没有 U 盘携带方便，有的服务器为节省成本甚至没有安装光驱，所以很多管理员习惯做一个安装 U 盘，随身携带以备不时之需。如果使用 U 盘作为安装介质，那么 U 盘需要进行一定的配置。下面来介绍一下如何使用 U 盘安装 Linux。

2.3.1 所需工具

（1）准备一个容量足够大的 U 盘。如果用来安装 CentOS 7.x 系统，则需要一个至少 8GB 的 U 盘。

（2）UltraISO 工具，用来制作启动 U 盘。

（3）UltraISO 工具是 Windows 软件，所以也需要一台安装了 Windows 系统的计算机来协助。

（4）CentOS 7.x 系统的 ISO 镜像。

2.3.2 安装步骤

（1）下载和安装 UltraISO 软件（官网 https://cn.ultraiso.net/xiazai.html）。请下载最新版本的 UltraISO（高于 9.7），低版本的 UltraISO 在安装 CentOS 7.x 时有可能会报错，下载免费试用版即可。

（2）制作启动 U 盘。

插入 U 盘。注意：请提前备份 U 盘中的数据，安装的时候需要格式化，会导致所有数据丢失。

启动 UltraISO 软件，选择“文件”→“打开”命令，选择下载好的 CentOS-7-x86_64-DVD-1804.iso 文件，如图 2-51 所示。

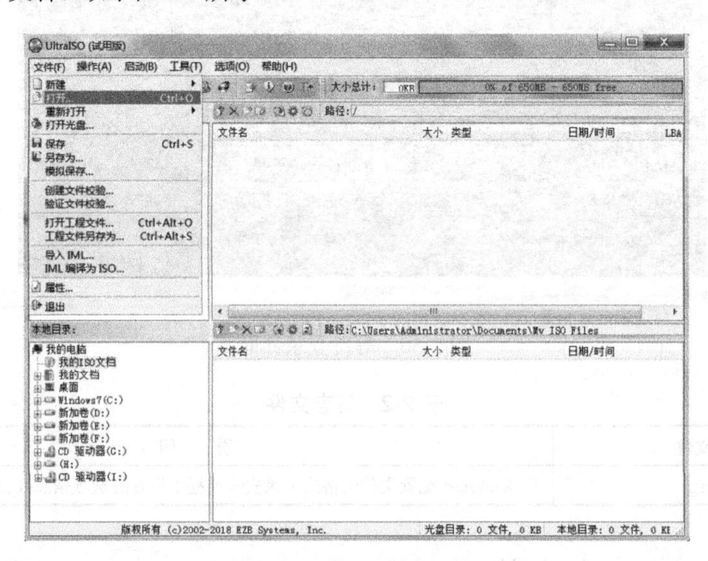

图 2-51 打开镜像文件

选择“启动”→“写入硬盘映像”命令，向 U 盘中写入系统，如图 2-52 所示。

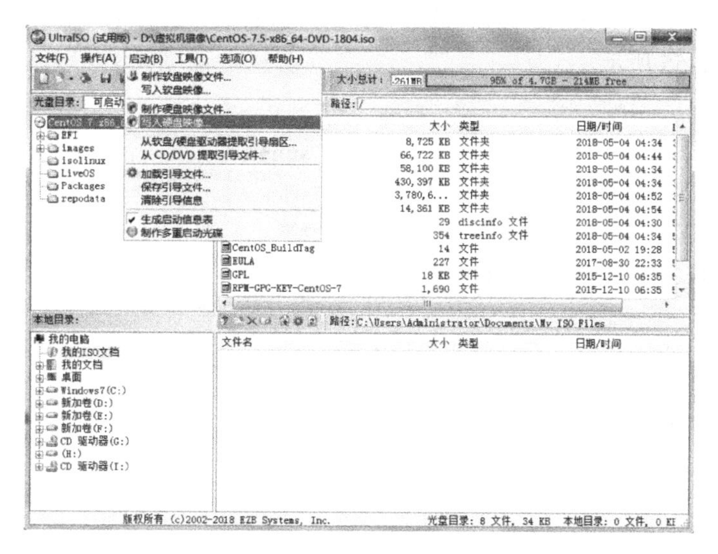

图 2-52　写入硬盘映像

打开“写入硬盘映像”对话框，在“硬盘驱动器”下拉列表框中选择 U 盘（注意不要选错）。“写入方式”选择“USB-HDD+”，然后单击“格式化”按钮；格式化完成之后，再单击“写入”按钮，等待写入完成，如图 2-53 所示。

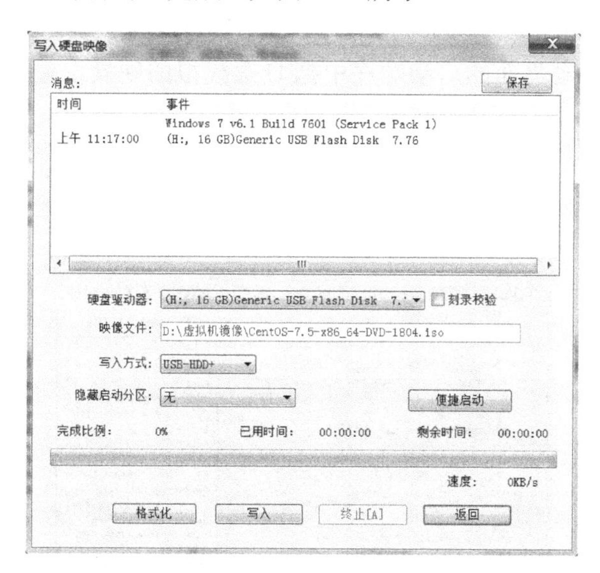

图 2-53　格式化和写入

CentOS 自从 6.5 版本之后，通过 U 盘安装，不再需要把 ISO 镜像复制到 U 盘中，所以不用再担心 FAT32 文件系统无法保存超过 4GB 的单个文件的问题了。

（3）安装 CentOS 7.x。

如果使用虚拟机安装，需要在虚拟机设置中，把真实 U 盘添加为虚拟机硬盘。具体步骤为：“添加”→“硬盘”→“SCSI 接口”→“使用物理磁盘”，如图 2-54 所示。

单击“下一步”，进入选择物理磁盘的界面，这时需要选择 U 盘，把 U 盘添加为虚拟硬盘，如图 2-55 所示。

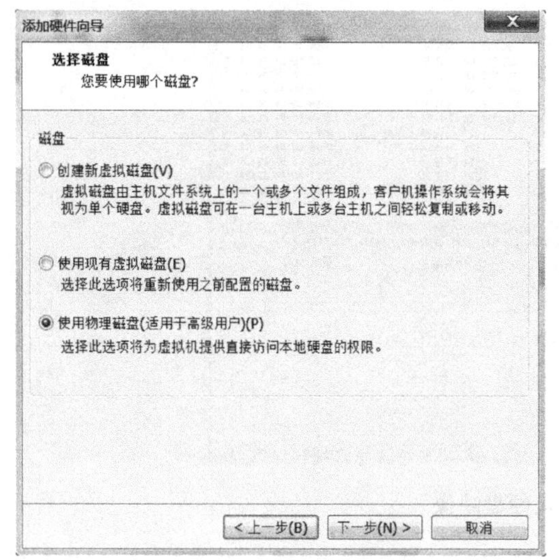

图 2-54　使用物理磁盘

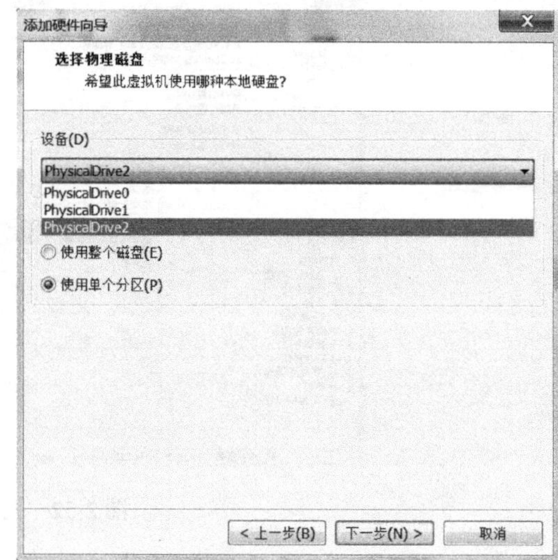

图 2-55　把 U 盘添加为虚拟硬盘

在编者的系统中，“PhysicalDrive2”是 U 盘，如果你无法确定，可以勾选“使用单个分区”选项，这样单击“下一步”之后，可以通过容量方便地确定哪个盘是 U 盘。

接着在 BIOS 启动界面的启动顺序中把 U 盘模拟的硬盘设置为第一启动设备，如图 2-56 所示。

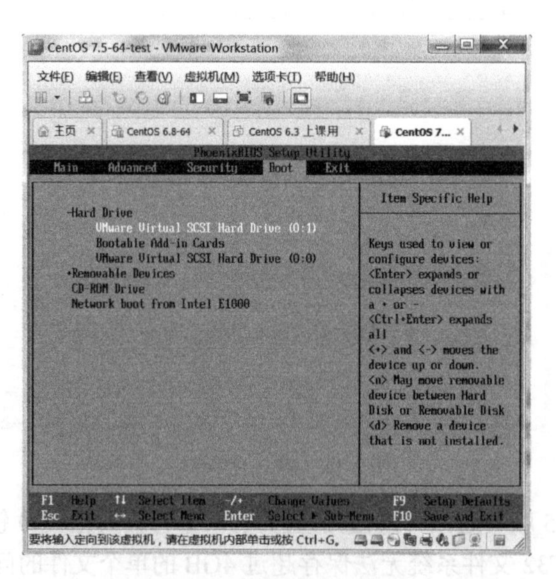

图 2-56　设置 U 盘优先启动

在编者的系统中，U 盘是虚拟机识别的第二块硬盘，也就是“(0:1)”这块硬盘，修改它为第一启动设备。然后重启系统出现安装启动界面，如图 2-57 所示。

如果是真实服务器，就没有这么麻烦了，插入 U 盘，进入 BIOS 设定 U 盘为第一启动设备，重启之后同样出现安装启动界面。

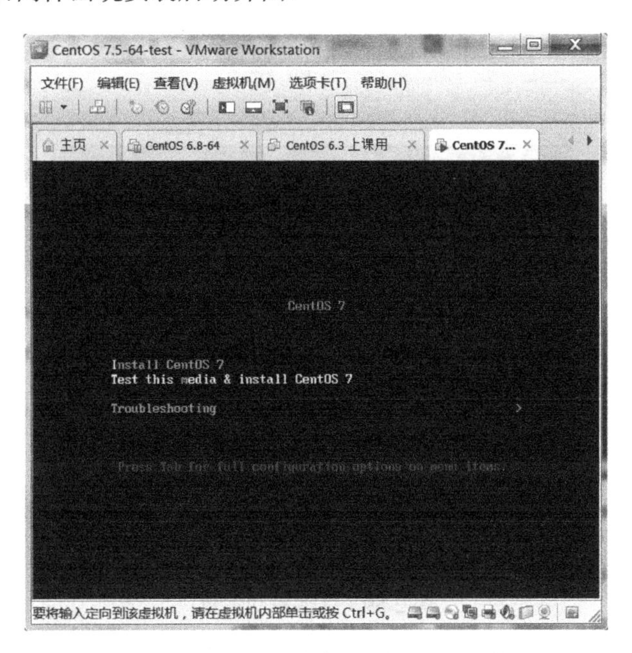

图 2-57　安装启动界面

在安装启动界面默认选择第二项“Test this media $ install CentOS 7”（也就是字符安装界面），把光标移动到第一项“Install CentOS 7”（安装 CentOS 7）上，并按 Tab 键，会出现内核启动选项，如图 2-58 所示。

图 2-58　内核启动选项

在内核启动选项中，把关键字“vmlinuz initrd=initrd.img inst.stage2=hd:LABEL=CentOS\x207\x20x8 quiet”改为“vmlinuz initrd=initrd.img linux dd quiet”，如图 2-59 所示。

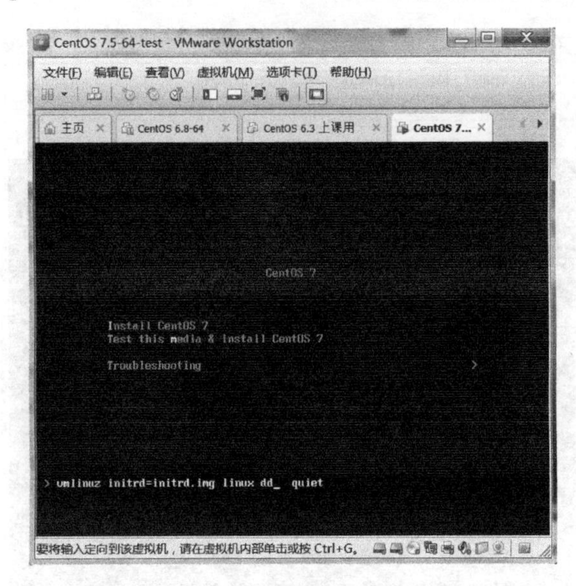

图 2-59　修改启动参数

修改完成之后按 Enter 键，会出现 Linux 硬盘设备文件名，如图 2-60 所示。

图 2-60　Linux 硬盘设备文件名

我们可以轻易地确定 U 盘的设备文件名是“sdb4”，文件系统是“vfat”。注意：这是编者试验系统中 U 盘的设备文件名，每个人的系统并不是通用的，每个系统都需要修改内核启动参数为“vmlinuz initrd=initrd.img linux dd quiet”来进行查看。确定了 U 盘的设备文件名，才能通过 U 盘启动与安装 Linux 系统。

重启 Linux 系统，通过 U 盘启动，在安装界面继续选择第一项“Install CentOS 7”，再按 Tab 键，显示内核启动选项，把关键字“vmlinuz initrd=initrd.img inst.stage2=hd:LABEL=CentOS\x207\x20x8 quiet”改为“vmlinuz initrd=initrd.img inst.stage2=hd:/dev/sdb4 quiet”，如图 2-61 所示。

图 2-61　标识 U 盘位置

修改完成之后，按 Enter 键使用此内核参数进行启动。

启动之后，会进入图形安装界面，如图 2-62 所示。

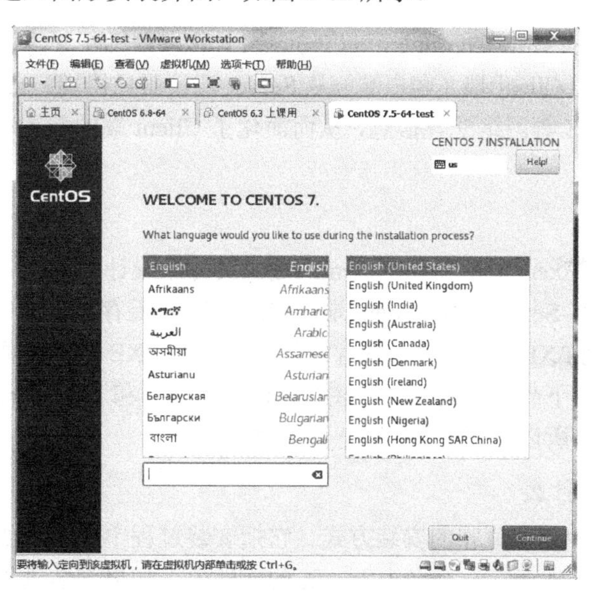

图 2-62　进入图形安装界面

之后的步骤，就和我们之前讲的光盘安装没有什么区别了，按照步骤一步一步安装即可。

2.4　Linux 无人值守安装

前面介绍了光盘安装和 U 盘安装，但如果需要同时部署 10 台服务器、100 台服务器呢？采用无人值守安装，简单地讲，无人值守安装就是搭建一台安装服务器，将其他所有未安装的服务器作为客户端，客户端从服务器上下载所需的软件，并安装所有的客户端服务器，客户端服务器只要修改启动顺序为网络启动，就可以从服务器安装。这种安装方式大大简化了运维工程师的工作量，但是服务器端的搭建比较复杂，不适合初学者使用。

如果是初学者，请先跳过无人值守安装，因其设置复杂，所需 Linux 知识众多，可以在读完本书后续章节后再来学习。

2.4.1　概念和原理

实现网络安装操作系统，有几个问题需要先明确。第一，既然是网络安装，那么客户端在启动时必须获取 IP 地址，由谁（DHCP）分配 IP 地址？第二，由谁（PXE）把客户端启动所必需的软件从服务器端传递到客户端？第三，由谁（Kickstart）定义客户端的安装选择？比如，选择什么语言？安装什么样的软件包？管理员密码是什么？第四，安装过程已经启动，本地安装是通过光盘或 U 盘保存安装所需的软件包的，那么网络安装通过谁（HTTP、FTP、NFS）来发送所需的软件包？下面我们一一说明这些问题。

1．DHCP 是什么

DHCP（Dynamic Host Configuration Protocol，动态主机配置协议）是一种局域网的网络协议，它可以使 Client 端（客户端）从 Server 端（服务器端）自动获取 IP 地址、子网掩码、网关及 DNS 等网络配置信息，从而简化了 Client 端的配置和操作，是局域网常用服务。

2．PXE 是什么

PXE（Pre-boot Execution Environment）是由英特尔设计的协议，它可以使计算机通过网络启动。协议有 Server 端和 Client 端，PXE Client 保存在网卡的 ROM 中，当计算机启动时，BIOS 把 PXE Client 调入内存中执行，然后 PXE Client 通过网络将放在 PXE Server 端的启动文件下载到本地运行。注意，PXE Client 和 PXE Server 之间传递数据是通过 TFTP 进行的，所以需要配置 TFTP 服务器。

3．Kickstart 是什么

Kickstart 是一种无人值守的安装方式。它把安装过程中所有需要人工干预填写的各种参数记录下来，并保存在一个名为 ks.cfg 的文件中。如果安装过程中出现需要填写的参数，那么安装程序会从 ks.cfg 中查找需要的配置。如果 ks.cfg 文件把所有需要填写的

参数都记录完整，那么安装过程中就不需要人为参与，从而实现自动安装。

4．HTTP、FTP、NFS 是什么

HTTP、FTP、NFS 都是 Linux 中文件共享的方式，在这里使用一种就可以了，我们选择 HTTP 服务。它的主要作用就是把安装过程中所需的软件包发布到网络上（注意，PXE 发布的是启动必需文件），Client 可以通过网络获取所需的软件包。

2.4.2　无人值守安装的条件与步骤

（1）准备工作：最少需要两台服务器，一台作为服务器端，一台作为安装的客户端（客户端可以是多台电脑）。在服务器端配置无人值守安装，客户端从服务器端获取系统。需要关闭防火墙和 SELinux，它们会干扰试验过程。需要搭建 yum 源。

（2）在服务器上配置 DHCP 服务。

（3）在服务器上配置 TFTP 服务。

（4）在服务器上搭建用来发布安装软件包的服务，如 HTTP、FTP 或 NFS 等服务。我们在这里选择安装 Apache 服务，使用 HTTP 发布软件包。

（5）在服务器上由 Kickstart 生成 ks.cfg（自动应答配置文件）。

（6）客户机的网卡支持 PXE（现在的网卡一般都支持）。

（7）客户机的主板支持网络启动（现在的主板一般都支持）。

2.4.3　无人值守安装试验

试验过程按照第 2.4.2 节介绍的步骤进行。

1. 准备工作

（1）在服务器端关闭防火墙和 SELinux。注意一定要关闭，否则后续会报错。

```
[root@localhost ~]# systemctl stop firewalld
[root@localhost ~]# systemctl disable firewalld
#关闭防火墙
[root@localhost ~]# vi /etc/selinux/config
    SELINUX=enforcing 改为 SELINUX=disabled
#重启系统让设置生效
#关闭 SELinux
```

（2）在服务器上搭建本地光盘作为 yum 源的服务器。

① 将 CentOS 7.x 的安装光盘放入服务器。

② 挂载光盘到指定目录。

```
[root@localhost ~]# mkdir /mnt/cdrom
#建立光盘挂载点
[root@localhost ~]# mount /dev/sr0 /mnt/cdrom
#挂载光盘到/mnt/cdrom 中
```

③ 切换所在目录到 yum 配置文件目录。

```
[root@localhost ~]# cd /etc/yum.repos.d/
```

④ 把基本 yum 源修改一下文件名，让它失效。

```
[root@localhost ~]# mv CentOS-Base.repo CentOS-Base.repo.bak
```

⑤ 修改光盘 yum 源文件。

```
[root@localhost ~]# vi CentOS-Media.repo
```

该文件的内容按照下面修改：

```
[development]
#加入 developmentyum 源，否则在开始无人值守安装时，会无法配置软件包安装
name=my-centos7
baseurl=file:///var/www/html/
#后续会安装配置 Apache，用 HTTP 来发布软件包。
#这里先定义 Apache 发布软件包的位置
enabled=1
#开启此 yum 源
gpgcheck=1

[c7-media]
name=CentOS-$releasever – Media
#此 yum 源用于本地安装软件
baseurl=file:///mnt/cdrom
#此位置写你自己的光盘挂载位置，编者挂载到了/mnt/cdrom 下
#file:///var/www/html/
#file:///media/cdrecorder/
#注释多余的挂载位置
gpgcheck=1
enabled=1
#把 enabled=0 改为 enabled=1，开启此 yum 源
gpgkey=file:///etc/pki/rpm-gpg/RPM-GPG-KEY-CentOS-7
```

2. 在服务器上安装并配置 DHCP 服务

（1）安装 DHCP 服务。

```
[root@localhost ~]# yum -y install dhcp
```

（2）需要修改一下配置文件/etc/dhcp/dhcpd.conf。但是这个文件默认不存在，在/usr/share/doc/dhcp-4.2.5/中有一个配置文件的模板文件 dhcpd.conf.example，把它复制到/etc/dpcp/下，并重新命名。

```
[root@localhost ~]# cp /usr/share/doc/dhcp-4.2.5/dhcpd.conf.example    /etc/dhcp/dhcpd.conf
```

（3）修改配置文件。本节不是讲解 DHCP 服务的，所以我们把不需要的服务全部注释掉，只启用最基本的功能。

```
vi /etc/dhcp/dhcpd.conf

ddns-update-style interim;
ignore client-updates;
next-server 192.168.44.20;
#指定 TFTP 服务器的 IP 地址，因为本机作为 TFTP 服务器，这里就是本机地址
filename "pxelinux.0";
#PXE 客户端得到 IP 以后的引导文件
subnet 192.168.44.0 netmask 255.255.255.0 {
```

```
#所属网段和子网掩码
        option routers                    192.168.44.2;
         #分配给客户机的网关（编者虚拟机采用的是 NAT 模式，NAT 模式的网关默认是“2”）
        option subnet-mask                255.255.255.0;
        option domain-name-servers        192.168.44.1;
         #分配给客户机的 DNS，这里不用访问公网，随意设置即可
        range dynamic-bootp 192.168.44.10 192.168.44.100;
         #分配给客户机的 IP 地址池
        default-lease-time 21600;
        max-lease-time 43200;
}
```

（4）启动 DHCP 服务，并让 DHCP 服务开机自启动。

```
[root@localhost ~]# systemctl restart dhcpd
#启动 DHCP 服务
[root@localhost ~]# systemctl enable dhcpd
#设置 DHCP 服务开机自启动
```

3. 在服务器上安装并配置 TFTP 服务

（1）安装 tftp-server 服务。

```
[root@localhost ~]# yum -y install tftp-server
```

（2）修改 TFTP 服务配置文件。

```
[root@localhost ~]# vi /etc/xinetd.d/tftp
service tftp
{
        socket_type             = dgram
        protocol                = udp
        wait                    = yes
        user                    = root
        server                  = /usr/sbin/in.tftpd
        server_args             = -s /tftpboot
        #指定 TFTP 服务器目录，之后要在根目录下新建 tftpboot 目录，
        #所有向客户端传递的启动文件都要保存在此目录下（注意：不是光盘中的数据）
        disable                 = no
        #把 yes 改为 no，才能启动 TFTP 服务
        per_source              = 11
        cps                     = 100 2
        flags                   = IPv4
}
```

（3）启动 TFTP 服务。

```
[root@localhost ~]# systemctl restart tftp
#启动 TFTP 服务
[root@localhost ~]# systemctl enable tftp
#设置 TFTP 服务为自启动
```

（4）手工建立 TFTP 服务器目录。

```
[root@localhost ~]# mkdir /tftpboot
```

（5）复制客户端所需的引导文件到/tftpboot 目录下。注意：如果安装的是 Basic Server

（基本服务器），那么引导文件是没有被安装到系统中的，需要手工安装。

```
[root@localhost ~]# yum -y install syslinux
```

然后再复制引导文件 pxelinux.0 到/tftpboot/目录下。

```
[root@localhost ~]# cp /usr/share/syslinux/pxelinux.0 /tftpboot/
```

（6）复制客户端所需的配置文件到/tftpboot/目录下，配置文件在第一张光盘中。

```
[root@localhost ~]# mount /dev/cdrom /mnt/cdrom
#挂载光盘

[root@localhost ~]# cp /mnt/cdrom/images/pxeboot/initrd.img /tftpboot/
[root@localhost ~]# cp /mnt/cdrom/images/pxeboot/vmlinuz /tftpboot/
#以上两个文件是系统启动所必需的 Linux 镜像文件

[root@localhost ~]# cp /mnt/cdrom/isolinux/*.msg /tftpboot/
#复制 boot.msg 文件到/tftpboot/目录下。此文件是安装过程的提示信息，可以手工修改

[root@localhost ~]# mkdir /tftpboot/pxelinux.cfg
#新建保存配置文件的目录
[root@localhost~]#cp/mnt/cdrom/isolinux/isolinux.cfg /tftpboot/pxelinux.cfg/default
#复制配置文件到指定目录，并修改文件名
[root@localhost ~]# chmod 644    /tftpboot/pxelinux.cfg/default
#修改这个文件的权限，默认是只读文件
```

所有文件复制完之后，最终/tftpboot/目录下及/tftpboot/pxelinux.cfg/目录下的文件如下所示：

```
[root@localhost ~]# ll    /tftpboot/
总用量 57768
-rw-r--r-- 1 root root           84 3 月    12 00:20 boot.msg
-rw-r--r-- 1 root root 52893200 3 月    12 00:19 initrd.img
-rw-r--r-- 1 root root        26764 3 月    12 00:19 pxelinux.0
drwxr-xr-x 2 root root            21 3 月    12 01:30 pxelinux.cfg
-rwxr-xr-x 1 root root    6224704 3 月    12 00:19 vmlinuz

[root@localhost ~]# ll /tftpboot/pxelinux.cfg/
总用量 4
-rw-r--r-- 1 root root 3022 3 月    12 01:30 default
#注意此文件的权限需要是 644
```

（7）修改配置文件的内容。

```
[root@localhost ~]# vi /tftpboot/pxelinux.cfg/default

default linux
#修改 default vesamenu.c32 为 default linux
#prompt 1
timeout 600

display boot.msg
```

```
menu background splash.jpg
menu title Welcome to CentOS 6.3!
menu color border 0 #ffffffff #00000000
menu color sel 7 #ffffffff #ff000000
menu color title 0 #ffffffff #00000000
menu color tabmsg 0 #ffffffff #00000000
menu color unsel 0 #ffffffff #00000000
menu color hotsel 0 #ff000000 #ffffffff
menu color hotkey 7 #ffffffff #ff000000
menu color scrollbar 0 #ffffffff #00000000

label linux
#标识哪个 lable 生效，以下代表 lable linux 会生效
  menu label ^Install or upgrade an existing system
  menu default
  kernel vmlinuz
  append initrd=initrd.img ks=http://192.168.44.20/ks.cfg
  #修改此项内容
  #加入放置发布软件包的服务器地址和服务，编者使用的是 HTTP 服务
  #把自动应答配置文件（ks.cfg）复制到 Apache 主目录下
label vesa
  menu label Install system with ^basic video driver
  kernel vmlinuz
  append initrd=initrd.img xdriver=vesa nomodeset
label rescue
  menu label ^Rescue installed system
  kernel vmlinuz
  append initrd=initrd.img rescue
label local
  menu label Boot from ^local drive
  localboot 0xffff
label memtest86
  menu label ^Memory test
  kernel memtest
append –
```

4. 搭建 Apache 服务器，用来发布安装用软件包

（1）安装 Apache 服务。

```
[root@localhost ~]# yum –y install http*
```

（2）把 CentOS 7.x 安装光盘的所有内容复制到默认网页主目录。目前 CentOS 7.x 的 DVD 版本只有一张光盘了，大小在 4GB 左右，请在硬盘留足空间。

```
[root@localhost ~]# cp –r /mnt/cdrom/* /var/www/html
```

（3）启动 Apache 服务，并保证 Apache 服务开机自启动。

```
[root@localhost ~]# systemctl restart httpd
```

```
#启动 Apache 服务
[root@localhost ~]# systemctl enable httpd
#设置 Apache 服务开机自启动
```

5. 由 Kickstart 生成 ks.cfg

因为手工书写配置文件过于烦琐，所以我们采用图形界面工具生成 ks.cfg（自动应答配置文件）。但是我们在安装时采用的是“最小安装”，并没有安装图形界面，所以需要先安装图形界面。

（1）安装图形界面。

```
[root@localhost ~]# yum -y groupinstall "GNOME 桌面"
#安装 GNOME 桌面组件
[root@localhost ~]# yum -y groupinstall "图形管理工具"
#安装图形管理工具

[root@localhost ~]# startx
#进入图形界面
```

注意：执行 startx 命令，启动图形界面，需要在 Linux 本地字符界面中才可以，不能在远程工具中执行。

（2）启用 Kickstart 工具。

```
[root@localhost ~]# system-config-kickstart
```

- Basic Configuration（基本配置）界面：调整语言、键盘、时区和 root 口令等，如图 2-63 所示。

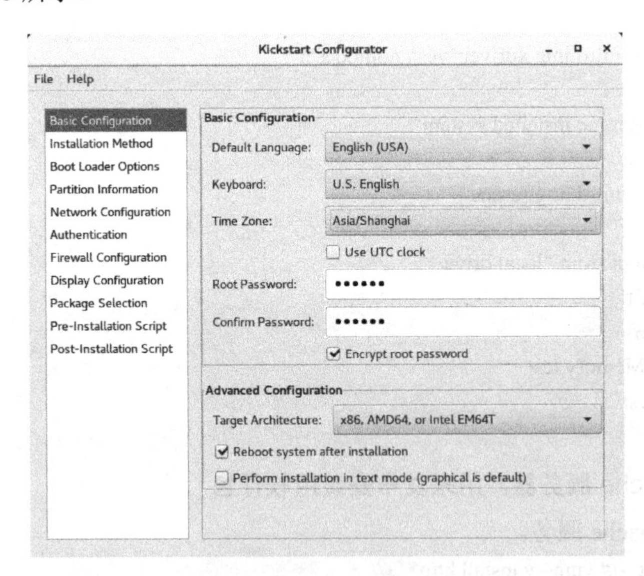

图 2-63 基本配置

- Installation Method（安装方法）界面：选择“Perform new installation”（执行新安装），Installation source 选择“HTTP”，指定 HTTP 服务器的 IP 地址和 HTTP 目录（这里写“/”），如图 2-64 所示。

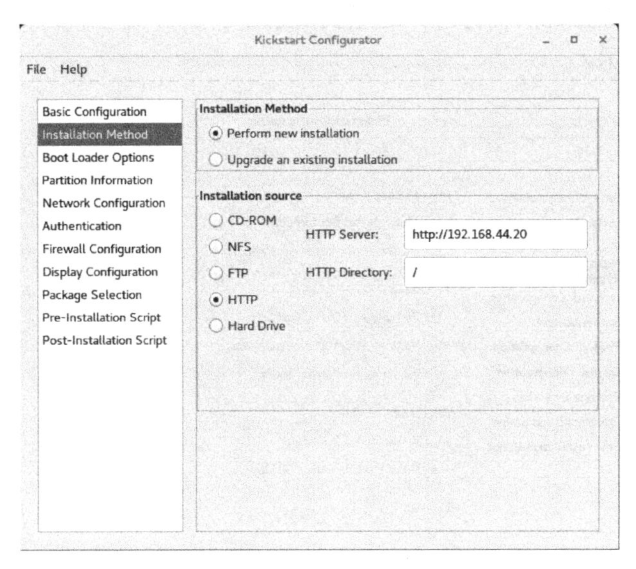

图 2-64 安装方法

- Boot Loader Options（引导装载程序选项）界面：这里选择“Install new boot loader”（安装新引导装载程序）和“Install boot loader on Master Boot Record（MBR）”（在主引导记录中安装引导装载程序）这两个选项。注意：不用设置 GRUB 密码，GRUB 密码我们会在 Linux 启动管理章节进行讲解，如图 2-65 所示。

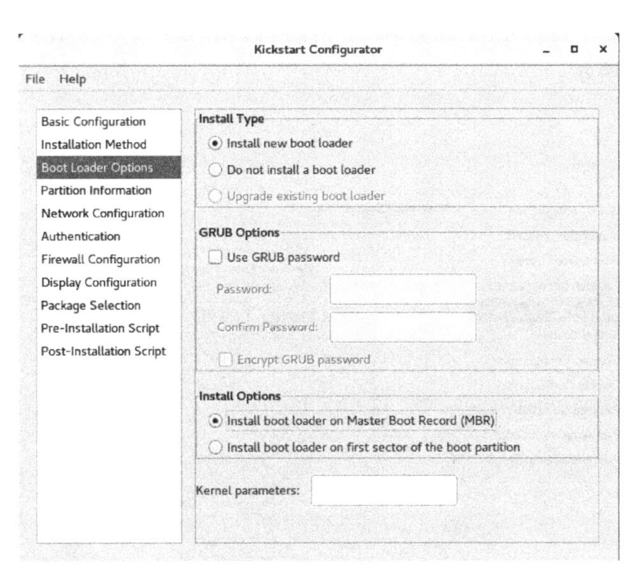

图 2-65 引导装载程序选项

- Partition Information（分区信息）界面：选择“Clear Master Boot Record”（清除主引导记录），选择“Remove all existing partitions”（删除所有现存分区），否则在安装到分区步骤时，会出现确认提示，无法实现全自动安装。然后单击“Add”

（添加）按钮添加所需分区，这里我们划分了/boot 分区、swap 分区和/分区，如图 2-66 所示。

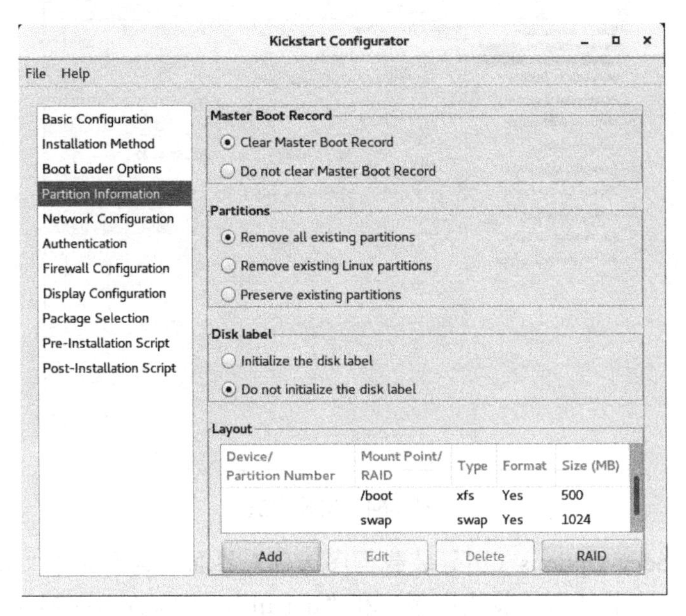

图 2-66　分区信息

- Network Configuration（网络配置）界面：单击“Add Network Device”（添加网络设备）按钮，输入网络设备名，此处指定为 ens33（CentOS 7.5 之后的系统网卡设备文件名稳定为 ens33，不再随机计算生产）；网络类型指定为 DHCP，如图 2-67 所示。

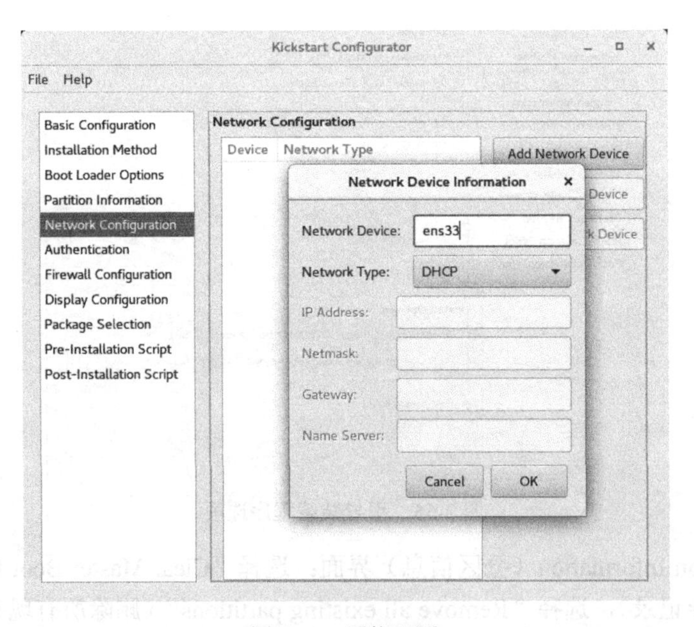

图 2-67　网络配置

- Authentication（验证）界面：在“Use Shadow Passwords”（使用屏蔽密码）选项中，选择“SHA512”加密方式，如图 2-68 所示。

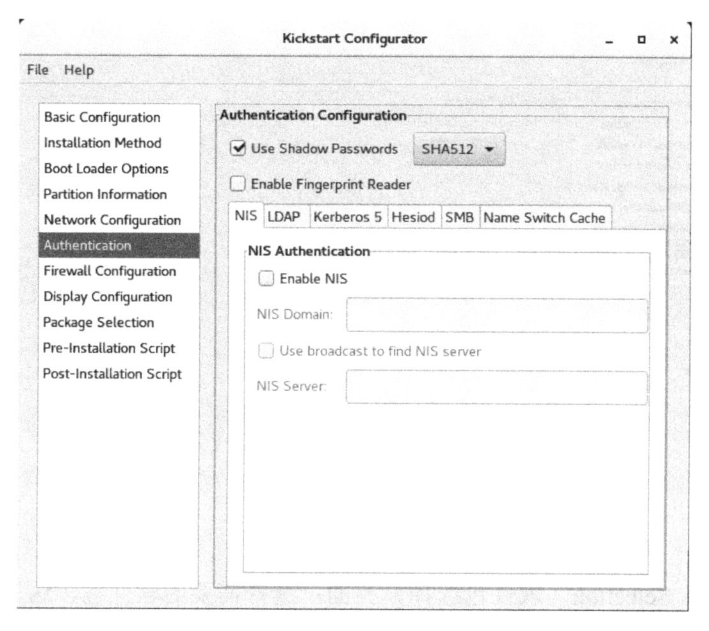

图 2-68　验证

- Firewall Configuration（防火墙配置）界面：“SELinux”选择“Disabled”（关闭），“Security level”选择“Disable firewall”（关闭），如图 2-69 所示。

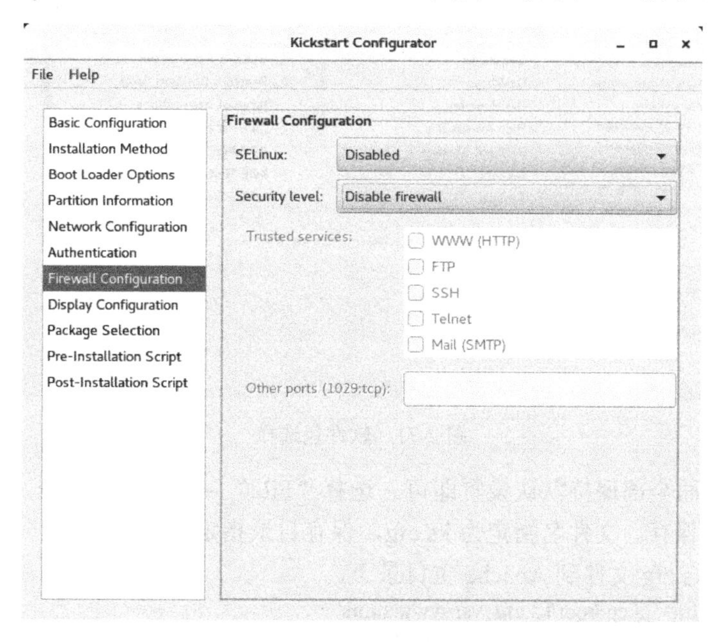

图 2-69　防火墙配置

- Display Configuration（显示设置）界面：不要勾选“Install a graphical environment”

（安装图形环境）选项，我们还是按照服务器的安装习惯，不安装图形界面，如图 2-70 所示。

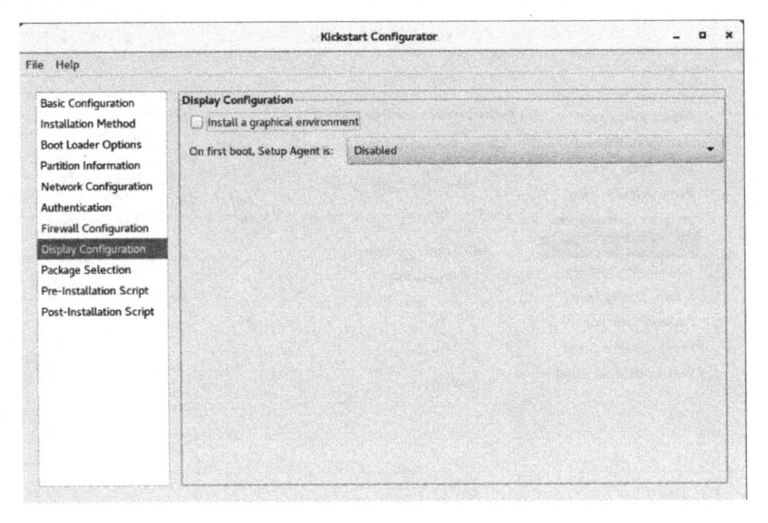

图 2-70　显示设置

- Package Selection（软件包选择）界面：选择需要的软件包，这里建议还是采用最小化安装，不选择过多的附加软件包，如图 2-71 所示。

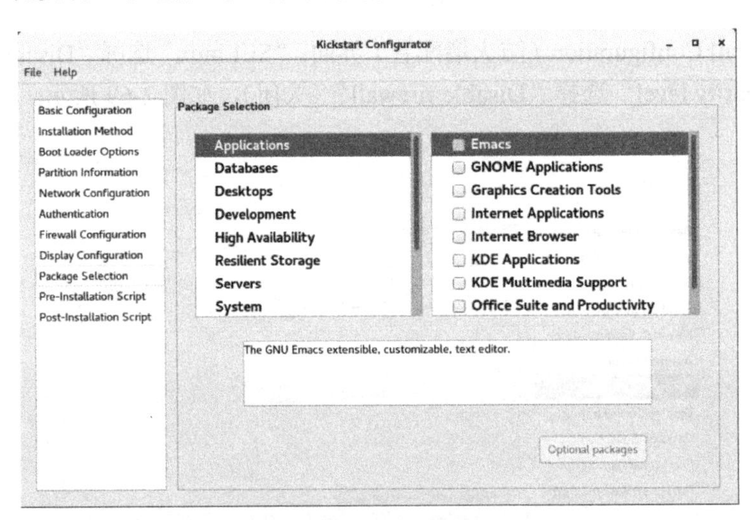

图 2-71　软件包选择

- 其他页面全部保持默认设置即可。选择“File”→“Save”命令，指定文件名和位置并保存。文件名指定为 ks.cfg，保存目录指定为/root/目录。

（3）复制 ks.cfg 文件到 Apache 主目录下。

```
[root@localhost ~]# cp /root/ks.cfg /var/www/html/
```

启动客户端（注意这是另外一台测试 Linux 的客户端，客户端的网络需要和服务器端的网络连通），修改 BIOS 界面，选择启动方式为网络启动，如图 2-72 所示。

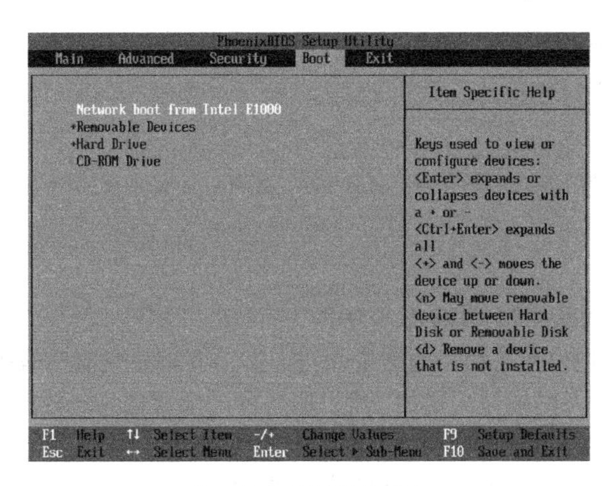

图 2-72 网络优先启动

如果一切顺利，那么客户端会自动安装 Linux 系统，不需要用户做任何配置。

无人值守安装的服务器端配置相对复杂，新手不容易掌握。如果刚开始学习，则掌握光盘安装方法即可，在以后工作中用到或对无人值守安装感兴趣时再来学习。

2.5 用 dd 命令复制安装 Linux

无人值守安装可以解决大批量服务器的安装，但是服务器端配置实在过于麻烦，并不适合新手使用。有没有更简单的大批量服务器安装方法，类似 Windows 中用 Ghost 软件进行硬盘克隆？答案是有的，在 Linux 下可以使用强大的 dd 命令实现硬盘复制。

对于初学者来说，本节内容可在掌握常用 Linux 命令后再进行学习。

2.5.1 dd 命令是什么

dd 命令是用来复制文件的命令，它可以用指定大小的数据块复制一个文件，并在复制的同时进行指定的转换。也就是说，我们用 dd 命令进行两块硬盘的复制，它除了能够复制文件中的数据，还能够复制分区和文件系统，可以完整地复制出一块和原系统盘一样的硬盘。dd 命令的格式如下：

```
[root@localhost ~]# dd if=输入文件 of=输出文件 bs=字节数 count=个数
选项：
    if=输入文件      指定源文件或源设备
    of=输出文件      指定目标文件或目标设备
    bs=字节数        指定一次输入/输出多少字节，即把这些字节看作一个数据块
    count=个数       指定输入/输出多少个数据块

例子 1：
[root@localhost ~]# dd if=/dev/zero of=/root/testfile bs=1k count=100000
#创建一个 100MB 的文件 testfile
#/dev/zero 是一个输入设备，可以使用它来初始化文件，该设备无穷尽地输出 0
```

```
#可以理解为向 testfile 中不停地写 0，直到写满 100MB

例子 2：
[root@localhost ~]# dd if=/dev/sda of=/dev/sdb
#把第一块硬盘中的数据复制到第二块硬盘中

例子 3：
[root@localhost ~]# dd if=/dev/hda of=/root/image
#把第一块硬盘中的数据复制到 image 文件中
```

使用 dd 命令复制硬盘有两个前提条件。第一，需要批量复制的服务器硬件配置一致。我们采购服务器一般都是批量采购的，所以服务器的配置都是一样的，这应该不是问题。第二，复制硬盘时，需要手工更换被复制盘。服务器上一般都是 SCSI 硬盘，SCSI 硬盘支持热插拔，而且不需要拆卸机箱，更换被复制盘非常方便。

2.5.2 dd 配置步骤

（1）把母盘插入服务器的第一个硬盘插口，把被复制盘插入服务器的第二个硬盘插口，注意不要插反。

（2）执行复制命令。

```
dd if=/dev/sda of=/dev/sdb
```

在 dd 命令中，if 指定复制源，of 指定复制目标。/dev/sda 代表第一块 SCSI 盘，/dev/sdb 代表第二块 SCSI 盘。这条命令会把第一块硬盘中的数据完整地复制到第二块硬盘中。

那么它的效率如何呢？复制的速度和服务器的配置及安装软件的多少相关，编者当年大批量复制服务器时，每台服务器的复制时间为 15～25 分钟，效率还可以接受。无人值守安装也要受到服务器端配置和网络带宽的影响，而且硬盘复制也可以多台服务器同时操作。

2.6 远程管理工具

大多数服务器的日常管理操作都是通过远程管理工具实现的。常见的远程管理方法有类似 VNC 的图形远程管理、类似 Webmin 的基于浏览器的远程管理，不过最常用的还是命令行操作。在 Linux 中，远程管理使用的是 SSH 协议。本节先介绍两个远程管理工具的使用方法。

当然，在使用前要先设置宿主机 Windows 可以与虚拟机 Linux 连通，注意 VMware 的网卡设置，在 Linux 中更改网络设置可以使用 ifconfig 和 setup 命令。无法远程连接的原因：SSH 服务没有启动，或者 Linux 防火墙默认屏蔽了 SSH 服务的端口。

远程连接管理与本地操作是一样的，没有任何区别。

2.6.1 安全漂亮的 Xshell

Xshell 是目前最常用的远程管理工具，自带免费的家庭版本，只需要在官网

https://www.netsarang.com/zh/注册一下用户名及邮箱即可。

安装运行 Xshell 之后，单击左上角的“新建”按钮，会弹出“新建会话属性”界面（如果是全新安装，第一次打开 Xshell 时，这个界面会自动弹出）。在此界面可以按照使用习惯输入“名称”和“主机”的 IP 地址，如图 2-73 所示。

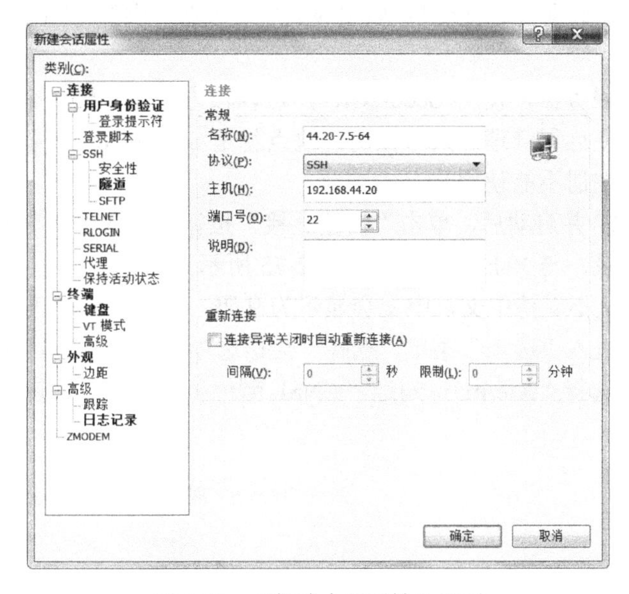

图 2-73　“新建会话属性”界面

编者在主机名称上的习惯是：“44.20”是当前主机的 IP 地址的后两段，“7.5”指的是 CentOS 的版本，“64”指的是此系统为 64 位操作系统。你可以按照你的习惯进行修改。

接下来单击“用户身份验证”，在此界面输入 Linux 的用户名和密码，单击“确定”就可以登录 Linux 系统了，如图 2-74 所示。

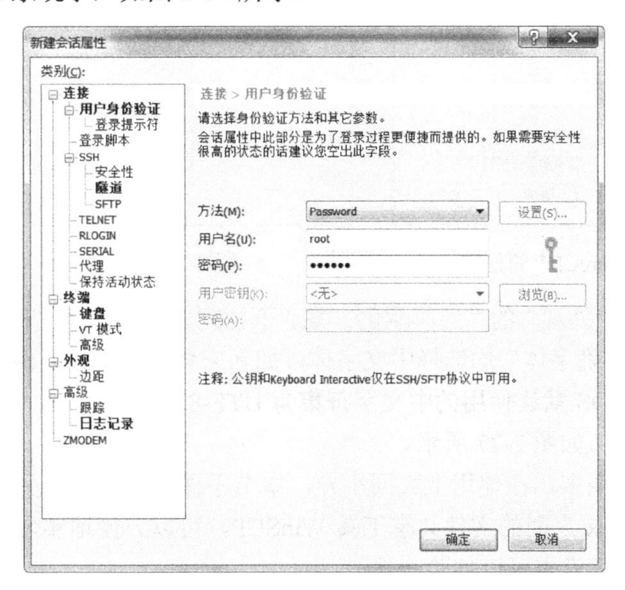

图 2-74　用户身份验证

2.6.2 功能强大的 SecureCRT

如果需要一款功能强大的远程管理工具，那么编者推荐 SecureCRT，它将 SSH（Secure Shell）的安全登录、数据传送性能与 Windows 终端仿真提供的可靠性、可用性和可配置性结合在一起。

比如管理多台服务器，使用 SecureCRT，可以很方便地记住多个地址，并且还可以设置自动登录，方便远程管理，效率很高。缺点就是 SecureCRT 需要安装，并且是一款共享软件，不付费注册不能使用。

安装 SecureCRT 并启动后，单击“快速连接”按钮，输入主机名和用户名，按照提示输入密码即可登录，与 Xshell 类似，如图 2-75 所示。

SecureCRT 默认不支持中文，中文会显示为乱码，解决方法如下。

建立连接后，进入“选项”菜单，选择“会话选项”，在“终端”→“仿真”的“终端”下拉列表框中选择“Xterm”，勾选“ANSI 颜色”复选框支持颜色显示，单击“确定”，如图 2-76 所示。

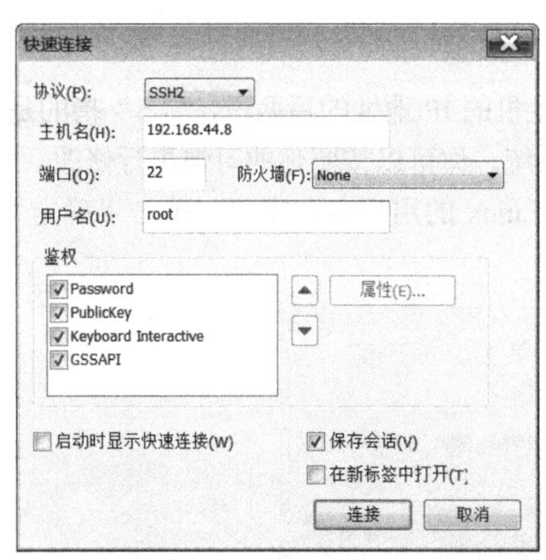

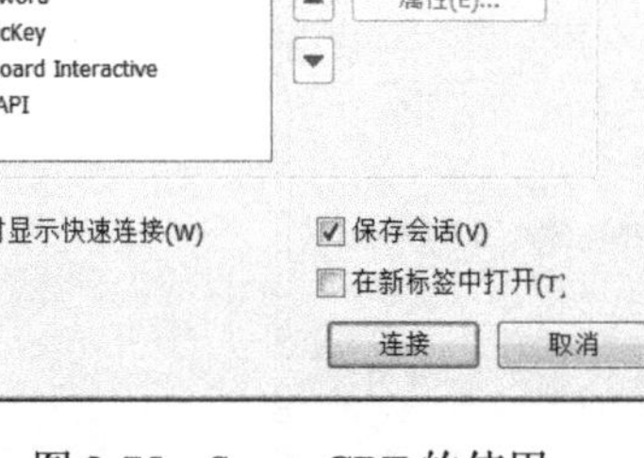

图 2-75　SecureCRT 的使用

图 2-76　SecureCRT 仿真设置

在“终端”→“外观”的“当前颜色方案”下拉列表框中选择“Traditional”（传统），“标准字体”和“精确字体”均选择中文字体，如新宋体或楷体，并确保“字符编码”选择“UTF-8”（CentOS 默认使用的中文字符集为 UTF-8），取消勾选“使用 Unicode 线条绘制字符”复选框，如图 2-77 所示。

远程管理工具众多，在使用上大同小异，本节不做过多介绍。另一款编者很喜欢用的 Windows 与 Linux 之间的文件共享工具 WinSCP，可以方便地实现两个系统之间的文件传输，有兴趣的读者也可以体验一下。

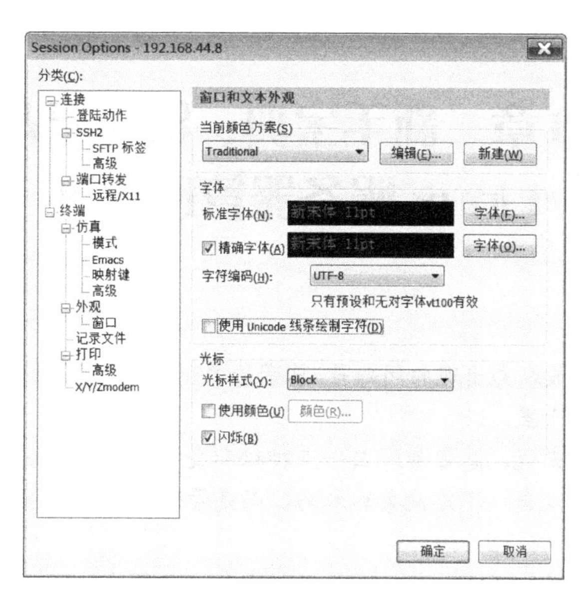

图 2-77　SecureCRT 外观设置

至此，我们就搭建好了初步的学习环境。

本章小结

本章重点

本章主要介绍三部分内容：一是虚拟机软件 VMware 的应用；二是 Linux 系统安装，包括 4 种安装方式，分别是光盘安装、U 盘安装、无人值守安装、dd 命令复制安装；三是远程管理工具的使用。

本章的学习重点是安装 VMware 虚拟机，通过光盘安装方式搭建好 Linux 系统，并通过远程管理工具连接 Linux。

本章难点

本章难点，一是 Linux 硬盘分区，习惯使用 Windows 的用户可能一时不好理解；二是安装方式中的 U 盘安装、无人值守安装、dd 命令复制安装，这三种安装方式因涉及 Linux 的其他知识，可暂且搁置，待学完本书后，或工作中需要再进行实验。

第 3 章　新手宝典：给初学者的 Linux 服务器管理建议

学前导读

新手学习 Linux 最容易出现的问题是，总带着 Windows 的思维来看待 Linux 的学习，结果差之毫厘，谬以千里。

服务器，对新手来说，总带着那么一点神秘和畏惧。维护服务器最怕的是什么？其实，往往不是黑客的攻击，不是病毒和木马，而是管理员的误操作。毕竟，堡垒总是从内部开始瓦解的。

一个初学者，可怕的不是无知，而是不知道危险在哪里。

本章编者给 Linux 的初学者一些服务器管理和维护的建议。记住，人能学会的往往不是经验，而是教训，但是管理服务器，你失误的机会很可能没有那么多……

本章内容

- 学习 Linux 的注意事项
- Linux 服务器的管理和维护建议

3.1　学习 Linux 的注意事项

本节总结了对于初学者来说几个容易混淆的问题，便于让大家对 Linux 有一个初步了解。

1．Linux 严格区分大小写

Linux 是严格区分大小写的，这一点和 Windows 不一样，所以操作时要注意区分大小写的不同，包括文件名和目录名、命令、命令选项、配置文件设置选项等。

2．Linux 中所有内容以文件形式保存，包括硬件设备

Linux 中所有内容都是以文件的形式保存和管理的，硬件设备也是文件，这和 Windows 完全不同，Windows 是通过设备管理器来管理硬件的。Linux 的设备文件保存在/dev 目录中，硬盘文件是/dev/sd[a-p]，光盘文件是/dev/hdc 等。

3．Linux 不靠扩展名区分文件类型

Windows 是依赖扩展名区分文件类型的，比如，".txt" 是文本文件、".exe" 是执行文件、".ini" 是配置文件、".mp4" 是视频文件等。但 Linux 不是靠扩展名区分文件类型的，而是靠权限位标识来确定文件类型的，而且文件类型的种类也不像 Windows 那么多，

常见的文件类型只有普通文件、目录、链接文件、块设备文件、字符设备文件等几种。Linux 的可执行文件不过就是普通文件被赋予了可执行权限而已。

但 Linux 中的一些特殊文件还是要求写“扩展名”的，但是，并不是 Linux 一定要靠扩展名来识别文件类型，写扩展名是为了帮助管理员来区分不同的文件类型。这样的文件扩展名主要有以下几种。

- 压缩包：Linux 下常见的压缩文件名有*.gz、*.bz2、*.zip、*.tar.gz、*.tar.bz2、*.tgz 等。为什么压缩包一定要写扩展名呢？其实很好理解，如果不写清楚扩展名，那么管理员不容易判断压缩包的格式，虽然有命令可以帮助判断，但是直观一点更加方便。另外，就算没写扩展名，在 Linux 中一样可以解压缩，不影响使用。
- 二进制软件包：CentOS 中所使用的二进制安装包是 RPM 包，所有的 RPM 包都用“.rpm”扩展名结尾，目的同样是让管理员一目了然。
- 程序文件：Shell 脚本一般用“*.sh”扩展名结尾，还有用“*.c”扩展名结尾的 C 语言文件等。
- 网页文件：网页文件一般使用“.html”“.php”等结尾，不过这是网页服务器的要求，而不是 Linux 的要求。

在此不一一列举了，还有日常使用较多的图片文件、视频文件、Office 文件等，也是如此。

4．Linux 中所有的存储设备都必须在挂载之后才能使用

Linux 中所有的存储设备都有自己的设备文件名，这些设备文件必须在挂载之后才能使用，包括硬盘、U 盘和光盘。挂载其实就是给这些存储设备分配盘符，Windows 中的盘符用英文字母表示，而 Linux 中的盘符则是一个已经建立的空目录。我们把这些空目录称为挂载点（可以理解为 Windows 的盘符），把设备文件（如/dev/sdb）和挂载点（已经建立的空目录）连接的过程称为挂载。这个过程是通过挂载命令实现的，具体的挂载命令请参阅第 9 章。

5．Windows 下的程序不能直接在 Linux 中使用

Linux 和 Windows 是不同的操作系统，可以安装和使用的软件也是不同的，所以能够在 Windows 中安装的软件是不能在 Linux 中安装的。有好处吗？当然有，那就是能够感染 Windows 的病毒和木马都对 Linux 无效。有坏处吗？也有，那就是所有的软件要想在 Linux 中安装，必须单独开发针对 Linux 的版本，或者依赖模拟器软件运行。

很多软件也会同时推出针对 Windows 和 Linux 的版本，如大家熟悉的即时通信软件 QQ。

3.2　Linux 服务器的管理和维护建议

下面这些服务器操作规范和建议初学者可能不容易看懂，因为还没有完整地学习一遍 Linux，但是这些经验之谈对服务器的管理和维护都非常重要，大家可以在阅读完本书后，再回过头来阅读这部分内容，一定会有新的体验。当然，限于我们的知识和能力，这些地方也可能有疏漏和不足，欢迎大家指正。

1. 了解 Linux 目录结构

Linux 是一个非常严谨的操作系统，每个目录存放何种文件都有明确的要求。作为管理员，首先要了解这些目录的作用，然后严格按照目录要求进行操作。

Linux 中的目录有很多，在此列出根目录下主要的一级目录和几个常见的二级目录的作用，如表 3-1 所示。

表 3-1 常见目录及作用

目 录 名	目录的作用
/bin	存放系统命令的目录，普通用户和超级用户都可以执行。是/usr/bin 目录的软链接
/sbin	存放系统命令的目录，只有超级用户才可以执行，是/usr/sbin 目录的软链接
/usr/bin	存放系统命令的目录，普通用户和超级用户都可以执行
/usr/sbin	存放系统命令的目录，只有超级用户才可以执行
/boot	系统启动目录，保存与系统启动相关的文件，如内核文件和启动引导程序文件等
/dev	设备文件保存位置
/etc	配置文件保存位置。系统内所有采用默认安装方式（RPM 安装）的服务配置文件全部保存在此目录中，如用户信息、服务的启动脚本、常用服务的配置文件等
/home	普通用户的家目录。在创建用户时，每个用户要有一个默认登录和保存自己数据的位置，就是用户的家目录，所有普通用户的家目录是在/home 下建立一个和用户名相同的目录，如用户 user1 的家目录就是/home/user1
/lib	系统调用的函数库保存位置，是/usr/lib 的软链接
/lib64	64 位函数库保存位置，是/usr/lib64 的软链接
/media	挂载目录，系统建议用来挂载媒体设备，如软盘和光盘
/mnt	挂载目录。早期 Linux 中只有这一个挂载目录，并没有细分。现在系统建议这个目录用来挂载额外的设备，如 U 盘、移动硬盘和其他操作系统的分区
/opt	这个目录是放置和安装第三方软件的位置，手工安装的源码包软件都可以安装到这个目录中。不过编者还是习惯把软件放到/usr/local 目录中，也就是说/usr/local 目录也可以用来安装软件
/proc	虚拟文件系统。该目录中的数据并不保存在硬盘上，而是保存到内存中，主要保存系统的内核、进程、外部设备状态和网络状态等。如/proc/cpuinfo 保存 CPU 信息，/proc/devices 保存设备驱动的列表，/proc/filesystems 保存文件系统列表，/proc/net 保存网络协议信息
/sys	虚拟文件系统。和/proc/目录相似，该目录中的数据都保存在内存中，主要保存与内核相关的信息
/root	root 的宿主目录。普通用户宿主目录在/home 下，root 宿主目录直接在“/”下
/run	系统运行时产生的数据，/var/run 是此目录的软链接
/srv	服务数据目录。一些系统服务启动之后，可以在这个目录中保存需要的数据
/tmp	临时目录。系统存放临时文件的目录，在该目录下，所有用户都可以访问和写入。我们建议此目录中不保存重要数据，最好每次开机都把该目录清空
/usr	系统软件资源目录。注意 usr 不是 user 的缩写，而是“UNIX Software Resource”的缩写，所以不是存放用户数据的目录，而是存放系统软件资源的目录。系统中安装的软件大多数保存在这里
/usr/lib	应用程序调用的函数库的保存位置
/usr/local	手工安装的软件保存位置。我们一般建议源码包软件安装在这个位置，如安装源码包的 Apache，安装目录一般就是/usr/local/apache2 目录

（续表）

目 录 名	目录的作用
/usr/share	应用程序资源文件的保存位置，如帮助文档、说明文档和字体目录
/usr/src	源码包保存位置。我们手工下载的源码包和内核源码包都可以保存到这里。不过编者更习惯把手工下载的源码包保存到/usr/local/src 目录中，把内核源码保存到/usr/src/kernels 目录中
/usr/src/kernels	内核源码保存位置。最小化安装没有安装内核源码包，这个目录是空的
/var	动态数据保存位置，主要保存缓存、日志及软件运行所产生的文件
/var/www/html	RPM 包安装的 Apache 的网页主目录
/var/lib	程序运行中需要调用或改变的数据保存位置。如 MySQL 数据库保存在/var/lib/mysql 目录中
/var/log	系统日志保存位置
/var/run	一些服务和程序运行后，它们的 PID（进程 ID）的保存位置，是/run 目录的软链接
/var/spool	放置队列数据的目录，就是排队等待其他程序使用的数据，比如邮件队列和打印队列
/var/spool/mail	新收到的邮件队列的保存位置。系统新收到的邮件会保存在此目录中
/var/spool/cron	系统的定时任务队列的保存位置。系统的计划任务会保存在这里

我们已经了解了 Linux 根目录下主要的一级目录和几个常见的二级目录的作用，建议大家遵守目录规范来管理和使用 Linux 服务器。比如做实验和练习，需要创建一些临时文件，应该保存在哪里呢？答案是用户的宿主目录或/tmp 临时目录。但是要小心有些目录中不能直接修改和保存数据，比如/proc 和/sys 目录，因为它们保存在内存中，如果写入数据，你的内存会越来越小，直至死机；/boot 目录也不能保存额外数据，因为/boot 目录会单独分区作为启动分区，如果没有空闲空间，会导致系统不能正常启动。

总之，Linux 要在合理的目录下进行操作和修改，这是 Linux 中需要遵守的第一个操作规范。

2．远程服务器关机及重启时的注意事项

为什么远程服务器不能关机？很简单，远程服务器没有放置在本地，关机后，谁可以帮你按开机电源键启动服务器？虽然计算机技术日新月异，但是像插入电源和开机这样的工作还是需要手工进行的。如果服务器是远程的，一旦关机，就只能求助托管机房的管理人员帮你开机了。

远程服务器重启时需要注意两点。

（1）远程服务器在重启前，要中止正在执行的服务

计算机的硬盘最怕在高速存储时断电或重启，非常容易造成硬盘损坏。所以，在重启前先中止你的服务，甚至可以考虑暂时断开对外提供服务的网络。可能你会觉得服务器有这么娇贵吗？笔记本电脑经常强行关机，也没有发现硬盘损坏啊？这是因为你的个人计算机没有很多人访问，强制断电时硬盘并没有进行数据交换。

（2）重启命令的选用

Linux 可以识别的重启命令有很多条，但是建议大家使用“shutdown -r now”命令重启。这条命令在重启时会正常保存和中止服务器中正在运行的程序，是安全重启命令。而且最好在重启前执行几次“sync”命令，这条命令是数据同步命令，可以让暂时保存在内存中的数据同步到硬盘上。

总之，重启和关机也是服务器需要注意的操作规范，因为不正确的重启和关机造成服务器故障的情况不在少数。

3．不要在服务器访问高峰运行高负载命令

这一点大家很好理解，在服务器访问高峰，如果使用一些对服务器压力较大的命令，有可能会造成服务器响应缓慢甚至死机。

哪些命令是高负载命令呢？其实，如果大家使用过 Windows 操作系统，会留意到一些操作会给计算机带来较大的运算压力，道理都是一样的，如复制大量的数据、压缩或解压缩大文件、大范围的硬盘搜索等。

什么时间算访问高峰期呢？我们一般认为 17:00～24:00 是访问高峰期。当然，每台服务器具体提供的服务不同，访问高峰期有时也会有所出入。比如服务器主要是供美国用户访问的，那就要考虑时差的问题；或者服务器提供的服务很特殊，访问高峰期可能也不同。

一般我们建议在凌晨 4:00～5:00 执行这些命令。那我们需要在凌晨上班？当然不是。我们可以使用系统的计划任务，让操作自动在指定的时间段执行。

4．远程配置防火墙时不要把自己踢出服务器

防火墙是指将内网和外网分开，并依照数据包的 IP 地址、端口号和数据包中的数据来判断是否允许数据包通过的网络设备。防火墙可以是硬件防火墙设备，也可以是服务器上安装的防火墙软件。

简单来讲，防火墙就是根据数据包自身的参数来判断是否允许数据包通过的网络设备。我们的服务器要想在公网中安全地使用，就需要使用防火墙过滤有害的数据包。但是在配置防火墙时，如果管理员对防火墙不是很熟悉，则有可能把自己的正常访问数据包和有害数据包全部过滤掉，导致自己也无法正常登录服务器，如防火墙关闭了远程连接的 SSH 服务的端口。

防火墙配置完全是靠手工输入命令完成的，配置规则和配置命令相对比较复杂。

如何避免这种尴尬的情况发生呢？最好的方法当然是在服务器本地配置防火墙，这样就算不小心把自己的远程登录给过滤了，还可以通过本机登录来恢复。如果服务器已经在远程登录了，要配置防火墙，最好在本地测试完善后再进行上传，这样会把发生故障的概率降到最低。虽然在本地测试好了，但是传到远程服务器上仍有可能发生问题。于是编者想到一个办法：如果需要远程配置防火墙，先写一个系统定时任务，让它每 5 分钟清空一下防火墙规则，就算写错了也还有反悔的机会，等测试没有问题了再删除这个系统定时任务。

总之，大家可以使用各种方法，只要留意不要在配置防火墙时把自己踢出服务器就好了。

5．指定合理的密码规范并定期更新

前面我们介绍了设置密码需要遵守复杂性、易记忆和时效性的三原则，这里就不再重复解释了。

另外，需要注意密码的保存。日常使用的密码，最简单的原则是不要写下来。但是服务器可能有很多，不可能所有的服务器都使用同样的密码，最好每台服务器的密码都不相同，但是在实际的工作中这么做也不现实。一般的做法是给服务器分类，每类服务器的密码一致，这样可以有效地减少密码的数量。但是在有大量服务器的情况下，密码的数量还是很大的。该如何保存这些密码呢？只能通过文档来保存，当然这些文档不能是明文保存的，而是要加密的。

总之，合理的密码还要有合适的保存方式，这些在构建服务器架构的时候都是必须考虑的内容。

6. 合理分配权限

服务器管理有一个原则：给予用户最小的权限。

初次接触服务器的人会很迷惑，大家都使用管理员 root 账户登录多好，省得还要学习如何添加用户、设置权限。这样操作，如果是个人计算机问题不大，如日常使用的 Windows 桌面系统，但如果是服务器，就会出现重大的安全隐患。在实际的工作中，因为给内部员工分配的权限不合理而导致数据泄密甚至触犯法律的情况屡见不鲜。所以，在服务器上，合理的权限规划必不可少。而且就算只有你是这台服务器的 root，我们也建议在管理服务器时，能使用普通用户完成的操作都使用普通用户，确实完成不了的操作要么进行授权，要么再切换到 root 执行。因为 Linux 上的 root 用户权限实在太大，一旦误操作，后果是严重的。

在实际的工作中，越是重要的服务器，对权限的管理越严格。原则上，在能够完成工作的前提下，分配的权限越小越安全。当然，权限越小，你需要做的规划和权限分配任务就越多，但是服务器也越可靠。

本章小结

通过本章的学习，大家了解了 Linux 与 Windows 在使用上的不同，诸如 Linux 严格区分大小写、Linux 上什么东西都是文件等概念会贯穿后续内容；粗略了解了 Linux 主要的目录结构，知道了 Linux 操作过程中的数据存储、使用规则和建议；了解了 Linux 服务器管理和维护过程中需要注意的各种事项。

第4章 万丈高楼平地起：Linux常用命令

学前导读

学习 Linux 需要掌握众多命令，这是很多习惯 Windows 系统操作的读者感觉最困难的地方。

本章旨在讲解学习 Linux 初期最常使用的命令，也是学习 Linux 的基础。从图形操作一下子变成命令行操作，初学者可能会不太适应，但这是学习 Linux 的必经之路。

本章内容

- 命令提示符及命令的基本格式
- 目录操作命令
- 文件操作命令
- 目录和文件都能操作的命令
- 权限管理命令
- 帮助命令
- 搜索命令
- 压缩和解压缩命令
- 关机和重启命令
- 常用网络命令

4.1 命令提示符和命令的基本格式

从这一章开始，我们不会再见到图形界面了。对服务器来讲，图形界面会占用更多的系统资源，而且会安装更多的服务、开放更多的端口，这对服务器的稳定性和安全性都有负面影响。

对服务器来讲，稳定性、可靠性、安全性才是最主要的，而简单易用不是服务器需要考虑的事情，所以学习 Linux，这些枯燥的命令是必须学习和记忆的内容。

4.1.1 命令提示符

登录系统后，第一眼看到的内容是：

```
[root@localhost ~]#
```

这就是 Linux 系统的命令提示符。那么，这个提示符的含义是什么呢？

- []：这是提示符的分隔符号，没有特殊含义。

- root：显示的是当前的登录用户，这里使用 root 用户登录。
- @：分隔符号，没有特殊含义。
- localhost：当前系统的简写主机名（完整主机名是 localhost.localdomain）。
- ~：代表用户当前所在的目录，此例中用户当前所在的目录是家目录。
- #：命令提示符，Linux 用这个符号标识登录用户的权限等级。如果是超级用户，提示符就是#；如果是普通用户，提示符就是$。

家目录是什么？Linux 系统是纯字符界面，用户登录后，要有一个初始登录的位置，这个初始登录位置就称为用户的家。

- 超级用户的家目录：/root。
- 普通用户的家目录：/home/用户名。

用户在自己的家目录中拥有完整权限，所以我们也建议操作实验可以放在家目录中进行。我们切换一下用户所在目录，看看有什么效果。

```
[root@localhost ~]# cd /usr/local/
[root@localhost local]#
```

仔细看，如果切换用户所在目录，那么命令提示符中的“~”会变成用户当前所在目录的最后一个目录（不显示完整的所在目录/usr/local/，只显示最后一个目录 local)。

4.1.2　命令的基本格式

接下来看看 Linux 命令的基本格式：

```
[root@localhost ~]# 命令 [选项] [参数]
```

命令格式中的[]代表可选项，也就是有些命令可以不写选项或参数，也能执行。那么，我们就用 Linux 中最常见的 ls 命令来解释一下命令的格式。如果按照命令的分类，那么 ls 命令应该属于目录操作命令。

```
[root@localhost ~]# ls
anaconda-ks.cfg
```

1．选项的作用

ls 命令之后不加选项和参数也能执行，不过只能执行最基本的功能，即显示当前目录下的文件名。那么加入一个选项，会出现什么结果？

```
[root@localhost ~]# ls -l
总用量 4
-rw-------. 1 root root 1453 10 月 24 00:53 anaconda-ks.cfg
```

如果加一个“-l”选项，则可以看到显示的内容明显增多了。“-l”是长格式（long list）的意思，也就是显示文件的详细信息。至于“-l”选项的具体含义，我们稍后再详细讲解。可以看到选项的作用是调整命令功能。如果没有选项，那么命令只能执行最基本的功能；而一旦有选项，则可以显示更加丰富的数据。

Linux 的选项又分为短格式选项（-l）和长格式选项（--all)。短格式选项是英文的简写，一般用一个减号调用，例如：

```
[root@localhost ~]# ls -l
```

而长格式选项是英文完整单词，一般用两个减号调用，例如：

```
[root@localhost ~]# ls --all
```

一般情况下，短格式选项是长格式选项的缩写，也就是一个短格式选项会有对应的长格式选项。当然也有例外，比如 ls 命令的短格式选项-l 就没有对应的长格式选项。具体的命令选项可以通过帮助命令来进行查询。

2. 参数的作用

参数是命令的操作对象，一般文件、目录、用户和进程等可以作为参数被命令操作。例如：

```
[root@localhost ~]# ls -l anaconda-ks.cfg
总用量 4
-rw-------. 1 root root 1453 10 月  24 00:53 anaconda-ks.cfg
```

但是为什么一开始 ls 命令可以省略参数？那是因为有默认参数。命令一般都需要加入参数，用于指定命令操作的对象是谁。如果可以省略参数，则一般都有默认参数。例如：

```
[root@localhost ~]# ls
anaconda-ks.cfg
```

这个 ls 命令后面没有指定参数，默认参数是当前所在位置，所以会显示当前目录下的文件名。

总结一下：命令的选项用于调整命令功能，而命令的参数是这个命令的操作对象。

4.2 目录操作命令

Linux 中目前可以识别的命令有上万条，如果没有分类，那么学习起来一定痛苦不堪。所以我们把命令分类，主要是为了方便学习和记忆。我们先来学习最为常用的目录操作命令。

4.2.1 ls 命令

ls 是最常见的目录操作命令，主要作用是显示目录下的内容。这个命令的基本信息如下。

- 命令名称：ls。
- 英文原意：list。
- 所在路径：/usr/bin/ls。
- 执行权限：所有用户。
- 功能描述：显示目录下的内容。

对命令的基本信息进行说明：英文原意有助于理解和记忆命令；执行权限是命令只能被超级用户执行，还是可以被所有用户执行；功能描述指的是这个命令的基本作用。

本章主要讲解基本命令，基本信息有助于大家记忆，本章所有命令都会加入命令的基本信息。在后续章节中，大家要学会通过帮助命令、搜索命令来自己查询这些信息，所以不再浪费篇幅来写了。

1．命令格式

```
[root@localhost ~]#ls [选项] [文件名或目录名]
选项：
    -a:            显示所有文件
    --color=when:  支持颜色输出，when 的值默认是 always（总显示颜色），也可以是
                   never（从不显示颜色）和 auto（自动）
    -d:            显示目录信息，而不是目录下的文件
    -h:            人性化显示，按照我们习惯的单位显示文件大小
    -i:            显示文件的 i 节点号
    -l:            长格式显示
```

学习命令，主要学习的是命令选项，但是每个命令的选项非常多，比如 ls 命令就支持五六十个选项，我们不可能讲解每个选项，也没必要讲解每个选项，本章只讲解最常用的选项，即可满足日常操作使用。

2．常见用法

例子 1："-a"选项

-a 选项中的 a 是 all 的意思，也就是显示隐藏文件。例如：

```
[root@localhost ~]# ls
anaconda-ks.cfg
[root@localhost ~]# ls -a
.  ..  anaconda-ks.cfg  .bash_logout  .bash_profile  .bashrc  .cache
 .config  .cshrc  .tcshrc
```

可以看到，加入"-a"选项后，显示出来的文件明显变多了。而多出来的这些文件都有一个共同的特性，就是以"."开头。在 Linux 中以"."开头的文件是隐藏文件，只有通过"-a"选项才能查看。

说到隐藏文件的查看方式，曾经有学生问我："为什么在 Linux 中查看隐藏文件这么简单？倘若如此隐藏文件还有什么意义？"其实，他理解错了隐藏文件的含义。隐藏文件不是为了把文件藏起来不让其他用户找到，而是为了告诉用户这些文件都是重要的系统文件，如非必要，不要删改。所以，不论是 Linux 还是 Windows 都可以非常简单地查看隐藏文件，只是在 Windows 中绝大多数的病毒和木马都会把自己变成隐藏文件，给用户带来了错觉，以为隐藏文件是为了不让用户发现。

例子 2："-l"选项

```
[root@localhost ~]# ls -l
总用量 4
-rw-------. 1 root root 1453 10 月  24 00:53 anaconda-ks.cfg
#权限     引用计数     所有者 所属组     大小     文件修改时间          文件名
```

我们已经知道"-l"选项用于显示文件的详细信息，那么"-l"选项显示的这 7 列分别是什么？

- 第一列：权限。具体权限的含义将在 4.5 节中讲解。
- 第二列：引用计数。文件的引用计数代表该文件的硬链接个数，而目录的引用计数代表该目录有多少个一级子目录。

- 第三列：所有者，也就是这个文件属于哪个用户。默认所有者是文件的建立用户。
- 第四列：所属组。默认所属组是文件建立用户的有效组，一般情况下就是建立用户的所在组。
- 第五列：大小。默认单位是字节。
- 第六列：文件修改时间。文件状态修改时间或文件数据修改时间都会更改这个时间，注意，这个时间不是文件的创建时间。
- 第七列：文件名。

例子 3：“-d”选项

如果我们想查看某个目录的详细信息，例如：

```
[root@localhost ~]# ls -l /root/
总用量 4
-rw-------. 1 root root 1453 10 月  24 00:53 anaconda-ks.cfg
```

这个命令会显示目录下的内容，而不会显示目录本身的详细信息。如果想显示目录本身的信息，就必须加入“-d”选项。

```
[root@localhost ~]# ls -ld /root/
dr-xr-x---. 2 root root 4096 1 月   20 12:30 /root/
```

例子 4：“-h”选项

“ls -l”显示的文件大小是字节，但是我们更加习惯的是千字节用 KB 显示，兆字节用 MB 显示，而“-h”选项就是按照人们习惯的单位显示文件大小的，例如：

```
[root@localhost ~]# ls -lh
总用量 4.0K
-rw-------. 1 root root 1.5K 10 月  24 00:53 anaconda-ks.cfg
```

例子 5：“-i”选项

每个文件都有一个被称为 inode（i 节点）的隐藏属性，可以看成系统搜索这个文件的 ID，而“-i”选项就是用来查看文件的 inode 号的，例如：

```
[root@localhost ~]# ls -i
33574991 anaconda-ks.cfg
```

从理论上来说，每个文件的 inode 号都是不一样的，当然也有例外（如硬链接），这些例外情况我们会在本章进行讲解。

4.2.2 cd 命令

cd 是切换所在目录的命令，这个命令的基本信息如下。

- 命令名称：cd。
- 英文原意：change directory。
- 所在路径：Shell 内置命令。
- 执行权限：所有用户。
- 功能描述：切换所在目录。

Linux 的命令按照来源方式分为两种：Shell 内置命令和外部命令。所谓 Shell 内置命令，就是 Shell 自带的命令，这些命令是没有执行文件的；而外部命令就是由程序员单独开发的，是外来命令，所以会有命令的执行文件。Linux中的绝大多数命令是外部命令，而cd命令是一个典型的Shell内置命令，所以cd命令没有执行文件所在路径。

1. 命令格式

```
[root@localhost ~]#cd [目录名]
```

cd命令是一个非常简单的命令，仅有的两个选项-P和-L的作用非常有限，很少使用。-P（大写）是指如果切换的目录是软链接目录，则进入其原始的物理目录，而不是进入软链接目录；-L（大写）是指如果切换的目录是软链接目录，则直接进入软链接目录。

2. 常见用法

例子1：基本用法

cd命令切换目录只需在命令后加目录名称即可。例如：

```
[root@localhost ~]# cd /usr/local/src/
[root@localhost src]#
#进入/usr/local/src/目录
```

通过命令提示符，我们可以确定当前所在目录已经切换。

例子2：简化用法

cd命令可以识别一些特殊符号，用于快速切换所在目录，这些符号见表4-1。

表4-1 cd命令的特殊符号

特殊符号	作　用	特殊符号	作　用
~	代表用户的家目录	.	代表当前目录
-	代表上次所在目录	..	代表上级目录

这些简化用法非常方便，我们来试试。

```
[root@localhost src]# cd ~
[root@localhost ~]#
```

“cd ~”命令可以快速回到用户的家目录，cd命令直接按Enter键也会快速切换到家目录。

```
[root@localhost ~]# cd /etc/
[root@localhost etc]# cd
[root@localhost ~]#
#直接使用cd命令，也回到了家目录
```

再试试“cd -”命令。

```
[root@localhost ~]# cd /usr/local/src/
#进入/usr/local/src/目录
[root@localhost src]# cd -
/root
[root@localhost ~]#
# “cd -”命令回到进入src目录之前的家目录
[root@localhost ~]# cd -
/usr/local/src
[root@localhost src]#
#再执行一遍“cd -”命令，又回到了/usr/local/src/目录
```

再来试试“.”和“..”。

```
[root@localhost ~]# cd /usr/local/src/
#进入测试目录
[root@localhost src]# cd ..
#进入上级目录
[root@localhost local]# pwd
/usr/local
#pwd 是查看当前所在目录的命令，可以看到我们进入了上级目录/usr/local/
[root@localhost local]# cd .
#进入当前目录
[root@localhost local]# pwd
/usr/local
#这个命令不会有目录的改变，只是告诉大家“.”代表当前目录
```

3. 绝对路径和相对路径

cd 命令本身不难，但是这里有两个非常重要的概念，就是绝对路径和相对路径。初学者由于对字符界面不熟悉，所以出现大量的错误都是因为对这两个路径没有搞明白，比如进错了目录、打开不了文件、打开的文件和系统文件不一致等。所以我们先来区分一下这两个路径。

首先，我们先要弄明白什么是绝对、什么又是相对。其实我们一直说现实生活中没有绝对的事情，没有绝对的大，也没有绝对的小；没有绝对的快，也没有绝对的慢。这只是由于参照物的不同或认知的局限，导致会暂时认为某些东西可能是绝对的、不能改变的。比如目前我们认为光速是最快的速度，我们不能突破光速的限制。但也有可能随着技术的进步，我们会突破这一限制。

但在 Linux 的路径中是有绝对路径的，那是因为 Linux 有最高目录，也就是根目录。如果路径是从根目录开始，一级一级指定的，那使用的就是绝对路径。例如：

```
[root@localhost ~]# cd /usr/local/src/
[root@localhost src]# cd /etc/rc.d/init.d/
```

这些切换目录的方法使用的就是绝对路径。

所谓相对路径，就是从当前所在目录开始切换目录。例如：

```
[root@localhost /]# cd etc/
#当前所在路径是/目录，而/目录下有 etc 目录，所以可以切换
[root@localhost etc]# cd etc/
-bash: cd: etc/: 没有那个文件或目录
#而同样的命令，由于当前所在目录改变了，所以就算是同一个命令也会报错，除非在/etc/目录中还有一个 etc 目录
```

所以，虽然绝对路径输入更加烦琐，但是更准确，报错的可能性也更小。对初学者而言，编者还是建议大家使用绝对路径。本书为了使命令更容易理解，也会尽量使用绝对路径。

再举个例子，假设当前在 root 用户的家目录中。

```
[root@localhost ~]#
```

那么，该如何使用相对路径进入/usr/local/src/目录中呢？

```
[root@localhost ~]# cd ../usr/local/src/
```

从当前所在路径算起，加入“..”代表进入上一级目录，而上一级目录是根目录，而根目录中有 usr 目录，就会一级一级地进入 src 目录了。

4.2.3　mkdir 命令

mkdir 是创建目录的命令，其基本信息如下。

- 命令名称：mkdir。
- 英文原意：make directories。
- 所在路径：/usr/bin/mkdir。
- 执行权限：所有用户。
- 功能描述：创建空目录。

1．命令格式

```
[root@localhost ~]# mkdir [选项] 目录名
选项：
        -p：递归建立所需目录
```

mkdir 也是一个非常简单的命令，其主要作用就是新建一个空目录。

2．常见用法

例子 1：建立目录

```
[root@localhost ~]#mkdir cangls
[root@localhost ~]# ls
anaconda-ks.cfg    cangls
```

我们建立一个名为 cangls 的目录，通过 ls 命令可以查看到这个目录已经建立。注意：我们在建立目录时使用的是相对路径，所以这个目录被建立到当前目录下。

例子 2：递归建立目录

如果想建立一串空目录，可以吗？

```
[root@localhost ~]# mkdir lm/movie/jp/cangls
mkdir：无法创建目录"lm/movie/jp/cangls"：没有那个文件或目录
```

李明老师想建立一个保存电影的目录，结果这条命令报错，没有正确执行。这是因为这 4 个目录都是不存在的，mkdir 默认只能在已经存在的目录中建立新目录。而如果需要建立一系列的新目录，则需要加入“-p”选项，递归建立才可以。例如：

```
[root@localhost ~]# mkdir -p lm/movie/jp/cangls
[root@localhost ~]# ls
anaconda-ks.cfg    cangls    lm
[root@localhost ~]# ls lm/
movie
#这里只查看一级子目录，其实后续的 jp 目录、cangls 目录都已经建立
```

所谓的递归建立，就是一级一级地建立目录。

4.2.4　rmdir 命令

既然有建立目录的命令，就一定会有删除目录的命令 rmdir，其基本信息如下。

- 命令名称：rmdir。
- 英文原意：remove empty directories。
- 所在路径：/usr/bin/rmdir。
- 执行权限：所有用户。
- 功能描述：删除空目录。

1．命令格式

```
[root@localhost ~]# rmdir [选项] 目录名
选项:
        -p:   递归删除目录
```

2．常见用法

```
[root@localhost ~]#rmdir cangls
```

就这么简单，命令后面加目录名称即可。既然可以递归建立目录，当然也可以递归删除目录。例如：

```
[root@localhost ~]# rmdir -p lm/movie/jp/cangls/
```

但 rmdir 命令的作用十分有限，因为只能删除空目录，所以一旦目录中有内容，就会报错。例如：

```
[root@localhost ~]# mkdir test
#建立测试目录
[root@localhost ~]# touch test/boduo
[root@localhost ~]# touch test/longze
#在测试目录中建立两个文件
[root@localhost ~]# rmdir test/
rmdir: 删除 "test/" 失败: 目录非空
```

这个命令比较“笨”，所以我们不太常用。后续我们不论删除的是文件还是目录，都会使用 rm 命令（见 4.4.1 节）。

4.2.5 tree 命令

tree 命令以树形结构显示目录下的文件，其基本信息如下。

- 命令名称：tree。
- 英文原意：list contents of directories in a tree-like format。
- 所在路径：/usr/bin/tree。
- 执行权限：所有用户。
- 功能描述：显示目录树。

tree 命令非常简单，用法也比较单一，就是显示目录树，例如：

```
[root@localhost ~]# tree   /etc/
/etc/
├── abrt
│   ├── abrt-action-save-package-data.conf
│   ├── abrt.conf
│   ├── gpg_keys.conf
```

```
│      └── plugins
│          ├── CCpp.conf
│          ├── oops.conf
│          ├── python.conf
│          ├── vmcore.conf
│          └── xorg.conf
├── adjtime
├── aliases
├── aliases.db
…省略部分内容…
```

4.3 文件操作命令

其实计算机的基本操作大多数可以归纳为“增删改查”4 个字，文件操作也不例外。只是修改文件数据需要使用文件编辑器，如 Vim，而 Vim 编辑器不是一两句话可以说明白的，我们会在第 5 章中详细讲解。在学习文件操作命令时，如果需要修改文件内容，则会暂时使用“echo 9527>> test”（这条命令会向 test 文件末尾追加一行“9527”数据）这样的方式来修改文件。

4.3.1 touch 命令

touch 的意思是触摸，如果文件不存在，则会建立空文件；如果文件已经存在，则会修改文件的时间戳（访问时间、数据修改时间、状态修改时间都会改变）。千万不要把 touch 命令当成新建文件的命令，牢牢记住这是触摸的意思。这个命令的基本信息如下。

- 命令名称：touch。
- 英文原意：change file timestamps。
- 所在路径：/usr/bin/touch。
- 执行权限：所有用户。
- 功能描述：修改文件的时间戳。

1. 命令格式

```
[root@localhost ~]# touch [选项] 文件名或目录名
选项：
    -a:  只修改文件的访问时间（Access Time）
    -c:  如果文件不存在，则不建立新文件
    -d:  把文件的时间改为指定的时间
    -m:  只修改文件的数据修改时间（Modify Time）
```

Linux 中的每个文件都有三个时间，分别是访问时间（Access Time）、数据修改时间（Modify Time）和状态修改时间（Change Time）。这三个时间可以通过 stat 命令进行查看。不过 touch 命令只能手工指定是只修改访问时间，还是只修改数据修改时间，而不能指定只修改状态修改时间。因为不论是修改访问时间，还是修改文件的数据修改时间，对

文件来讲，状态都会发生改变，所以状态修改时间会随之改变。我们稍后讲 stat 命令时再具体举例。

注意：在 Linux 中，文件没有创建时间。

2. 常见用法

```
[root@localhost ~]#touch bols
#建立名为 bols 的空文件
```

如果文件不存在，则会建立文件。

```
[root@localhost ~]#touch bols
[root@localhost ~]#touch bols
#而如果文件已经存在，也不会报错，只是会修改文件的访问时间
```

4.3.2 stat 命令

在 Linux 中，文件有访问时间、数据修改时间、状态修改时间这三个时间，而没有创建时间。stat 是查看文件详细信息的命令，而且可以看到文件的这三个时间，其基本信息如下。

- 命令名称：stat。
- 英文原意：display file or file system status。
- 所在路径：/usr/bin/stat。
- 执行权限：所有用户。
- 功能描述：显示文件或文件系统的详细信息。

1. 命令格式

```
[root@localhost ~]# stat [选项] 文件名或目录名
选项：
    -f：查看文件所在的文件系统信息，而不是查看文件的信息
```

2. 常见用法

例子 1：查看文件的详细信息

```
[root@localhost ~]# stat anaconda-ks.cfg
[root@localhost ~]# stat anaconda-ks.cfg
  文件："anaconda-ks.cfg"
  大小：1453          块：8          IO 块：4096    普通文件
设备：803h/2051d    Inode：33574991      硬链接：1
权限：(0600/-rw-------)  Uid：(    0/    root)   Gid：(    0/    root)
环境：system_u:object_r:admin_home_t:s0
最近访问：2018-10-24 00:53:08.751018638 +0800
最近更改：2018-10-24 00:53:08.760018638 +0800
最近改动：2018-10-24 00:53:08.760018638 +0800
创建时间：-
#如果安装时选择了中文，则很多命令的输出都是中文的，一目了然。
```

注意：在 CentOS 7.x 中，虽然出现了创建时间，但是这个时间不论怎么修改文件，都是“-”（空的），所以目前 Linux 依然无法记录文件的创建时间。

例子 2：查看文件系统信息

如果使用“-f”选项，就不再是查看指定文件的信息，而是查看这个文件所在文件系统的信息，例如：

```
[root@localhost ~]#stat -f   anaconda-ks.cfg
  文件："anaconda-ks.cfg"
    ID：80300000000 文件名长度：255          类型：xfs
块大小：4096          基本块大小：4096
    块：总计：4453632      空闲：4135125      可用：4135125
Inodes：总计：8912384      空闲：8870729
```

例子 3：三种时间的含义

查看系统当前时间，如下：

```
[root@localhost ~]# date
2019 年 03 月 14 日 星期四 16:24:06 CST
```

再查看 bols 文件的三种时间，可以看到，和当前时间是有差别的，如下：

```
[root@localhost ~]# stat bols
  文件："bols"
  大小：0            块：0              IO 块：4096    普通空文件
设备：803h/2051d    Inode：33611441      硬链接：1
权限：(0644/-rw-r--r--)  Uid：(    0/    root)   Gid：(    0/    root)
环境：unconfined_u:object_r:admin_home_t:s0
最近访问：2019-03-14 16:23:33.702101325 +0800
最近更改：2019-03-14 16:23:33.702101325 +0800
最近改动：2019-03-14 16:23:33.702101325 +0800
创建时间：-
```

而如果用 cat 命令读取一下这个文件，就会发现文件的访问时间（Access Time）变成了 cat 命令的执行时间，如下：

```
[root@localhost ~]# cat bols
[root@localhost ~]# stat bols
  文件："bols"
  大小：0            块：0              IO 块：4096    普通空文件
设备：803h/2051d    Inode：33611441      硬链接：1
权限：(0644/-rw-r--r--)  Uid：(    0/    root)   Gid：(    0/    root)
环境：unconfined_u:object_r:admin_home_t:s0
最近访问：2019-03-14 16:24:39.170103419 +0800
#只有最近访问时间发生了变化
最近更改：2019-03-14 16:23:33.702101325 +0800
最近改动：2019-03-14 16:23:33.702101325 +0800
创建时间：-
```

而如果用 echo 命令向文件中写入数据，那么文件的数据修改时间（Modify Time）就会发生改变。但是文件数据改变了，系统会认为文件的状态也会改变，所以状态修改时间（Change Time）也会随之改变，如下：

```
[root@localhost ~]# echo 9527> bols
[root@localhost ~]# stat bols
  文件："bols"
  大小：6            块：8          IO 块：4096    普通文件
设备：803h/2051d    Inode：33611441     硬链接：1
权限：(0644/-rw-r--r--)  Uid：(    0/    root)   Gid：(    0/    root)
环境：unconfined_u:object_r:admin_home_t:s0
最近访问：2019-03-14 16:24:39.170103419 +0800
#最近访问时间未变
最近更改：2019-03-14 16:25:41.336105407 +0800
最近改动：2019-03-14 16:25:41.336105407 +0800
#而这两个时间变为了 echo 命令的执行时间
创建时间：-
```

而如果只修改文件的状态（比如改变文件的所有者），而不修改文件的数据，则只会更改状态修改时间（Change Time），如下：

```
[root@localhost ~]# chown nobody bols
[root@localhost ~]# stat bols
  文件："bols"
  大小：6            块：8          IO 块：4096    普通文件
设备：803h/2051d    Inode：33611441     硬链接：1
权限：(0644/-rw-r--r--)  Uid：(   99/  nobody)   Gid：(    0/    root)
环境：unconfined_u:object_r:admin_home_t:s0
最近访问：2019-03-14 16:24:39.170103419 +0800
最近更改：2019-03-14 16:25:41.336105407 +0800
#前两个时间还是之前修改的时间
最近改动：2019-03-14 16:26:42.772107372 +0800
#而状态修改时间变为了 chown 命令的执行时间
创建时间：-
```

而如果用 touch 命令再次触摸这个文件，则这个文件的三个时间都会改变。touch 命令的作用就是这样的，大家记住即可。如下：

```
[root@localhost ~]# touch bols
[root@localhost ~]# stat bols
  文件："bols"
  大小：6            块：8          IO 块：4096    普通文件
设备：803h/2051d    Inode：33611441     硬链接：1
权限：(0644/-rw-r--r--)  Uid：(   99/  nobody)   Gid：(    0/    root)
环境：unconfined_u:object_r:admin_home_t:s0
最近访问：2019-03-14 16:27:20.951108593 +0800
最近更改：2019-03-14 16:27:20.951108593 +0800
最近改动：2019-03-14 16:27:20.951108593 +0800
创建时间：-
#三个时间都会变为 touch 命令的执行时间
```

4.3.3　cat 命令

cat 命令用来查看文件内容。这个命令的基本信息如下。

- 命令名称：cat。
- 英文原意：concatenate files and print on the standard output。
- 所在路径：/usr/bin/cat。
- 执行权限：所有用户。
- 功能描述：合并文件并打印输出到标准输出。

1．命令格式

```
[root@localhost ~]# cat [选项] 文件名
选项：
        -A：相当于-vET 选项的整合，用于列出所有隐藏符号
        -E：列出每行结尾的回车符$
        -n：显示行号
        -T：把 Tab 键用^I 显示出来
        -v：列出特殊字符
```

2．常见用法

cat 命令用于查看文件内容，不论文件内容有多少，都会一次性显示。如果文件非常大，那么文件开头的内容就看不到了。不过 Linux 可以使用 PageUp+上箭头组合键向上翻页，但是这种翻页是有极限的，如果文件足够长，那么还是无法看全文件的内容。所以 cat 命令适合查看不太大的文件。当然，在 Linux 中是可以使用其他的命令或方法来查看大文件的，我们以后再介绍。cat 命令本身非常简单，我们可以直接查看文件的内容。例如：

```
[root@localhost ~]# cat anaconda-ks.cfg
# Kickstart file automatically generated by anaconda.


#version=DEVEL
install
cdrom
lang zh_CN.UTF-8
…省略部分内容…
```

而如果使用“-n”选项，则会显示行号。例如：

```
[root@localhost ~]# cat -n anaconda-ks.cfg
     1  # Kickstart file automatically generated by anaconda.
     2
     3
     4  #version=DEVEL
     5  install
     6  cdrom
```

```
…省略部分内容…
```

如果使用“-A”选项，则相当于使用了“-vET”选项，可以查看文本中的所有隐藏符号，包括回车符（$）、Tab 键（^I）等。例如：

```
[root@localhost ~]# cat -A anaconda-ks.cfg
# Kickstart file automatically generated by anaconda.$
$
$
#version=DEVEL$
install$
cdrom$
…省略部分内容…
```

4.3.4 more 命令

如果文件过大，则 cat 命令会无法看全文件的内容，这时 more 命令的作用更加明显。more 是分屏显示文件的命令，其基本信息如下。

- 命令名称：more。
- 英文原意：file perusal filter for crt viewin。
- 所在路径：/usr/bin/more。
- 执行权限：所有用户。
- 功能描述：分屏显示文件内容。

1. 命令格式

```
[root@localhost ~]# more 文件名
```

more 命令比较简单，一般不用什么选项，命令会打开一个交互界面，可以识别一些交互命令。常用的交互命令如下。

- 空格键：向下翻页。
- b：向上翻页。
- Enter 键：向下滚动一行。
- /字符串：搜索指定的字符串。
- q：退出。

2. 常见用法

```
[root@localhost ~]# more anaconda-ks.cfg
# Kickstart file automatically generated by anaconda.


#version=DEVEL
install
cdrom
…省略部分内容…
--More--(69%)
#在这里执行交互命令即可
```

4.3.5　less 命令

less 命令和 more 命令类似，只是 more 是分屏显示命令，而 less 是分行显示命令，其基本信息如下。

- 命令名称：less。
- 英文原意：opposite of more。
- 所在路径：/usr/bin/less。
- 执行权限：所有用户。
- 功能描述：分行显示文件内容。

命令格式如下：

```
[root@localhost ~]# less 文件名
```

less 命令可以使用上、下箭头键，用于分行查看文件内容。

4.3.6　head 命令

head 是用来显示文件开头的命令，其基本信息如下。

- 命令名称：head。
- 英文原意：output the first part of files。
- 所在路径：/usr/bin/head。
- 执行权限：所有用户。
- 功能描述：显示文件开头的内容。

1．命令格式

```
[root@localhost ~]# head [选项] 文件名
选项：
    -n 行数：从文件头开始，显示指定行数
    -v：显示文件名
```

2．常见用法

```
[root@localhost ~]# head    anaconda-ks.cfg
```

head 命令默认显示文件的开头 10 行内容。如果想显示指定的行数，则只使用“-n”选项即可，例如：

```
[root@localhost ~]# head    -n 20 anaconda-ks.cfg
```

显示文件的开头 20 行内容，也可以直接写“-行数”，例如：

```
[root@localhost ~]# head    -20 anaconda-ks.cfg
```

4.3.7　tail 命令

既然有显示文件开头的命令，就会有显示文件结尾的命令。tail 命令的基本信息如下。

- 命令名称：tail。

- 英文原意：output the last part of files。
- 所在路径：/usr/bin/tail。
- 执行权限：所有用户。
- 功能描述：显示文件结尾的内容。

1．命令格式

```
[root@localhost ~]# tail [选项] 文件名
选项：
    -n 行数：从文件结尾开始，显示指定行数
    -f：监听文件的新增内容
```

2．常见用法

例子 1：基本用法

```
[root@localhost ~]# tail   anaconda-ks.cfg
```

tail 命令和 head 命令的格式基本一致，默认会显示文件的后 10 行。如果想显示指定的行数，则只需使用“-n”选项即可，例如：

```
[root@localhost ~]# tail -n 20 anaconda-ks.cfg
```

也可以直接写“-行数”，例如：

```
[root@localhost ~]# tail -20 anaconda-ks.cfg
```

例子 2：监听文件的新增内容

tail 命令有一种比较有趣的用法，可以使用“-f”选项来监听文件的新增内容，例如：

```
[root@localhost ~]# tail   -f   anaconda-ks.cfg
@server-platform
@server-policy
pax
oddjob
sgpio
certmonger
pam_krb5
krb5-workstation
perl-DBD-SQLite
%end
#光标不会退出文件，而会一直监听在文件的结尾处
```

这条命令会显示文件的最后 10 行内容，而且光标不会退出文件，而会一直监听在文件的结尾处，等待显示新增内容。这时如果向文件中追加一些数据（需要开启一个新终端），那么结果如下：

```
[root@localhost ~]# echo 2222222222 >> anaconda-ks.cfg
[root@localhost ~]# echo 3333333333 >> anaconda-ks.cfg
#在新终端中通过 echo 命令向文件中追加数据
```

在原始的正在监听的终端中，会看到如下信息：

```
[root@localhost ~]# tail   -f   anaconda-ks.cfg
@server-platform
@server-policy
pax
oddjob
```

```
sgpio
certmonger
pam_krb5
krb5-workstation
perl-DBD-SQLite
%end2222222222
3333333333
#在文件的结尾处监听到了新增数据
```

4.3.8　ln 命令

1. 文件系统原理

（1）Ext4 文件系统原理

如果要想说清楚 ln 命令，则必须先解释一下文件系统是如何工作的。我们在前面讲解了分区的格式化就是写入文件系统，在 CentOS 6.x 系统中是 Ext4 文件系统。如果用一张示意图来描述 Ext4 文件系统，则可以参考图 4-1。

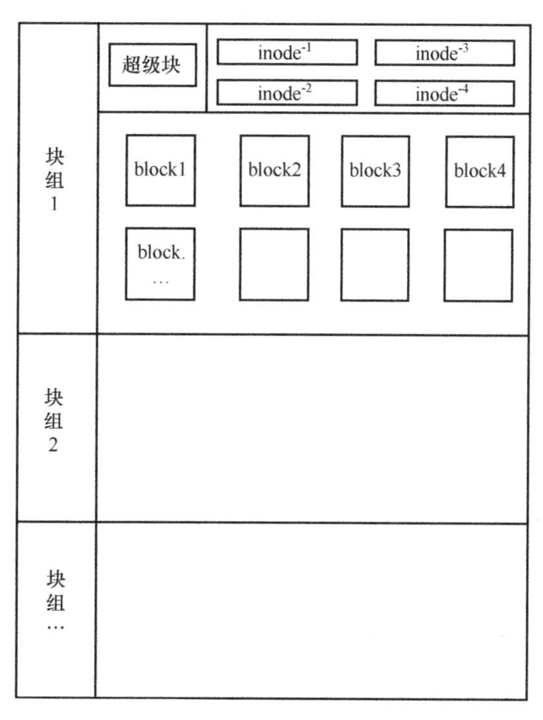

图 4-1　Ext4 文件系统示意图

Ext4 文件系统会把整块硬盘分成多个块组（Block Group），块组主要分为以下三部分。

- 超级块（Super Block）：记录整个文件系统的信息，包括 block 与 inode 的总量、已经使用的 inode 和 block 的数量、未使用的 inode 和 block 的数量、block 与 inode 的大小、文件系统的挂载时间、最近一次的写入时间、最近一次的磁盘检验时间等。

- i 节点表（inode Table）：inode 的默认大小为 128 Byte，用来记录文件的权限（r、w、x）、文件的所有者和属组、文件的大小、文件的状态改变时间（ctime）、文件的最近一次读取时间（atime）、文件的最近一次修改时间（mtime）、文件的特殊权限（如 SUID、SGID 等）、文件的数据真正保存的 block 编号。每个文件需要占用一个 inode。大家如果仔细查看，就会发现 inode 中是不记录文件名的，那是因为文件名是记录在文件上级目录的 block 中的。
- 数据块（block）：block 的大小可以是 1KB、2KB、4KB，默认为 4KB。block 用于实际的数据存储，如果一个 block 放不下数据，则可以占用多个 block。例如，有一个 10KB 的文件需要存储，则会占用 3 个 block，虽然最后一个 block 不能占满，但也不能再放入其他文件的数据。这 3 个 block 有可能是连续的，也有可能是分散的。

（2）XFS 文件系统原理

大家可能会比较奇怪，我们不是在讲 CentOS 7.x 系统吗？在 CentOS 7.x 中，默认文件系统不是 XFS 吗？我们怎么还在讲解 Ext4 文件系统？那是由于 XFS 文件系统的基本原理和 Ext4 非常相似，如果了解了 Ext4 文件系统，那么也比较容易理解 XFS 文件系统。

XFS 文件系统是一种高性能的日志文件系统，在格式化速度上远超 Ext4 文件系统，现在的硬盘越来越大，格式化的速度越来越慢，使得 Ext4 文件系统的使用受到了限制（其实在运行速度上来讲，XFS 对比 Ext4 并没有明显的优势，只是在格式化的时候，速度差别明显）。而且 XFS 理论上可以支持最大 18EB 的单个分区，9EB 的最大单个文件，这都远远超过 Ext4 文件系统。

XFS 文件系统主要分为三个部分。

- 数据区（Data section）：在数据区中，可以划分多个分配区群组（Allocation Groups），这个分配区群组大家就可以看成 Ext4 文件系统中的块组了。在分配区群组中也划分为超级块、i 节点、数据块，数据的存储方式也和 Ext4 类似。
- 文件系统活动登录区（Log section）：在文件系统活动登录区中，文件的改变会在这里记录下来，直到相关的变化记录在硬盘分区中之后，这个记录才会被结束。那么如果文件系统由于特殊原因损坏，可以依赖文件系统活动登录区中的数据修复文件系统。
- 实时运行区（Realtime section）：这个文件系统不建议大家更改，有可能会影响硬盘的性能。

2. ln 命令格式

了解了 Ext4 文件系统的概念，我们来看看 ln 命令的基本信息。

- 命令名称：ln。
- 英文原意：make links between file。
- 所在路径：/usr/bin/ln。
- 执行权限：所有用户。

- 功能描述：在文件之间建立链接。

ln 命令的基本格式如下：

```
[root@localhost ~]# ln [选项] 源文件 目标文件
选项：
    -s:   建立软链接文件。如果不加“-s”选项，则建立硬链接文件
    -f:   强制。如果目标文件已经存在，则删除目标文件后再建立链接文件
```

如果创建硬链接：

```
[root@localhost ~]# touch cangls
[root@localhost ~]# ln /root/cangls /tmp/
#建立硬链接文件，目标文件没有写文件名，会和原名一致
#也就是/root/cangls 和/tmp/cangls 是硬链接文件
```

如果创建软链接：

```
[root@localhost ~]# touch bols
[root@localhost ~]# ln -s /root/bols   /tmp/
#建立软链接文件
```

这里需要注意，软链接文件的源文件必须写成绝对路径，而不能写成相对路径（硬链接没有这样的要求），否则软链接文件会报错。这是初学者非常容易犯的错误。

建立硬链接和软链接非常简单，这两种链接有什么区别？它们都有什么作用？这才是链接文件最不容易理解的地方，下面我们分别介绍。

3. 硬链接

我们再来建立一个硬链接文件，然后看看这两个文件的特点。

```
[root@localhost ~]# touch test
#建立源文件
[root@localhost ~]# ln /root/test /tmp/test-hard
#给源文件建立硬链接文件/tmp/test-hard

[root@localhost ~]# ll -i /root/test   /tmp/test-hard
262147 -rw-r--r-- 2 root root 0 6 月   19 10:06 /root/test
262147 -rw-r--r-- 2 root root 0 6 月   19 10:06 /tmp/test-hard
#查看两个文件的详细信息，可以发现这两个文件的 inode 号是一样的，“ll” 等同于 “ls -l”
```

这里有一件很奇怪的事情，我们之前在讲 inode 号的时候说过，每个文件的 inode 号都应该是不一样的。inode 号就相当于文件 ID，我们在查找文件的时候，要先查找 inode 号，才能读取到文件的内容。

但是这里源文件和硬链接文件的 inode 号居然是一样的，那我们在查找文件的时候，到底找到的是哪一个文件呢？我们来画一张示意图，如图 4-2 所示。

在 inode 信息中，是不会记录文件名称的，而是把文件名记录在上级目录的 block 中。也就是说，目录的 block 中记录的是这个目录下所有一级子文件和子目录的文件名及 inode 的对应；而文件的 block 中记录的才是文件实际的数据。当我们查找一个文件，比如/root/test 时，要经过以下步骤。

- 首先找到根目录的 inode（根目录的 inode 是系统已知的，inode 号是 2），然后判断用户是否有权限访问根目录的 block。

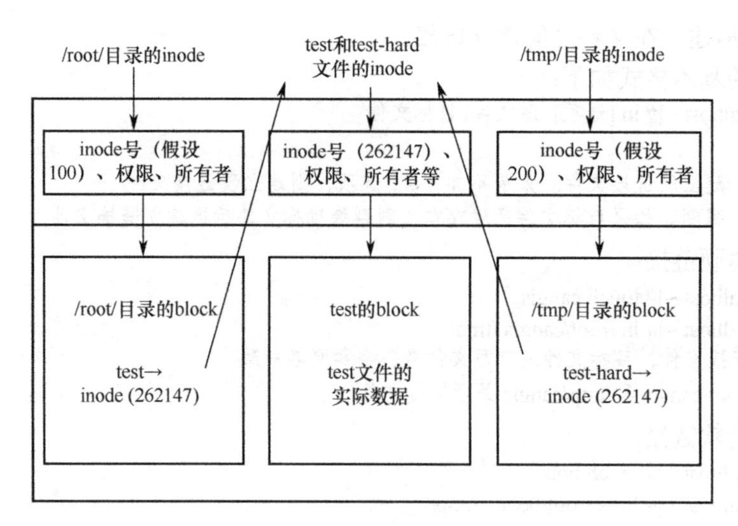

图 4-2　硬链接示意图

- 如果有权限，则可以在根目录的 block 中访问到/root 的文件名及对应的 inode 号。
- 通过/root 目录的 inode 号，可以查找到/root 目录的 inode 信息，接着判断用户是否有权限访问/root 目录的 block。
- 如果有权限，则可以从/root 目录的 block 中读取到 test 文件的文件名及对应的 inode 号。
- 通过 test 文件的 inode 号，就可以找到 test 文件的 inode 信息，接着判断用户是否有权限访问 test 文件的 block。
- 如果有权限，则可以读取 block 中的数据，这样就完成了/root/test 文件的读取与访问。

按照这个步骤，在给源文件/root/test 建立了硬链接文件/tmp/test-hard 之后，在/root 目录和/tmp 目录的 block 中就会建立 test 和 test-hard 的信息，这个信息主要就是文件名和对应的 inode 号。但是我们会发现 test 和 test-hard 的 inode 信息居然是一样的，那么，我们无论访问哪个文件，最终都会访问 inode 号是 262147 的文件信息。这就是硬链接的原理。硬链接的特点如下。

- 不论是修改源文件（test 文件），还是修改硬链接文件（test-hard 文件），另一个文件中的数据都会发生改变。
- 不论是删除源文件，还是删除硬链接文件，只要还有一个文件存在，这个文件（inode 号是 262147 的文件）都可以被访问。
- 硬链接不会建立新的 inode 信息，也不会更改 inode 的总数。
- 硬链接不能跨文件系统（分区）建立，因为在不同的文件系统中，inode 号是重新计算的。
- 硬链接不能链接目录，因为如果给目录建立硬链接，那么不仅目录本身需要重新建立，目录下所有的子文件，包括子目录中的所有子文件都需要建立硬链接，这对当前的 Linux 来讲过于复杂。

硬链接的限制比较多，既不能跨文件系统，也不能链接目录，而且源文件和硬链接文件之间除 inode 号是一样的之外，没有其他明显的特征。这些特征都使得硬链接并不常用，大家有所了解就好。

我们通过实验来测试一下。

```
[root@localhost ~]# echo 1111 >> /root/test
#向源文件中写入数据
[root@localhost ~]# cat /root/test
1111
[root@localhost ~]# cat /tmp/test-hard
1111
#源文件和硬链接文件都会发生改变
 [root@localhost ~]# echo 2222 >> /tmp/test-hard
#向硬链接文件中写入数据
[root@localhost ~]# cat /root/test
1111
2222
[root@localhost ~]# cat /tmp/test-hard
1111
2222
#源文件和硬链接文件也都会发生改变
[root@localhost ~]# rm -rf /root/test
#删除源文件
[root@localhost ~]# cat /tmp/test-hard
1111
2222
#硬链接文件依然可以正常读取
```

4．软链接

软链接也称符号链接，相比硬链接来讲，软链接就要常用多了。我们先建立一个软链接，再来看看软链接的特点。

```
[root@localhost ~]# touch check
#建立源文件
[root@localhost ~]# ln -s /root/check /tmp/check-soft
#建立软链接文件
[root@localhost ~]# ll -id /root/check /tmp/check-soft
262154 -rw-r--r-- 1 root root   0 6 月    19 11:30 /root/check
917507 lrwxrwxrwx 1 root root 11 6 月    19 11:31 /tmp/check-soft -> /root/check
#软链接和源文件的 inode 号不一致，软链接通过->明显地标识出源文件的位置
#在软链接的权限位 lrwxrwxrwx 中，l 就代表软链接文件
```

再强调一下，软链接的源文件必须写绝对路径，否则建立的软链接文件就会报错，无法正常使用。

软链接的标志非常明显，首先，权限位中“l”表示这是一个软链接文件；其次，在文件的后面通过“->”显示出源文件的完整名字。所以软链接比硬链接的标志要明显得多，而且软链接的限制也不像硬链接那样多，比如软链接可以链接目录，也可以跨分区来建立软链接。

软链接完全可以当作 Windows 的快捷方式来对待，它的特点和快捷方式一样，我们更推荐大家使用软链接，而不是硬链接。大家在学习软链接的时候会有一些疑问：Windows 中由于源文件放置的位置过深，不容易找到，建立一个快捷方式放在桌面，方便查找，Linux 的软链接的作用是什么？其实，主要是为了照顾管理员的使用习惯。比如，有些系统的自启动文件/etc/rc.local 放置在/etc/目录中，而有些系统却将其放置在/etc/rc.d/rc.local 中，干脆对这两个文件建立软链接，不论你习惯操作哪一个文件，结果都是一样的。

如果你比较细心，则应该已经发现软链接和源文件的 inode 号是不一致的，我们也画一张示意图来看看软链接的原理，如图 4-3 所示。

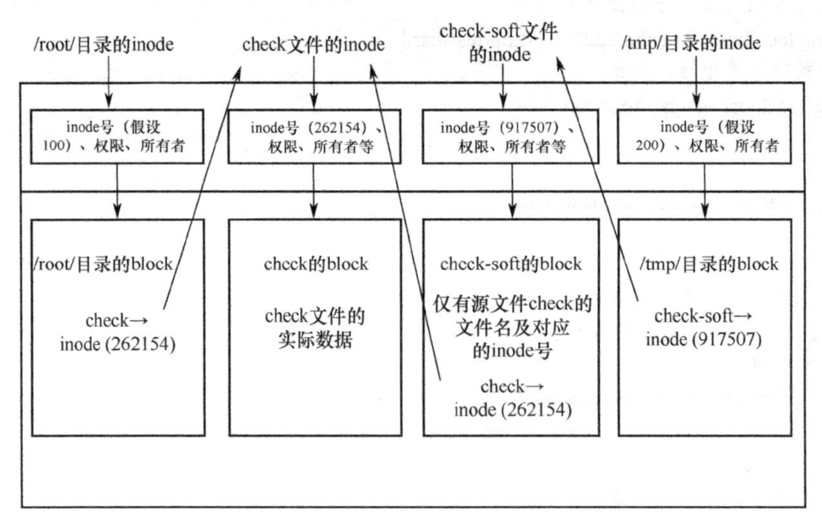

图 4-3　软链接示意图

软链接和硬链接在原理上最主要的不同在于：硬链接不会建立自己的 inode 索引和 block（数据块），而是直接指向源文件的 inode 信息和 block，所以硬链接和源文件的 inode 号是一致的；而软链接会建立自己的 inode 索引和 block，所以软链接和源文件的 inode 号是不一致的，而且在软链接的 block 中，写的不是真正的数据，而仅仅是源文件的文件名及 inode 号。

我们来看看访问软链接的步骤和访问硬链接的步骤有什么不同。

- 首先找到根目录的 inode 索引信息，然后判断用户是否有权限访问根目录的 block。
- 如果有权限访问根目录的 block，就会在 block 中查找到/tmp/目录的 inode 号。
- 接着访问/tmp/目录的 inode 信息，判断用户是否有权限访问/tmp/目录的 block。
- 如果有权限，就会在 block 中读取到软链接文件 check-soft 的 inode 号。因为软链接文件会建立自己的 inode 索引和 block，所以软链接文件和源文件的 inode 号是不一样的。
- 通过软链接文件的 inode 号，找到了 check-soft 文件 inode 信息，判断用户是否有权限访问 block。

- 如果有权限，就会发现 check-soft 文件的 block 中没有实际数据，仅有源文件 check 的 inode 号。
- 接着通过源文件的 inode 号，访问到源文件 check 的 inode 信息，判断用户是否有权限访问 block。
- 如果有权限，就会在 check 文件的 block 中读取到真正的数据，从而完成数据访问。

通过这个过程，我们就可以总结出软链接的特点（软链接的特点和 Windows 中的快捷方式完全一致）。

- 不论是修改源文件（check），还是修改软链接文件（check-soft），另一个文件中的数据都会发生改变。
- 删除软链接文件，源文件不受影响。而删除源文件，软链接文件将找不到实际的数据，从而显示文件不存在。
- 软链接会新建自己的 inode 信息和 block，只是在 block 中不存储实际文件数据，而存储的是源文件的文件名及 inode 号。
- 软链接可以链接目录。
- 软链接可以跨分区。

我们测试一下软链接的特性。

```
[root@localhost ~]# echo 111 >> /root/check
#修改源文件
[root@localhost ~]# cat /root/check
111
[root@localhost ~]# cat /tmp/check-soft
111
#不论是源文件还是软链接文件，数据都发生改变

[root@localhost ~]# echo 2222 >> /tmp/check-soft
#修改软链接文件
[root@localhost ~]# cat /tmp/check-soft
111
2222
[root@localhost ~]# cat /root/check
111
2222
#不论是源文件还是软链接文件，数据也都会发生改变

[root@localhost ~]# rm -rf /root/check
#删除源文件
[root@localhost ~]# cat /tmp/check-soft
cat: /tmp/check-soft: 没有那个文件或目录
#软链接无法正常使用
```

软链接是可以链接目录的，例如：

```
[root@localhost ~]# mkdir test
#建立源目录
```

```
[root@localhost ~]# ln -s /root/test/   /tmp/
[root@localhost ~]# ll -d   /tmp/test
lrwxrwxrwx 1 root root 11 6 月   19 12:43 /tmp/test -> /root/test/
#软链接可以链接目录
```

4.4 目录和文件都能操作的命令

4.4.1 rm 命令

rm 是强大的删除命令，不仅可以删除文件，还可以删除目录。这个命令的基本信息如下。

- 命令名称：rm。
- 英文原意：remove files or directories。
- 所在路径：/usr/bin/rm。
- 执行权限：所有用户。
- 功能描述：删除文件或目录。

1．命令格式

```
[root@localhost ~]# rm [选项] 文件或目录
选项：
    -f:   强制删除（force）
    -i:   交互删除，在删除之前会询问用户
    -r:   递归删除，可以删除目录（recursive）
```

2．常见用法

例子 1：基本用法

rm 命令如果任何选项都不加，则默认执行的是“rm -i 文件名”，也就是在删除一个文件之前会先询问是否删除。例如：

```
[root@localhost ~]# touch cangls
[root@localhost ~]# rm cangls
rm：是否删除普通空文件 "cangls"? y
#删除前会询问是否删除
```

例子 2：删除目录

如果需要删除目录，则需要使用“-r”选项。例如：

```
[root@localhost ~]# mkdir -p /test/lm/movie/jp/
#递归建立测试目录

[root@localhost ~]# rm /test/
rm: 无法删除"/test/": 是一个目录
#如果不加“-r”选项，则会报错

[root@localhost ~]# rm -r /test/
```

```
rm：是否进入目录"/test"? y
rm：是否进入目录"/test/lm"? y
rm：是否进入目录"/test/lm/movie"? y
rm：是否删除目录 "/test/lm/movie/jp"? y
rm：是否删除目录 "/test/lm/movie"? y
rm：是否删除目录 "/test/lm"? y
rm：是否删除目录 "/test"? y
#会分别询问是否进入子目录、是否删除子目录
```

大家会发现，如果每级目录和每个文件都需要确认，那么在实际使用中很麻烦。

例子 3：强制删除

如果要删除的目录中有 1 万个子目录或子文件，那么普通的 rm 删除最少需要确认 1 万次。所以，在真正删除文件的时候，我们会选择强制删除。例如：

```
[root@localhost ~]# mkdir -p /test/lm/movie/jp/
#重新建立测试目录
[root@localhost ~]# rm -rf /test/
#强制删除
```

加入了强制功能之后，删除就会变得很简单，但是需要注意：

- 数据强制删除之后无法恢复，除非依赖第三方的数据恢复工具，如 extundelete 等。但要注意，很难恢复完整的数据，一般能恢复 70%～80%就很难得了。所以，要养成良好的操作习惯。
- 虽然“-rf”选项是用来删除目录的，但是删除文件也不会报错。所以，为了使用方便，通常情况下不论是删除文件还是删除目录，都会直接使用“-rf”选项。

4.4.2 cp 命令

cp 是用于复制的命令，其基本信息如下：

- 命令名称：cp。
- 英文原意：copy files and directories。
- 所在路径：/usr/bin/cp。
- 执行权限：所有用户。
- 功能描述：复制文件和目录。

1. 命令格式

```
[root@localhost ~]# cp [选项] 源文件 目标文件
选项：
    -a：相当于-dpr 选项的集合
    -d：如果源文件为软链接（对硬链接无效），则复制出的目标文件也为软链接
    -i：询问，如果目标文件已经存在，则会询问是否覆盖
    -l：把目标文件建立为源文件的硬链接文件，而不是复制源文件
    -s：把目标文件建立为源文件的软链接文件，而不是复制源文件
    -p：复制后目标文件保留源文件的属性（包括所有者、所属组、权限和时间）
    -r：递归复制，用于复制目录
```

2．常见用法

例子 1：基本用法

cp 命令既可以复制文件，也可以复制目录。我们先来看看如何复制文件，例如：

```
[root@localhost ~]# touch cangls
#建立源文件
[root@localhost ~]# cp cangls   /tmp/
#把源文件不改名复制到/tmp/目录下
```

如果需要改名复制，则命令如下：

```
[root@localhost ~]# cp cangls   /tmp/bols
#改名复制
```

如果复制的目标位置已经存在同名的文件，则会提示是否覆盖，因为 cp 命令默认执行的是“cp -i”，例如：

```
[root@localhost ~]# cp cangls   /tmp/
cp：是否覆盖"/tmp/cangls"?  y
#目标位置有同名文件，所以会提示是否覆盖
```

接下来我们看看如何复制目录，其实复制目录只使用“-r”选项即可，例如：

```
[root@localhost ~]# mkdir movie
#建立测试目录
[root@localhost ~]# cp -r /root/movie/ /tmp/
#目录原名复制
```

例子 2：复制软链接属性

如果源文件不是一个普通文件，而是一个软链接文件，那么是否可以复制软链接的属性呢？我们试试：

```
[root@localhost ~]# ln -s /root/cangls /tmp/cangls_slink
#建立一个测试软链接文件/tmp/cangls_slink
[root@localhost ~]# ll /tmp/cangls_slink
lrwxrwxrwx 1 root root 12 6 月   14 05:53 /tmp/cangls_slink -> /root/cangls
#源文件本身就是一个软链接文件

[root@localhost ~]# cp /tmp/cangls_slink /tmp/cangls_t1
#复制软链接文件，但是不加“-d”选项
[root@localhost ~]# cp -d /tmp/cangls_slink /tmp/cangls_t2
#复制软链接文件，加入“-d”选项

[root@localhost ~]# ll /tmp/cangls_t1 /tmp/cangls_t2
-rw-r--r-- 1 root root    0 6 月   14 05:56 /tmp/cangls_t1
#会发现不加“-d”选项，实际复制的是软链接的源文件，而不是软链接文件
lrwxrwxrwx 1 root root 12 6 月   14 05:56 /tmp/cangls_t2 -> /root/cangls
#而如果加入了“-d”选项，则会复制软链接文件
```

这个例子说明：如果在复制软链接文件时不使用“-d”选项，则 cp 命令复制的是源文件，而不是软链接文件；只有加入了“-d”选项，才会复制软链接文件。请大家注意，“-d”选项对硬链接是无效的。

例子 3：保留源文件属性复制

我们发现，在执行复制命令后，目标文件的时间会变成复制命令的执行时间，而不是源文件的时间。例如：

```
[root@localhost ~]# cp /var/lib/mlocate/mlocate.db /tmp/
[root@localhost ~]# ll /var/lib/mlocate/mlocate.db
-rw-r----- 1 root slocate 2328027 6 月   14 02:08 /var/lib/mlocate/mlocate.db
#注意源文件的时间和所属组
[root@localhost ~]# ll /tmp/mlocate.db
-rw-r----- 1 root root 2328027 6 月   14 06:05 /tmp/mlocate.db
#由于复制命令由 root 用户执行，所以目标文件的所属组变为了 root，而且时间也变成了复制命令的执行时间
```

而当我们在执行数据备份、日志备份的时候，这些文件的时间可能是一个重要的参数，这就需要执行“-p”选项了。这个选项会保留源文件的属性，包括所有者、所属组和时间。例如：

```
[root@localhost ~]# cp -p /var/lib/mlocate/mlocate.db /tmp/mlocate.db_2
#使用“-p”选项
[root@localhost ~]# ll /var/lib/mlocate/mlocate.db   /tmp/mlocate.db_2
-rw-r----- 1 root slocate 2328027 6 月   14 02:08 /tmp/mlocate.db_2
-rw-r----- 1 root slocate 2328027 6 月   14 02:08 /var/lib/mlocate/mlocate.db
#源文件和目标文件的所有属性都一致，包括时间
```

我们之前讲过，“-a”选项相当于“-dpr”选项，这几个选项我们已经分别讲过了。所以，当我们使用“-a”选项时，目标文件和源文件的所有属性都一致，包括源文件的所有者、所属组、时间和软链接属性。使用“-a”选项来取代“-dpr”选项更加方便。

例子 4：“-l”和“-s”选项

我们如果使用“-l”选项，则目标文件会被建立为源文件的硬链接；而如果使用了“-s”选项，则目标文件会被建立为源文件的软链接。

这两个选项和“-d”选项是不同的，“-d”选项要求源文件必须是软链接，目标文件才会复制为软链接；而“-l”和“-s”选项的源文件只需要是普通文件，目标文件就可以直接复制为硬链接和软链接。例如：

```
[root@localhost ~]# touch bols
#建立测试文件
[root@localhost ~]# ll -i bols
262154 -rw-r--r-- 1 root root 0 6 月   14 06:26 bols
#源文件只是一个普通文件，而不是软链接文件
[root@localhost ~]# cp -l /root/bols   /tmp/bols_h
[root@localhost ~]# cp -s /root/bols   /tmp/bols_s
#使用“-l”和“-s”选项复制
[root@localhost ~]# ll -i /tmp/bols_h /tmp/bols_s
262154 -rw-r--r-- 2 root root   0 6 月   14 06:26 /tmp/bols_h
#目标文件/tmp/bols_h 为源文件的硬链接文件
932113 lrwxrwxrwx 1 root root 10 6 月   14 06:27 /tmp/bols_s -> /root/bols
#目标文件/tmp/bols_s 为源文件的软链接文件
```

4.4.3 mv 命令

mv 是用来移动文件的命令，其基本信息如下。

- 命令名称：mv。
- 英文原意：move (rename) files。
- 所在路径：/usr/bin/mv。
- 执行权限：所有用户。
- 功能描述：移动文件或改名。

1. 命令格式

```
[root@localhost ~]# mv [选项] 源文件 目标文件
选项：
        -f：强制覆盖，如果目标文件已经存在，则不询问，直接强制覆盖
        -i：交互移动，如果目标文件已经存在，则询问用户是否覆盖（默认选项）
        -n：如果目标文件已经存在，则不会覆盖移动，而且不询问用户
        -v：显示详细信息
```

2. 常见用法

例子 1：移动文件或目录

```
[root@localhost ~]# mv cangls /tmp/
#移动之后，源文件会被删除，类似剪切

[root@localhost ~]# mkdir movie
[root@localhost ~]# mv movie/ /tmp/
#也可以移动目录。和 rm、cp 不同的是，mv 移动目录不需要加入“-r”选项
```

如果移动的目标位置已经存在同名的文件，则同样会提示是否覆盖，因为 mv 命令默认执行的也是“mv -i”的别名，例如：

```
[root@localhost ~]# touch cangls
#重新建立文件
[root@localhost ~]# mv cangls /tmp/
mv：是否覆盖"/tmp/cangls"？ y
#由于/tmp/目录下已经存在 cangls 文件，所以会提示是否覆盖，需要手工输入 y 覆盖移动
```

例子 2：强制移动

之前说过，如果目标目录下已经存在同名文件，则会提示是否覆盖，需要手工确认。这时如果移动的同名文件较多，则需要一个一个文件进行确认，很不方便。如果我们确认需要覆盖已经存在的同名文件，则可以使用“-f”选项进行强制移动，就不需要用户手工确认了。例如：

```
[root@localhost ~]# touch cangls
#重新建立文件
[root@localhost ~]# mv -f cangls /tmp/
#就算/tmp/目录下已经存在同名的文件，由于“-f”选项的作用，所以会强制覆盖
```

例子 3：不覆盖移动

既然可以强制覆盖移动，那也有可能需要不覆盖的移动。如果需要移动几百个同名文件，但是不想覆盖，这时就需要“-n”选项的帮助了。例如：

```
[root@localhost ~]# ls /tmp/*ls
/tmp/bols    /tmp/cangls
#在/tmp/目录下已经存在 bols、cangls 文件了
 [root@localhost ~]# mv -vn bols cangls lmls    /tmp/
"lmls" -> "/tmp/lmls"
#再向/tmp/目录中移动同名文件，如果使用了“-n”选项，则可以看到只移动了 lmls，而同名的
bols 和 cangls 并没有移动（“-v”选项用于显示移动过程）
```

例子 4：改名

如果源文件和目标文件在同一个目录中，那就是改名。例如：

```
[root@localhost ~]# mv bols lmls
#把 bols 改名为 lmls
```

目录也可以按照同样的方法改名。

例子 5：显示移动过程

如果我们想要知道在移动过程中到底有哪些文件进行了移动，则可以使用“-v”选项来查看详细的移动信息。例如：

```
[root@localhost ~]# touch test1.txt test2.txt test3.txt
#建立三个测试文件
[root@localhost ~]# mv -v *.txt /tmp/
"test1.txt" -> "/tmp/test1.txt"
"test2.txt" -> "/tmp/test2.txt"
"test3.txt" -> "/tmp/test3.txt"
#加入“-v”选项，可以看到有哪些文件进行了移动
```

4.5 权限管理命令

4.5.1 权限介绍

1. 为什么需要权限

我们发现，初学者并不是不能理解权限命令，而是不能理解为什么需要设定不同的权限。所有的人都直接使用管理员身份，不可以吗？这是由于绝大多数用户使用的是个人计算机，而使用个人计算机的用户一般都是被信任的用户（如家人、朋友等）。在这种情况下，大家都可以使用管理员身份直接登录。又因为管理员拥有最大权限，所以给我们带来了错觉，以为在计算机中不需要分配权限等级，不需要使用不同的账户。

但是在服务器上就不是这种情况了，在服务器上运行的数据越重要（如游戏数据），价值越高（如电子商城数据、银行数据），那么对权限的设定就要越详细，用户的分级也要越明确。所以，在服务器上，绝对不是所有的用户都使用 root 身份登录，而要根据不同的工作需要和职位需要，合理分配用户等级和权限等级。

2．文件的所有者、所属组和其他人

前面讲 ls 命令的-l 选项时，简单解释过所有者和所属组，例如：

```
[root@localhost ~]# ls -l bols
-rw-r--r--. 1 nobody root 6 3 月    14 16:32 bols
```

命令的第三列 root 用户就是文件的所有者，第四列 root 组就是文件的所属组。而且我们也介绍过，文件的所有者一般就是这个文件的建立者，而系统中绝大多数系统文件都是由 root 建立的，所以绝大多数系统文件的所有者都是 root。

接下来我们解释一下所属组，首先讲解一下用户组的概念。用户组就是一组用户的集合，类似于大学里的各种社团。那为什么要把用户放入一个用户组中呢？当然是为了方便管理。大家想想，如果我有 100 位用户，而这 100 位用户对同一个文件的权限是一致的，那我是一位用户一位用户地分配权限方便，还是把 100 位用户加入一个用户组中，然后给这个用户组分配权限方便呢？不言而喻，一定是给一个用户组分配权限更加方便。

综上所述，给一个文件区分所有者、所属组和其他人，就是为了分配权限方便。就像编者买了一台电脑，我当然是这台电脑的所有者，可以把我的学生加入一个用户组，其他不认识的人当然就是其他人了。分配完了用户身份，就可以分配权限，所有者当然对这台电脑拥有所有的权限，而位于所属组中的这些学生可以借用我的电脑，而其他人则完全不能碰我的电脑。

3．权限位的含义

前面讲解 ls 命令时，我们已经知道长格式显示的第一列就是文件的权限，例如：

```
[root@localhost ~]# ls -l bols
-rw-r--r--. 1 nobody root 6 3 月    14 16:32 bols
```

第一列的权限位如果不计算最后的“.”（这个点的含义我们在后面解释），共有 10 位，这 10 位权限位的含义如图 4-4 所示。

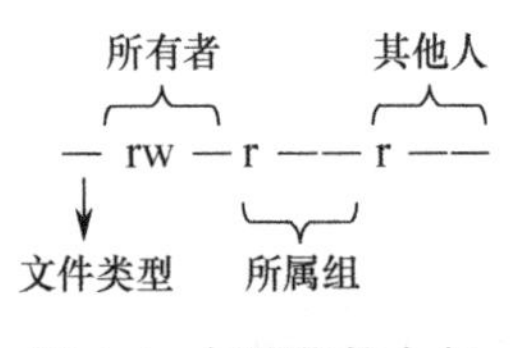

图 4-4　权限位的含义

第 1 位代表文件类型。Linux 不像 Windows 使用扩展名表示文件类型，而是使用权限位的第 1 位表示文件类型。虽然 Linux 文件的种类不像 Windows 那么多，但是分类也不少，详细情况可以使用“info ls”命令查看。在此只讲一些常见的文件类型。

- “-”：普通文件。
- “b”：块设备文件。这是一种特殊设备文件，存储设备都是这种文件，如分区文件/dev/sda1 就是这种文件。
- “c”：字符设备文件。这也是特殊设备文件，输入设备一般都是这种文件，如鼠标、键盘等。
- “d”：目录文件。Linux 中一切皆文件，所以目录也是文件的一种。

- “l”：软链接文件。
- “p”：管道符文件。这是一种非常少见的特殊设备文件。
- “s”：套接字文件。这也是一种特殊设备文件，一些服务支持 Socket 访问，就会产生这样的文件。

第 2～4 位代表文件所有者的权限。

- r：代表 read，是读取权限。
- w：代表 write，是写权限。
- x：代表 execute，是执行权限。

如果有字母，则代表拥有对应的权限；如果是“-”，则代表没有对应的权限。

第 5～7 位代表文件所属组的权限，同样拥有“rwx”权限。

第 8～10 位代表其他人的权限，同样拥有“rwx”权限。

这就是文件基本权限的含义，那我们看看下面这个文件的权限是什么。

```
[root@localhost ~]# ls -l bols
-rw-r--r--. 1 nobody root 6 3 月    14 16:32 bols
```

这个文件的所有者，也就是 root 用户，拥有读和写权限；所属组中的用户，也就是 root 组中除 root 用户以外的其他用户，拥有只读权限，其他人拥有只读权限。

最后，我们再看看权限位的这个“.”的作用。这个点是在 CentOS 6.x 以上的系统中才出现的，在以前的系统中是没有的。如果在文件的权限位中含有“.”，则表示这个文件受 SELinux 的安全规则管理。

4.5.2　基本权限的命令

首先来看修改权限的命令 chmod，其基本信息如下。

- 命令名称：chmod。
- 英文原意：change file mode bits。
- 所在路径：/usr/bin/chmod。
- 执行权限：所有用户。
- 功能描述：修改文件的权限模式。

1. 命令格式

```
[root@localhost ~]# chmod [选项] 权限模式 文件名
选项：
    -R：递归设置权限，也就是给子目录中的所有文件设定权限
```

2. 权限模式

chmod 命令的权限模式的格式是“[ugoa][[+-=][perms]]”，也就是“[用户身份][[赋予方式][权限]]”的格式，我们来解释一下。

- 用户身份
  - ➢ u：代表所有者（user）。
  - ➢ g：代表所属组（group）。

    - ➢ o：代表其他人（other）。
    - ➢ a：代表全部身份（all）。
- 赋予方式
    - ➢ +：加入权限。
    - ➢ -：减去权限。
    - ➢ =：设置权限。
- 权限
    - ➢ r：读取权限（read）。
    - ➢ w：写权限（write）。
    - ➢ x：执行权限（execute）。

这里我们只讲解基本权限，至于特殊权限（如 suid、sgid 和 sbit 等），我们在第 8 章中再详细讲解。

下面举几个例子。

例子 1：用“+”加入权限

```
[root@localhost ~]# touch lmls
#建立测试文件
[root@localhost ~]# ll lmls
-rw-r--r-- 1 root root 0 6 月   15 02:48 lmls
#这个文件的默认权限是“所有者：读、写权限；所属组：只读权限；其他人：只读权限”

[root@localhost ~]# chmod u+x lmls
#给所有者加入执行权限
[root@localhost ~]# ll lmls
-rwxr--r-- 1 root root 0 6 月   15 02:48 lmls
#权限生效
```

例子 2：给多个身份同时加入权限

```
[root@localhost ~]# chmod g+w,o+w lmls
#给所属组和其他人同时加入写权限
[root@localhost ~]# ll lmls
-rwxrw-rw- 1 root root 0 6 月   15 02:48 lmls
#权限生效
```

例子 3：用“-”减去权限

```
[root@localhost ~]# chmod   u-x,g-w,o-w lmls
#给所有者减去执行权限，给所属组和其他人都减去写权限，也就是恢复默认权限
[root@localhost ~]# ll lmls
-rw-r--r-- 1 root root 0 6 月   15 02:48 lmls
```

例子 4：用“=”设置权限

大家有没有发现，用“+-”赋予权限是比较麻烦的，需要先确定原始权限是什么，然后在原始权限的基础上加减权限。有没有简单一点的方法呢？可以使用“=”来设定权限，例如：

```
[root@localhost ~]# chmod   u=rwx,g=rw,o=rw lmls
#给所有者赋予权限“rwx”，给所属组和其他人赋予权限“rw”
```

```
[root@localhost ~]# ll lmls
-rwxrw-rw- 1 root root 0 6 月   15 02:48 lmls
```

使用“=”赋予权限，确实不用在原始权限的基础之上进行加减了，但是依然要写很长一条命令，如果依然觉得不够简单，还可以使用数字权限的方式来赋予权限。

3．数字权限

数字权限的赋予方式是最简单的，但是不如之前的字母权限好记、直观。我们来看看这些数字权限的含义。

- 4：代表“r”权限。
- 2：代表“w”权限。
- 1：代表“x”权限。

举个例子：

```
[root@localhost ~]# chmod 755 lmls
#给文件赋予“755 权限”
[root@localhost ~]# ll lmls
-rwxr-xr-x 1 root root 0 6 月   15 02:48 lmls
```

解释一下“755 权限”。

- 第一个数字“7”：代表所有者的权限是“4+2+1”，也就是读、写和执行权限。
- 第二个数字“5”：代表所属组的权限是“4+1”，也就是读和执行权限。
- 第三个数字“5”：代表其他人的权限是“4+1”，也就是读和执行权限。

数字权限的赋予方式更加简单，但是需要用户对这几个数字更加熟悉。其实常用权限也并不多，只有如下几个。

- 644：这是文件的基本权限，代表所有者拥有读、写权限，而所属组和其他人拥有只读权限。
- 755：这是文件的执行权限和目录的基本权限，代表所有者拥有读、写和执行权限，而所属组和其他人拥有读和执行权限。
- 777：这是最大权限。在实际的生产服务器中，要尽力避免给文件或目录赋予这样的权限，这会造成一定的安全隐患。

我们很少会使用“457”这样的权限，因为这样的权限是不合理的，怎么可能文件的所有者的权限还没有其他人的权限大呢？所以，除非是实验需要，否则一般情况下所有者的权限要大于所属组和其他人的权限。

4.5.3　基本权限的含义

1．权限含义的解释

我们已经知道了权限的赋予方式，但是这些读、写、执行权限到底是什么含义呢？其实，这些权限的含义不像表面上这么明显，下面我们就来讲讲这些权限到底是什么含义。

首先，读、写、执行权限对文件和目录的作用是不同的。

（1）权限对文件的作用

- 读（r）：对文件有读（r）权限，代表可以读取文件中的数据。如果把权限对应到命令上，那么一旦对文件有读（r）权限，就可以对文件执行 cat、more、less、head、tail 等文件查看命令。
- 写（w）：对文件有写（w）权限，代表可以修改文件中的数据。如果把权限对应到命令上，那么一旦对文件有写（w）权限，就可以对文件执行 vim、echo 等修改文件数据的命令。注意：对文件有写权限，是不能删除文件本身的，只能修改文件中的数据。如果要想删除文件，则需要对文件的上级目录拥有写权限。
- 执行（x）：对文件有执行（x）权限，代表文件拥有了执行权限，可以运行。在 Linux 中，只要文件有执行（x）权限，这个文件就是执行文件了。只是这个文件到底能不能正确执行，不仅需要执行（x）权限，还要看文件中的代码是不是正确的语言代码。对文件来说，执行（x）权限是最高权限。

（2）权限对目录的作用

- 读（r）：对目录有读（r）权限，代表可以查看目录下的内容，也就是可以查看目录下有哪些子文件和子目录。如果把权限对应到命令上，一旦对目录拥有了读（r）权限，就可以在目录下执行 ls 命令，查看目录下的内容。
- 写（w）：对目录有写（r）权限，代表可以修改目录下的数据，也就是可以在目录中新建、删除、复制、剪切子文件或子目录。如果把权限对应到命令上，那么一旦对目录拥有了写（w）权限，就可以在目录下执行 touch、rm、cp、mv 命令。对目录来说，写（w）权限是最高权限。
- 执行（x）：目录是不能运行的，那么对目录拥有执行（x）权限，代表可以进入目录。如果把权限对应到命令上，那么一旦对目录拥有了执行（x）权限，就可以对目录执行 cd 命令，进入目录。

2．注意事项

初学权限的时候，可能对两种情况最不能理解，我们一个一个来看。

第一种情况：为什么对文件有写权限，却不能删除文件？

这需要通过分区的格式化来讲解。我们之前讲过，分区的格式化可以理解为给分区打入隔断，这样才可以存储数据。

在 Linux 的 Ext 文件系统中，格式化可以理解为把分区分成两大部分：一部分占用空间较小，用于保存 inode（i 节点）信息；绝大部分格式化为 block（数据块），用于保存文件中的实际数据。

在 Linux 中，默认 inode 的大小为 128B，用于记录文件的权限（r、w、x）、文件的所有者和所属组、文件的大小、文件的状态改变时间（ctime）、文件的最近一次读取时间（atime）、文件的最近一次修改时间（mtime）、文件中的数据真正保存的 block 编号。每个文件需要占用一个 inode。

仔细观察，在 inode 中并没有记录文件的文件名。那是因为文件名是记录在文件上级目录的 block 中的。我们画一张示意图看看，假设有这样一个文件/test/cangls，如图 4-5 所示。

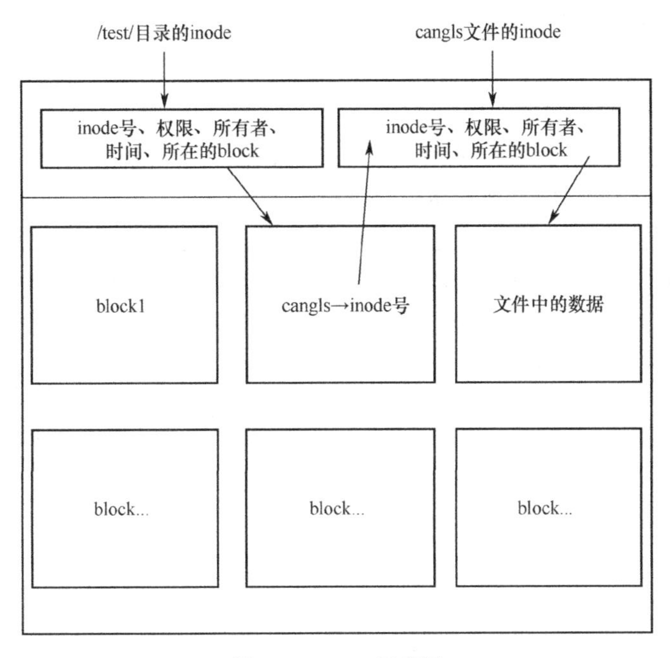

图 4-5　inode 示意图

我们可以看到，在/test/目录的 block 中会记录这个目录下所有的一级子文件或一级子目录的文件名及其对应的 inode 号。系统读取 cangls 文件的过程如下。

- 通过/test/目录的 inode 信息，找到/test/目录的 block。
- 在/test/目录的 block 中，查看到 cangls 文件的 inode 号。
- 通过 cangls 文件的 inode 号，找到了 cangls 文件的 inode 信息。
- 确定是否有权限访问 cangls 文件的内容。
- 通过 inode 信息中 block 的位置，找到 cangls 文件实际的 block。
- 读取 block 数据，从而读取出 cangls 文件的内容。

既然如此，那么/test/目录的文件名放在哪里呢？当然放在/目录的 block 中了，而/目录的 inode 号（/目录的 inode 号是 2）是系统已知的。也就是说，在系统中读取任意一个文件，都要先通过/目录的 inode 信息找到/目录的 block，再查看/目录的 block，从而可以确定一级目录的 inode 信息。然后一级一级地查找到最终文件的 block 信息，从而读取数据。

总结：因为文件名保留在上级目录的 block 中，所以对文件拥有写权限，是不能删除文件本身的，而只能删除文件中的数据（也就是文件 block 中的内容）。要想删除文件名，需要对文件所在目录拥有写权限。

第二种情况：目录的可用权限。

对目录来讲，如果只赋予只读（r）权限，则是不可以使用的。大家想想，要想读取目录下的文件，你怎么也要进入目录才可以吧？而进入目录，对目录来讲，需要执行（x）

权限的支持。目录的可用权限其实只有以下几个。

- 0：任何权限都不赋予。
- 5：基本的目录浏览和进入权限。
- 7：完全权限。

3. 示例

我们做权限的实验，是不能使用 root 用户测试的。由于 root 用户是超级用户，就算没有任何权限，root 用户依然可以执行全部操作。

所以我们只能使用普通用户来验证权限，而目前普通用户又不能修改文件权限（不是普通用户不能修改文件权限，只有文件的所有者才能修改文件权限，而我们当前没有讲修改所有者的命令，从而导致普通用户不能修改文件权限）。在实验中，编者会用 root 用户来修改文件权限，而用普通用户 user 来验证权限，请大家注意用户身份的变化。

实验思路：由 root 用户把测试目录和测试文件的权限改为最小（0），然后逐步放大权限，用普通用户来验证每个权限可以执行哪些命令。

创建普通用户 user 的简单步骤：第一步，添加用户执行命令“useradd user”；第二步，设置用户密码“passwd user”，输入两次密码确认。

```
#步骤一：由 root 身份建立测试文件
[root@localhost ~]# cd /home/user/
#进入普通用户的家目录中建立测试目录和文件，因为普通用户无法进入 root 的家目录中
[root@localhost user]# mkdir test
[root@localhost user]# touch test/cangls
#建立测试目录和文件
[root@localhost user]# chmod 750 test/
#修改 test 目录的权限为 750
#由于没有修改所有者和所属组，所以 user 用户会匹配其他人权限
#为了实验效果，只把其他人的权限改为 0，而所有者和所属组权限不修改
[root@localhost user]# chmod 640 test/cangls
#修改 cangls 文件的权限为 640

#步骤二：由 user 用户测试权限（执行命令“su user”切换用户）
[user@localhost ~]$ ll
总用量 4
drwxr-x--- 2 root root 4096 6 月   15 13:19 test
#思考：为什么 user 对 test 目录没有权限，却能看到 test 目录？
[user@localhost ~]$ ls test/
ls: 无法打开目录 test/: 权限不够
[user@localhost ~]$ cd test/
-bash: cd: test/: 权限不够
#由于 user 用户对 test 目录没有权限（0），所以既不能查看目录下的内容，也不能进入目录

#步骤三：由 root 用户给 test 目录赋予读（r）权限
[root@localhost user]# chmod 754 test
[root@localhost user]# ll   test/
```

```
总用量 0
-rw-r----- 1 root root 0 6 月　15 13:19 cangls
#注意：这是测试实验，只读（r）权限对目录无法正常使用

#步骤四：由 user 用户测试，读（r）权限虽然可以看到目录下的内容，但是不能正常使用
[user@localhost ~]$ ls test/
ls: 无法访问 test/cangls: 权限不够
cangls
#ls 查看目录下的内容，虽然看到了文件名，但依然报错“权限不够”
[user@localhost ~]$ ll test/
ls: 无法访问 test/cangls: 权限不够
总用量 0
-????????? ? ? ? ?            ? cangls
#ll 查看目录下的内容，会发现由于权限不足，所以只能看到文件名，其他信息都是“？”，代表不能正常查看
[user@localhost ~]$ cd test/
-bash: cd: test/: 权限不够
#当然也不能进入目录
#所以，只读（r）权限对目录来说是无法正常使用的权限

#步骤五：由 root 用户给 test 目录赋予读（r）和执行（x）权限
[root@localhost user]# chmod 755 test
[root@localhost user]# ll　test/
总用量 0
-rw-r----- 1 root root 0 6 月　15 13:19 cangls
#读（r）和执行（x）权限对目录来说才是可以正常使用的权限

#步骤六：由 user 用户测试
[user@localhost ~]$ ll test/
总用量 0
-rw-r----- 1 root root 0 6 月　15 13:19 cangls
#可以正常查看目录下的内容
[user@localhost ~]$ cd test/
[user@localhost test]$
#可以进入目录了

#步骤七：我们开始测试文件权限，由 user 用户测试
[user@localhost test]$ cat cangls
cat: cangls: 权限不够
#user 用户没有读（r）权限，所以不能查看文件的内容
[user@localhost test]$ echo 22222 >> cangls
-bash: cangls: 权限不够
#user 用户没有写（w）权限，所以不能写入数据

#步骤八：由 root 用户给 cangls 文件赋予读（r）权限
[root@localhost user]# chmod 644 test/cangls
```

```
#步骤九：由 user 用户测试，可以读取 cangls 文件的内容
[user@localhost test]$ cat cangls
[user@localhost test]$
#虽然文件为空，但是不再报错
[user@localhost test]$ echo 22222 >> cangls
-bash: cangls: 权限不够
#由于没有写权限，所以依然不能向文件中写入数据

#步骤十：由 root 用户给 cangls 文件赋予写（w）权限
[root@localhost user]# chmod 646 test/cangls
#这只是实验，才会出现其他人权限高于所属组权限的情况，在生产环境下不会这样

#步骤十一：由 user 用户测试，可以对 cangls 文件写入数据
[user@localhost test]$ echo 22222 >> cangls
[user@localhost test]$ rm -rf cangls
rm: 无法删除"cangls": 权限不够
#可以对 cangls 文件写入数据，但是不能删除这个文件本身

#步骤十二：由 root 用户给 test 目录赋予写（w）权限
[root@localhost user]# chmod 757 test/
[root@localhost user]# ll
总用量 4
drwxr-xrwx 2 root root 4096 6 月   15 13:19 test
#给其他用户赋予 7 权限，非常不安全，在生产环境下严格禁用

#步骤十三：由 user 用户测试，可以删除 cangls 文件，并且可以新建、复制和剪切
[user@localhost test]$ rm -rf cangls
#可以删除
[user@localhost test]$ touch bols
#可以新建 bols 文件
[user@localhost test]$ mv bols lmls
#可以把 bols 文件改名为 lmls
```

这个实验并不复杂，但是由于需要在两个用户身份之间切换，所以代码确实比较长。这个实验可以充分说明每个权限可以执行哪些命令，可以帮助读者更好地理解权限的含义。

4.5.4 所有者和所属组命令

1. chown 命令

chown 是修改文件和目录的所有者和所属组的命令，其基本信息如下。

- 命令名称：chown。
- 英文原意：change file owner and group。
- 所在路径：/usr/bin/chown。
- 执行权限：所有用户。

- 功能描述：修改文件和目录的所有者和所属组。

（1）命令格式

```
[root@localhost ~]# chown [选项] 所有者:所属组 文件或目录
选项：
    -R：递归设置权限，也就是给子目录中的所有文件设置权限
```

（2）常见用法

例子 1：修改文件的所有者

之所以需要修改文件的所有者，是因为赋予权限的需要。当普通用户需要对某个文件拥有最高权限的时候，是不能把其他人的权限修改为最高权限的，也就是不能出现 777 的权限，这是非常不安全的做法。合理的做法是修改文件的所有者，这样既能让普通用户拥有最高权限，又不会影响其他普通用户。我们来看一个例子：

```
[root@localhost ~]# touch laowang
#由 root 用户创建 laowang 文件
[root@localhost ~]# ll laowang
-rw-r--r-- 1root root 0 6 月  16 05:12 laowang
#文件的所有者是 root，普通用户 user 对这个文件拥有只读权限
[root@localhost ~]# chown user laowang
#修改文件的所有者
[root@localhost ~]# ll laowang
-rw-r--r-- 1 user root 0 6 月  16 05:12 laowang
#所有者变成了 user 用户，这时 user 用户对这个文件就拥有了读、写权限
```

例子 2：修改文件的所属组

chown 命令不仅可以修改文件的所有者，还可以修改文件的所属组。例如：

```
[root@localhost ~]# chown user:user laowang
# “:”之前是文件的所有者，之后是所属组。这里的“:”也可以使用“.”代替
[root@localhost ~]# ll laowang
-rw-r--r-- 1 user user 0 6 月  16 05:12 laowang
```

修改所属组，也是为了调整文件的权限。只是我们目前还没有学习如何把用户加入到用户组中，如果可以把用户加入同一个组当中，然后直接调整所属组的权限，那当然比一个一个用户赋予权限要简单方便了。

Linux 中用户组的建立与 Windows 中是不同的。在 Windows 中，新建的用户都属于 users 这个组，而不会建立更多的新组。但是在 Linux 中，每个用户建立之后，都会建立和用户名同名的用户组，作为这个用户的初始组，user 用户组是自动建立的。

例子 3：普通用户修改权限

编者在讲权限作用的时候强调过，并不是只有 root 用户才可以修改文件的权限，而是超级用户可以修改任何文件的权限，但是普通用户只能修改自己文件的权限。也就是说，只有普通用户是这个文件的所有者，才可以修改文件的权限。我们试试：

```
[root@localhost ~]# cd /home/user/
#进入 user 用户的家目录
[root@localhost user]# touch test
#由 root 用户新建文件 test
[root@localhost user]# ll test
```

```
-rw-r--r-- 1 root root 0 6 月   16 05:37 test
#文件所有者和所属组都是 root 用户
[root@localhost user]# su– user
#切换为 user 用户
[user@localhost ~]$ chmod 755 test
chmod: 更改"test" 的权限：不允许的操作
#user 用户不能修改 test 文件的权限
[user@localhost ~]$ exit
#退回到 root 身份
[root@localhost user]# chown user test
#由 root 用户把 test 文件的所有者改为 user 用户
[root@localhost user]# su– user
#切换为 user 用户
[user@localhost ~]$ chmod 755 test
#user 用户由于是 test 文件的所有者，所以可以修改文件的权限
[user@localhost ~]$ ll test
-rwxr-xr-x 1 user root 0 6 月   16 05:37 test
#查看权限
```

通过这个实验，我们可以确定，如果普通用户是这个文件的所有者，就可以修改文件的权限。

2. chgrp 命令

chgrp 是修改文件和目录的所属组的命令，其基本信息如下。

- 命令名称：chgrp。
- 英文原意：change group ownership。
- 所在路径：/usr/bin/chgrp。
- 执行权限：所有用户。
- 功能描述：修改文件和目录的所属组。

chgrp 命令比较简单，就是修改文件和目录的所属组。我们来试试：

```
[root@localhost ~]# touch test2
#建立测试文件
[root@localhost ~]# chgrp user test2
#修改 test2 文件的所属组为 user 用户组
[root@localhost ~]# ll test2
-rw-r--r-- 1 root user 0 6 月   16 05:54 test2
#修改生效
```

4.5.5 umask 默认权限

1. umask 默认权限的作用

umask 默认权限是 Linux 权限的一种，主要用于让 Linux 中的新建文件和目录拥有默认权限。Linux 是一个比较安全的操作系统，而安全的基础就是权限，所以，在 Linux 中所有的文件和目录都要有基本的权限，新建的文件和目录当然也要有默认的权限。

在 Linux 中，通过 umask 默认权限来给所有新建立的文件和目录赋予初始权限，这一点和 Windows 不太一样，Windows 是通过继承上级目录的权限来给文件和目录赋予初始权限的。

查看系统的 umask 权限：

```
[root@localhost ~]# umask
0022
#用八进制数值显示 umask 权限
[root@localhost ~]# umask -S
u=rwx,g=rx,o=rx
#用字母表示文件和目录的初始权限
```

使用“-S”选项，会直接用字母来表示文件和目录的初始权限。我们查看数值的 umask 权限，看到的是 4 位数字“0022”，其中第一个数字“0”代表的是文件的特殊权限（SetUID、SetGID、Sticky BIT），特殊权限我们放在第 8 章中来详细讲解，现在先不讨论。也就是后 3 位数字“022”才是真正的 umask 默认权限。

2．umask 默认权限的计算方法

在学习 umask 默认权限的计算方法之前，我们需要先了解一下新建文件和目录的默认最大权限。

- 对文件来讲，新建文件的默认最大权限是 666，没有执行（x）权限。这是因为执行权限对文件来讲比较危险，不能在新建文件的时候默认赋予，而必须通过用户手工赋予。
- 对目录来讲，新建目录的默认最大权限是 777。这是因为对目录而言，执行（x）权限仅代表进入目录，所以即使建立新文件时直接默认赋予，也没有什么危险。

接下来我们学习如何计算 umask 默认权限。按照官方的标准算法，umask 默认权限需要使用二进制进行逻辑与和逻辑非联合运算才可以得到正确的新建文件和目录的默认权限。这种方法既不好计算，也不好理解，编者并不推荐。

我们在这里还是按照权限字母来讲解 umask 权限的计算方法。我们就按照默认的 umask 值是 022 来分别计算一下新建文件和目录的默认权限。

- 文件的默认权限最大只能是 666，换算成字母就是“-rw-rw-rw-”；而 umask 的值是 022，换算成字母就是“-----w--w-”。把两个字母权限相减，得到的就是新建文件的默认权限：（-rw-rw-rw-）-（-----w--w-）=（-rw-r--r--）。
- 目录的默认权限最大可以是 777，换算成字母就是“drwxrwxrwx”；而 umask 的值是 022，换算成字母就是“d----w--w-”。也把两个字母权限相减，得到的就是新建目录的默认权限：（drwxrwxrwx）-（d----w--w-）=（drwx-r-xr-x）。

我们测试一下：

```
[root@localhost ~]# umask
0022
#默认 umask 的值是 0022
[root@localhost ~]# touch laowang
[root@localhost ~]# mkdir fengjie
[root@localhost ~]# ll -d laowang fengjie/
```

```
drwxr-xr-x 2 root root 4096 6 月   16 02:36 fengjie/
-rw-r--r-- 1 root root       0 6 月   16 02:36 laowang
#新建立目录的默认权限是 755，新建立文件的默认权限是 644
```

注意：umask 默认权限的计算是不能直接使用数字相减的。很多人会理解为，既然文件的默认权限最大是“666”，umask 的值是“022”，而新建文件的值刚好是“644”，那是不是就直接使用“666-644”呢？这是不对的，如果 umask 的值是“033”呢？按照数值相减，就会得到“633”的值。但是我们强调过文件是不能在新建立时就拥有执行（x）权限的，而权限“3”是包含执行（x）权限的。我们测试一下：

```
[root@localhost ~]# umask 033
#修改 umask 的值为 033
[root@localhost ~]# touch xuejie
#建立测试文件 xuejie
[root@localhost ~]# ll xuejie
-rw-r--r-- 1 root root 0 6 月   16 02:46 xuejie
#xuejie 文件的默认权限依然是 644
```

由这个例子我们可以知道，umask 默认权限一定不是直接使用权限数字相减得到的，而是通过二进制逻辑与和逻辑非联合运算得到的。最简单的办法还是使用权限字母来计算。

- 文件的默认权限最大只能是 666，换算成字母就是“-rw-rw-rw-”；而 umask 的值是 033，也换算成字母就是“-----wx-wx”。把两个字母权限相减，得到的就是新建文件的默认权限：（-rw-rw-rw-）-（-----wx-wx）=（-rw-r--r--）。

3．umask 默认权限的修改方法

umask 默认权限可以直接通过命令来进行修改，例如：

```
[root@localhost ~]# umask 002
[root@localhost ~]# umask 033
```

不过，通过命令进行的修改只能临时生效，一旦重启或重新登录就会失效。如果想让修改永久生效，则需要修改对应的环境变量配置文件/etc/profile。例如：

```
[root@localhost ~]# vi /etc/profile
…省略部分内容…
if [ $UID -gt 199 ] && [ "`id -gn`" = "`id -un`" ]; then
umask 002
      #如果 UID 大于 199（普通用户），则使用此 umask 值
else
      umask 022
      #如果 UID 小于 199（超级用户），则使用此 umask 值
fi
…省略部分内容…
```

这是一段 Shell 脚本，大家目前可能看不懂，但是没有关系，只需要知道普通用户的 umask 值由 if 语句的第一段定义，而超级用户的 umask 值由 else 语句定义即可。如果修改的是这个文件，则 umask 值是永久生效的。

我们介绍了文件的基本权限和 umask 默认权限这两种权限，但是 Linux 的权限并不只有这两种，其他的权限内容我们会在第 8 章中详细介绍，这里就不一一列举了。

4.6　帮助命令

Linux 自带的帮助命令是最准确、最可靠的资料。编者不止一次发现通过其他途径搜索到的信息都不准确，甚至是错误的。所以，虽然 Linux 自带的帮助命令是英文的，但是我们要静下心来慢慢学习。

4.6.1　man 命令

man 是最常见的帮助命令，也是 Linux 最主要的帮助命令，其基本信息如下。

- 命令名称：man。
- 英文原意：format and display the on-line manual pages。
- 所在路径：/usr/bin/man。
- 执行权限：所有用户。
- 功能描述：显示联机帮助手册。

1．命令格式

```
[root@localhost ~]# man [选项] 命令
选项：
        -f：查看命令拥有哪个级别的帮助
        -k：查看和命令相关的所有帮助
```

man 命令比较简单，我们举个例子：

```
[root@localhost ~]# man ls
#获取 ls 命令的帮助信息
```

这就是 man 命令的基本使用方法，非常简单。但是帮助命令的重点不是命令如何使用，而是帮助信息应该如何查询。这些信息较多，我们下面来详细讲解。

2．man 命令的使用方法

还是查看 ls 命令的帮助，我们看看这个帮助信息的详细内容。

```
[root@localhost ~]# man ls
LS(1)                         User Commands                         LS(1)

NAME
        ls - list directory contents
        #命令名称及英文原意

SYNOPSIS
ls [OPTION]... [FILE]...
        #命令的格式

DESCRIPTION
#开始详细介绍命令选项的作用
List    information    about    the    FILEs    (the current directory by default).    Sort entries
```

```
alphabetically if none of -cftuvSUX nor --sort.

        Mandatory arguments to long options are mandatory for short options too.

        -a, --all
do not ignore entries starting with .

        -A, --almost-all
do not list implied . and ..
…省略部分内容…

AUTHOR
Written by Richard M. Stallman and David MacKenzie.
        #作者

REPORTING BUGS
#bug 的报告地址
        Report ls bugs to bug-coreutils@gnu.org
        GNU coreutils home page: <http://www.gnu.org/software/coreutils/>
        General help using GNU software: <http://www.gnu.org/gethelp/>
        Report ls translation bugs to http://translationproject.org/team/

COPYRIGHT
#著作权受 GPL 规则保护
        Copyright © 2010 Free Software Foundation, Inc.   License GPLv3+: GNU GPL version   3   or
later<http://gnu.org/licenses/gpl.html>.
This   is   free   software: you are free to change and redistribute it.   There is NO WAR-
        RANTY, to the extent permitted by law.

SEE ALSO
#可以通过其他哪些命令查看到 ls 的相关信息
        The full documentation for ls is maintained as a Texinfo manual.   If the   info   and   ls
programs are properly installed at your site, the command

info coreutils 'ls invocation'

should give you access to the complete manual.

GNU coreutils 8.4                    June 2012                              LS(1)
```

虽然不同命令的 man 信息有一些区别，但是每个命令 man 信息的整体结构皆如演示这样。在帮助信息中，我们主要查看的就是命令的格式和选项的详细作用。

不过大家请注意，在 man 信息的最后，可以看到还有哪些命令可以查看到此命令的相关信息。这是非常重要的提示，不同的帮助信息记录的侧重点是不太一样的。所以，如果在 man 信息中找不到想要的内容，则可以尝试查看其他相关帮助命令。

3. man 命令的参数

man 命令的参数可以参考表 4-2。

表 4-2　man 命令的参数

参　数	作　　用
上箭头	向上移动一行
下箭头	向下移动一行
PageUp	向上翻一页
PageDown	向下翻一页
g	移动到第一页
G	移动到最后一页
q	退出
/字符串	从当前页向下搜索字符串
?字符串	从当前页向上搜索字符串
n	当搜索字符串时，可以使用 n 找到下一个字符串
N	当搜索字符串时，使用 N 反向查询字符串。也就是说，如果使用“/字符串”方式搜索，则 N 表示向上搜索字符串；如果使用“?字符串”方式搜索，则 N 表示向下搜索字符串

man 是比较简单的命令，我们演示一下搜索方法。

```
[root@localhost ~]# man ls
LS(1)                        User Commands                        LS(1)

NAME
       ls - list directory contents

SYNOPSIS
ls [OPTION]... [FILE]...
…省略部分内容…
/--color
#从当前页向下搜索--color 字符串，这是 ls 命令定义输出颜色的选项
```

搜索内容是常用的技巧，可以方便地找到需要的信息。输入命令并回车之后，可以快速找到第一个“--color”字符串；再输入“n”，就可以找到下一个“--color”字符串；如果输入“N”，则可以找到上一个“--color”字符串。

4．man 命令的帮助级别

不知道大家有没有注意到，在执行 man 命令时，命令的开头会有一个数字，用来标识这个命令的帮助级别。例如：

```
[root@localhost ~]# man ls
LS(1)                        User Commands                        LS(1)
#这里的(1)就代表这是 ls 的 1 级别的帮助信息
```

这些命令的级别号代表什么呢？我们通过表 4-3 来说明。

表 4-3　man 命令的帮助级别

级　　别	作　　用
1	普通用户可以执行的系统命令和可执行文件的帮助
2	内核可以调用的函数和工具的帮助

（续表）

级　别	作　用
3	C 语言函数的帮助
4	设备和特殊文件的帮助
5	配置文件的帮助
6	游戏的帮助（个人版的 Linux 中是有游戏的）
7	杂项的帮助
8	超级用户可以执行的系统命令的帮助
9	内核的帮助

我们来试试，ls 命令的帮助级别是 1，我们已经看到了。那么我们找一个只有超级用户才能执行的命令，如 useradd 命令（添加用户的命令），来看看这个命令的帮助：

```
[root@localhost ~]# man useradd
USERADD(8)                System Management Commands                USERADD(8)
#我们可以看到，默认 useradd 命令的帮助级别是 8，因为这是只有超级用户才可以执行的命令
```

命令拥有哪个级别的帮助可以通过“-f”选项来进行查看。例如：

```
[root@localhost ~]# man -f ls
ls                        (1)   - list directory contents
#可以看到 ls 命令只拥有 1 级别的帮助
```

ls 是一个比较简单的 Linux 命令，所以只有 1 级别的帮助。我们再查看一下 passwd 命令（给用户设定密码的命令）的帮助：

```
[root@localhost ~]# man -f passwd
passwd                    (1)   - update user's authentication tokens
#passwd 命令的帮助
passwd                    (5)   - password file
#passwd 配置文件的帮助
passwd [sslpasswd]    (1ssl)   - compute password hashes
#这里是 SSL 的 passwd 的帮助，和 passwd 命令并没有太大关系
```

passwd 是一个比较复杂的命令，而且这个命令有一个相对比较复杂的配置文件/etc/passwd。所以系统既给出了 passwd 命令的帮助，也给出了/etc/passwd 配置文件的帮助。大家可以使用如下命令查看：

```
[root@localhost ~]# man 1 passwd
#查看 passwd 命令的帮助
[root@localhost ~]# man 5 passwd
#查看/etc/passwd 配置文件的帮助
```

至于 useradd 和 passwd 命令，我们会在第 7 章中详细讲解，这里只是用这个例子说明 man 命令的不同帮助级别。

man 命令还有一个“-k”选项，它的作用是查看命令名中包含指定字符串的所有相关命令的帮助。例如：

```
[root@localhost ~]# man -k useradd
luseradd(1)   - Add an user
useradd(8)   - create a new user or update default new user information
useradd [adduser]      (8)   - create a new user or update default new user information
useradd_selinux        (8)   - Security Enhanced Linux Policy for the useradd processes
```

```
#这条命令会列出系统中所有包含 useradd 字符串的命令，所以才会找到一些包含“useradd”字符串，但是和我们要查找的 useradd 无关
```

如果我们使用“man -k ls”命令，则会发现输出内容会多出几页，那是因为很多命令中都包含“ls”这个关键字。这条命令适合你只记得命令的几个字符，用来查找相关命令的情况。

在系统中还有两个命令。

- whatis：这个命令的作用和 man -f 是一致的。
- apropos：这个命令的作用和 man -k 是一致的。

不过这两个命令和 man 基本一致，所以了解就好。不过 Linux 的命令很有意思，想知道这个命令是干什么的，可以执行 whatis 命令；想知道命令在哪里，可以执行 whereis 命令；想知道当前登录用户是谁，可以执行 whoami 命令。

如果执行以上两个命令报错，那是因为 whatis 数据库没有建立。只要手工执行以下命令，重新建立 whatis 数据库即可。

```
[root@localhost ~]# makewhatis
```

4.6.2 info 命令

info 命令也可以获取命令的帮助。和 man 命令不同的是，info 命令的帮助信息是一套完整的资料，每个单独命令的帮助信息只是这套完整资料中的某一个小节。大家可以把 info 帮助信息看成一部独立的电子书，所以每个命令的帮助信息都会和书籍一样，拥有章节编号。例如：

```
[root@localhost ~]# info ls
File: coreutils.info,    Node: ls invocation,    Next: dir invocation,    Up: Directory listing

10.1 'ls': List directory contents
==================================

The 'ls' program lists information about files (of any type, including
directories).   Options and file arguments can be intermixed
arbitrarily, as usual.
…省略部分内容…
```

可以看到，ls 命令的帮助只是整个 info 帮助信息中的一小部分（10.1 'ls': List directory contents）。在这个帮助信息中，如果标题的前面有“*”符号，则代表这是一个可以进入查看详细信息的子页面，只要按 Enter 键就可以进入。例如：

```
[root@localhost ~]# info ls
…省略部分内容…
   Also see *note Common options::.

* Menu:

* Which files are listed::
* What information is listed::
* Sorting the output::
```

```
* Details about version sort::
* General output formatting::
* Formatting file timestamps::
* Formatting the file names::
…省略部分内容…
```

在 ls 命令的 info 帮助信息中可以查看详细的子页面的标题。info 命令主要是靠快捷键来进行操作的，我们来看看常用的参数，如表 4-4 所示。

表 4-4 info 命令的常用参数

参　数	作　用
上箭头	向上移动一行
下箭头	向下移动一行
PageUp	向上翻一页
PageDown	向下翻一页
Tab	在有"*"符号的节点间进行切换
Enter	进入有"*"符号的子页面，查看详细帮助信息
u	进入上一层信息（回车是进入下一层信息）
n	进入下一小节信息
p	进入上一小节信息
?	查看帮助信息
q	退出 info 信息

其他快捷键可以使用"？"查看。

4.6.3 help 命令

help 是非常简单的命令，不经常使用。因为 help 只能获取 Shell 内置命令的帮助，但在 Linux 中绝大多数命令是外部命令，所以 help 命令的作用非常有限。而且内置命令也可以使用 man 命令获取帮助。help 命令的基本信息如下。

- 命令名称：help。
- 英文原意：help。
- 所在路径：Shell 内置命令。
- 执行权限：所有用户。
- 功能描述：显示 Shell 内置命令的帮助。

help 命令的格式非常简单：

```
[root@localhost ~]# help 内置命令
```

Linux 中有哪些命令是内置命令呢？我们可以随意使用 man 命令来查看一个内置命令的帮助，例如：

```
[root@localhost ~]# man help
```

可以发现，如果使用 man 命令去查看任意一个 Shell 内置命令，则会列出所有 Shell 内置命令的帮助。在 CentOS 7.x 中，"man 内部命令"会先出现 Bash 基本功能的介绍，但是向下翻页，还是会找到所有 Shell 内置命令的帮助信息。

我们使用 help 命令查看外部命令的帮助：

```
[root@localhost ~]# help ls
-bash: help: no help topics match 'ls'.   Try 'help help' or 'man -k ls' or 'info ls'.
#这里会报错，报错信息是“help 无法得到 ls 命令的帮助，请查看 help 的帮助，或者用 man 和 info
来查看 ls 的帮助信息”
```

4.6.4　--help 选项

绝大多数命令都可以使用“--help”选项来查看帮助，这也是一种获取帮助的方法。例如：

```
[root@localhost ~]# ls --help
```

这种方法非常简单，输出的帮助信息基本上是 man 命令的信息简要版。

对于这 4 种常见的获取帮助的方法，大家可以按照自己的习惯任意使用。

4.7　搜索命令

Linux 拥有强大的搜索功能，但是强大带来的缺点是相对比较复杂。但是大家不用担心，搜索命令只是选项较多，不容易记忆而已，并不难理解。

在使用搜索命令的时候，大家还是需要注意，如果搜索的范围过大、搜索的内容过多，则会给系统造成巨大的压力，所以不要在服务器访问的高峰执行大范围的搜索命令。

4.7.1　whereis 命令

whereis 是搜索系统命令的命令，也就是说，whereis 命令不能搜索普通文件，而只能搜索系统命令。whereis 命令的基本信息如下。

- 命令名称：whereis。
- 英文原意：locate the binary, source, and manual page files for a command。
- 所在路径：/usr/bin/whereis。
- 执行权限：所有用户。
- 功能描述：查找二进制命令、源文件和帮助文档的命令。

1. 命令格式

看英文原意，就能发现 whereis 命令不仅可以搜索二进制命令，还可以找到命令的帮助文档的位置。

```
[root@localhost ~]# where [选项] 命令
选项：
    -b：只查找二进制命令
    -m：只查找帮助文档
```

2. 常见用法

whereis 命令的使用比较简单，我们来试试，例如：

```
[root@localhost ~]# whereis ls
ls: /bin/ls /usr/share/man/man1/ls.1.gz /usr/share/man/man1p/ls.1p.gz
#既可以看到二进制命令的位置，也可以看到帮助文档的位置
```

但是，如果使用 whereis 命令查看普通文件，则无法查找到。例如：

```
[root@localhost ~]# touch cangls
[root@localhost ~]# whereis cangls
cangls:
#无法查找到普通文件的信息
```

如果需要查找普通文件的内容，则需要使用 find 命令，我们稍后会详细讲解 find 命令。

再看一下 whereis 命令的选项。如果我们只想查看二进制命令的位置，则可以使用“-b”选项；如果我们只想查看帮助文档的位置，则可以使用“-m”选项。

```
[root@localhost ~]# whereis -b ls
ls: /bin/ls
#只查看二进制命令的位置
[root@localhost ~]# whereis -m ls
ls: /usr/share/man/man1/ls.1.gz /usr/share/man/man1p/ls.1p.gz
#只查看帮助文档的位置
```

4.7.2 which 命令

which 也是搜索系统命令的命令。和 whereis 命令的区别在于，whereis 命令可以在查找到二进制命令的同时，查找到帮助文档的位置；而 which 命令在查找到二进制命令的同时，如果这个命令有别名，则还可以找到别名命令。which 命令的基本信息如下。

- 命令名称：which。
- 英文原意：shows the full path of (shell) commands。
- 所在路径：/usr/bin/which。
- 执行权限：所有用户。
- 功能描述：列出命令的所在路径。

which 命令非常简单，可用选项也不多，我们直接举个例子：

```
[root@localhost ~]# which ls
alias ls='ls --color=auto'
        /bin/ls
#which 命令可以查找到命令的别名和命令所在的位置
#alias 这段就是别名，别名就是小名，也就是说，当我们输入 ls 命令时，实际上执行的是 ls --color=auto
```

4.7.3 locate 命令

whereis 和 which 命令都是只能搜索系统命令的命令，而 locate 命令才是可以按照文件名搜索普通文件的命令。

但是 locate 命令的局限也很明显，它只能按照文件名来搜索文件，而不能执行更复杂的搜索，比如按照权限、大小、修改时间等搜索文件。如果要按照复杂条件执行搜索，

则只能求助于功能更加强大的 find 命令。locate 命令的优点也非常明显，那就是搜索速度非常快，而且耗费系统资源非常小。这是因为 locate 命令不会直接搜索硬盘空间，而会先建立 locate 数据库，然后在数据库中按照文件名进行搜索，是快速搜索命令。locate 命令的基本信息如下。

- 命令名称：locate。
- 英文原意：find files by name。
- 所在路径：/usr/bin/locate。
- 执行权限：所有用户。
- 功能描述：按照文件名搜索文件。

1. 命令格式

locate 命令只能按照文件名来进行搜索，所以使用比较简单。

```
[root@localhost ~]# locate [选项] 文件名
选项：
    -i：忽略大小写
```

2. 常见用法

例子 1：基本用法

搜索 Linux 的安装日志。

```
[root@localhost ~]# locate anaconda-ks.cfg
/root/anaconda-ks.cfg
#搜索文件名为 anaconda-ks.cfg 的文件
```

系统命令其实也是文件，也可以按照文件名来搜索系统命令。

```
[root@localhost ~]# locate mkdir
/bin/mkdir
/usr/bin/gnomevfs-mkdir
/usr/lib/perl5/auto/POSIX/mkdir.al
…省略部分内容…
#会搜索出所有含有 mkdir 字符串的文件名，当然也包含 mkdir 命令
```

例子 2：locate 命令的数据库

我们在使用 locate 命令时，可能会发现一个问题：如果我们新建立一个文件，那么 locate 命令找不到这个文件。例如：

```
[root@localhost ~]# touch cangls
[root@localhost ~]# locate cangls
#新建立的文件，locate 命令找不到
```

这是因为 locate 命令不会直接搜索硬盘空间，而是搜索 locate 数据库。这样做的好处是耗费系统资源小、搜索速度快；缺点是数据库不是实时更新的，而要等用户退出登录或重启系统时，locate 数据库才会更新，所以我们无法查找到新建立的文件。

既然如此，locate 命令的数据库在哪里呢？

```
[root@localhost ~]# ll /var/lib/mlocate/mlocate.db
-rw-r----- 1 root slocate 2328027 6 月    14 02:08 /var/lib/mlocate/mlocate.db
#这是 locate 命令实际搜索的数据库的位置
```

这个数据库是二进制文件，不能直接使用 Vim 等编辑器查看，而只能使用对应的 locate 命令进行搜索。如果我们不想退出登录或重启系统，可以通过 updatedb 命令来手工更新这个数据库。例如：

```
[root@localhost ~]# locate cangls
#没有更新数据库时，找不到 cangls 文件
[root@localhost ~]# updatedb
#更新数据库
[root@localhost ~]# locate cangls
/root/cangls
#新建立的文件已经可以搜索到了
```

3. locate 配置文件

我们再做一个实验，看看这是什么原因导致的。

```
[root@localhost ~]# touch /tmp/lmls
#在/tmp/目录下新建立一个文件
[root@localhost ~]# updatedb
#更新 locate 数据库
[root@localhost ~]# locate lmls
#依然查询不到 lmls 这个新建文件
```

新建立了/tmp/lmls 文件，而且也执行了 updatedb 命令，却依然无法找到这个文件，这是什么原因？这就要来看看 locate 的配置文件/etc/updatedb.conf 了。

```
[root@localhost ~]# vi /etc/updatedb.conf
PRUNE_BIND_MOUNTS = "yes"
#开启搜索限制，也就是让这个配置文件生效
PRUNEFS = "9p afs anon_inodefs auto autofs bdev binfmt_misc cgroup cifs coda configfs cpuset debugfs devpts ecryptfs exofs fuse fusectl gfs gfs2 hugetlbfs inotifyfs iso9660 jffs2 lustre mqueue ncpfs nfs nfs4 nfsd pipefs proc ramfs rootfs rpc_pipefs securityfs selinuxfs sfs sockfs sysfs tmpfs ubifs udf usbfs"
#在 locate 执行搜索时，禁止搜索这些文件系统类型
PRUNENAMES = ".git .hg .svn"
#在 locate 执行搜索时，禁止搜索带有这些扩展名的文件
PRUNEPATHS = "/afs /media /net /sfs /tmp /udev /var/cache/ccache /var/spool/cups /var/spool/squid /var/tmp"
#在 locate 执行搜索时，禁止搜索这些系统目录
```

在 locate 执行搜索时，系统认为某些文件系统、某些文件类型和某些目录是没有搜索必要的，比如光盘、网盘、临时目录等，这些内容要么不在 Linux 系统中，是外部存储和网络存储，要么是系统的缓存和临时文件。刚好/tmp 目录也在 locate 搜索的排除目录当中，所以在/tmp 目录下新建的文件是无法被找到的。

4.7.4 find 命令

find 是 Linux 中强大的搜索命令，不仅可以按照文件名搜索文件，还可以按照权限、大小、时间、inode 号等来搜索文件。但是 find 命令是直接在硬盘中进行搜索的，如果指定的搜索范围过大，find 命令就会消耗较大的系统资源，导致服务器压力过大。所以，

在使用 find 命令搜索时，不要指定过大的搜索范围。find 命令的基本信息如下。

- 命令名称：find。
- 英文原意：search for files in a directory hierarchy。
- 所在路径：/usr/bin/find。
- 执行权限：所有用户。
- 功能描述：在目录中搜索文件。

1. 命令格式

```
[root@localhost ~]# find 搜索路径 [选项] 搜索内容
```

find 是比较特殊的命令，它有两个参数：第一个参数用来指定搜索路径，第二个参数用来指定搜索内容。而且 find 命令的选项比较复杂，我们举例来看。

2. 按照文件名搜索

```
[root@localhost ~]# find 搜索路径 [选项] 搜索内容
选项：
    -name：按照文件名搜索
    -iname：按照文件名搜索，不区分文件名大小写
    -inum：按照 inode 号搜索
```

这是 find 最常用的用法，我们来试试：

```
[root@localhost ~]# find / -name yum.conf
/etc/yum.conf
#在/目录下查找文件名是 yum.conf 的文件
```

但是 find 命令有一个小特性，就是搜索的文件名必须和搜索内容一致才能找到。如果只包含搜索内容，则不会找到。我们做一个实验：

```
[root@localhost ~]# touch yum.conf.bak
#在/root/目录下建立一个文件 yum.conf.bak
[root@localhost ~]# find / -name yum.conf
/etc/yum.conf
#搜索只能找到 yum.conf 文件，而不能找到 yum.conf.bak 文件
```

find 能够找到的只有和搜索内容 yum.conf 一致的/etc/yum.conf 文件，而/root/yum.conf.bak 文件虽然含有搜索关键字，但是不会被找到。这种特性我们总结为：find 命令是完全匹配的，必须和搜索关键字一模一样才会列出。

Linux 中的文件名是区分大小写的，也就是说，搜索小写文件，是找不到大写文件的。如果想要不区分大小写，就要使用-iname 来搜索文件。

```
[root@localhost ~]# touch CANGLS
[root@localhost ~]# touch cangls
#建立大写和小写文件
[root@localhost ~]# find . -iname cangls
./CANGLS
./cangls
#使用-iname，不区分大小写文件
```

每个文件都有 inode 号，如果我们知道 inode 号，也可以按照 inode 号来搜索文件。

```
[root@localhost ~]# ls -i anaconda-ks.cfg
```

```
33574991 anaconda-ks.cfg
#如果知道文件名，则可以用“ls -i”来查找 inode 号
[root@localhost ~]# find . -inum 33574991
./anaconda-ks.cfg
#如果知道 inode 号，则可以用 find 命令来查找文件名
```

按照 inode 号搜索文件，也是区分硬链接文件的重要手段，因为硬链接文件的 inode 号是一致的。

```
[root@localhost ~]# ln /root/anaconda-ks.cfg /tmp/
#给 install.log 文件创建一个硬链接文件
[root@localhost ~]# ll -i /root/anaconda-ks.cfg /tmp/anaconda-ks.cfg
33574991 -rw-------. 2 root root 1453 10 月  24 00:53 /root/anaconda-ks.cfg
33574991 -rw-------. 2 root root 1453 10 月  24 00:53 /tmp/anaconda-ks.cfg
#可以看到这两个硬链接文件的 inode 号是一致的
[root@localhost ~]# find / -inum 33574991
/root/anaconda-ks.cfg
/tmp/anaconda-ks.cfg
#如果硬链接不是我们自己建立的，则可以通过 find 命令搜索 inode 号，来确定硬链接文件
```

3. 按照文件大小搜索

```
[root@localhost ~]# find 搜索路径 [选项] 搜索内容
选项：
    -size [+|-]大小：按照指定大小搜索文件
```

这里的“+”的意思是搜索比指定大小还要大的文件，“-”的意思是搜索比指定大小还要小的文件。我们来试试：

```
[root@localhost ~]# ll -h /boot/symvers-3.10.0-862.el7.x86_64.gz
-rw-r--r--. 1 root root 298K 4 月   21 2018 /boot/symvers-3.10.0-862.el7.x86_64.gz
#用/boot 目录下启动背景文件做个实验，这个文件大小是 298KB

[root@localhost ~]# find /boot/ -size 298k
/boot/symvers-3.10.0-862.el7.x86_64.gz
#查找大小刚好是 298KB 的文件，可以找到

[root@localhost ~]# find /boot/ -size -298k
/boot/
/boot/efi
/boot/efi/EFI
/boot/efi/EFI/centos
/boot/grub2
…省略部分内容…
#查找小于 298KB 的文件，可以找到很多

[root@localhost ~]# find /boot/ -size +298k
/boot/grub2/fonts/unicode.pf2
/boot/System.map-3.10.0-862.el7.x86_64
/boot/vmlinuz-3.10.0-862.el7.x86_64
/boot/initramfs-0-rescue-9512604d996e4e45ad6b064ee687175e.img
/boot/vmlinuz-0-rescue-9512604d996e4e45ad6b064ee687175e
```

```
/boot/initramfs-3.10.0-862.el7.x86_64.img
#查找大于 298KB 的文件，也能找到很多
```

find 命令可以按照 KB 来搜索，也可以按照 MB 来搜索。

```
[root@localhost ~]# find . -size -25m
find: 无效的 -size 类型 "m"
#为什么会报错呢？其实是因为如果按照 MB 来搜索，则必须是大写的 M
```

千字节必须是小写的"k"，而兆字节必须是大写的"M"。可以不写单位，直接按照字节搜索吗？我们来试试：

```
[root@localhost ~]# ll anaconda-ks.cfg
-rw-------. 1 root root 1207 1 月   14 2014 anaconda-ks.cfg
#anaconda-ks.cfg 文件有 1207 字节
[root@localhost ~]# find . -size 1207
#但用 find 查找 1207，是什么也找不到的
```

也就是说，find 命令的默认单位不是字节。如果不写单位，find 命令是按照 512 B 来进行查找的。我们看看 find 命令的帮助。

```
[root@localhost ~]# man find
       -size n[cwbkMG]
              File uses n units of space.   The following suffixes can be used:

              'b'    for 512-byte blocks (this is the default if no suffix is used)
                    #这是默认单位，如果单位为 b 或不写单位，则按照 512 B 搜索
              'c'    for bytes
                    #搜索单位是 c，按照字节搜索
              'w'    for two-byte words
                    #搜索单位是 w，按照双字节（中文）搜索
              'k'    for Kilobytes (units of 1024 bytes)
                    #按照 KB 单位搜索，必须是小写的 k
              'M'    for Megabytes (units of 1048576 bytes)
                    #按照 MB 单位搜索，必须是大写的 M
              'G'    for Gigabytes (units of 1073741824 bytes)
                    #按照 GB 单位搜索，必须是大写的 G
```

也就是说，如果想要按照字节搜索，则需要加搜索单位"c"。我们来试试：

```
[root@localhost ~]# find . -size 1207c
./anaconda-ks.cfg
#使用搜索单位 c，才会按照字节搜索
```

4．按照修改时间搜索

Linux 中的文件有访问时间（atime）、数据修改时间（mtime）、状态修改时间（ctime）这三个时间，我们也可以按照时间来搜索文件。

```
[root@localhost ~]# find 搜索路径 [选项] 搜索内容
选项：
    -atime [+|-]时间：按照文件访问时间搜索
    -mtime [+|-]时间：按照文件数据修改时间搜索
    -ctime [+|-]时间：按照文件状态修改时间搜索
```

这三个时间的区别我们在 stat 命令中已经解释过了，这里用 mtime 数据修改时间来

举例，重点说说“[+-]”时间的含义。

- -5：代表 5 天内修改的文件。
- 5：代表前 5～6 天修改的文件。
- +5：代表 6 天前修改的文件。

我们画一个时间轴来解释一下，如图 4-6 所示。

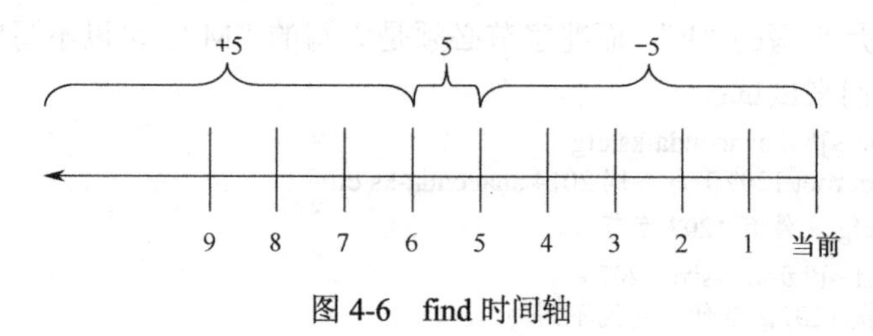

图 4-6　find 时间轴

我们来试试：

```
[root@localhost ~]# find . -mtime -5
#查找 5 天内修改的文件
```

大家可以在系统中把几个选项都试试，就可以明白各选项之间的差别了。

find 不仅可以按照 atmie、mtime 和 ctime 来查找文件的时间，也可以按照 amin、mmin 和 cmin 来查找文件的时间，区别只是所有 time 选项的默认单位是天，而 min 选项的默认单位是分钟。

5．按照权限搜索

在 find 中，也可以按照文件的权限来进行搜索。权限也支持[+/-]选项。我们先看一下命令格式。

```
[root@localhost ~]# find 搜索路径 [选项] 搜索内容
选项：
    -perm 权限模式：查找文件权限刚好等于“权限模式”的文件
    -perm -权限模式：查找文件权限全部包含“权限模式”的文件
    -perm +权限模式：查找文件权限包含“权限模式”的任意一个权限的文件
```

为了便于理解，我们要举几个例子。先建立几个测试文件。

```
[root@localhost ~]# mkdir test
[root@localhost ~]# cd test/
[root@localhost test]# touch test1
[root@localhost test]# touch test2
[root@localhost test]# touch test3
[root@localhost test]# touch test4
#建立测试目录，以及测试文件
[root@localhost test]# chmod 755 test1
[root@localhost test]# chmod 444 test2
[root@localhost test]# chmod 600 test3
[root@localhost test]# chmod 200 test4
#设定实验权限。因为是实验权限，所以看起来比较别扭
[root@localhost test]# ll
总用量 0
```

```
-rwxr-xr-x 1 root root 0 6 月    17 11:05 test1
-r--r--r-- 1 root root 0 6 月    17 11:05 test2
-rw------- 1 root root 0 6 月    17 11:05 test3
--w------- 1 root root 0 6 月    17 11:05 test4
#查看权限
```

例子 1："-perm 权限模式"

这种搜索比较简单，代表查找的权限必须和指定的权限模式一模一样，才可以找到。

```
[root@localhost test]# find . -perm 444
./test2
[root@localhost test]# find . -perm 200
./test4
#按照指定权限搜索文件，文件的权限必须和搜索指定的权限一致，才能找到
```

例子 2："-perm -权限模式"

如果使用"-权限模式"，代表的是文件的权限必须全部包含搜索命令指定的权限模式，才可以找到。

```
[root@localhost test]# find . -perm -200
.
./test4      <- 此文件权限为 200
./test3      <- 此文件权限为 600
./test1      <- 此文件权限为 755
#搜索文件的权限包含 200 的文件，不会找到 test2 文件，因为 test2 的权限为 444，不包含 200 权限
```

因为 test4 的权限 200（--w-------）、test3 的权限 600（-rw-------）和 test1 的权限 755（-rwxr-xr-x）都包含 200（--w-------）权限，所以可以找到；而 test2 的权限是 444（-r--r--r--），不包含 200（--w-------）权限，所以找不到。再试试：

```
[root@localhost test]# find . -perm -444
.
./test2      <- 此文件权限为 444
./test1      <- 此文件权限为 755
#搜索文件的权限包含 444 的文件
```

上述搜索会找到 test1 和 test2，因为 test1 的权限 755（-rwxr-xr-x）和 test2 的权限 444（-r--r--r--）都完全包含 444（-r--r--r--）权限，所以可以找到；而 test3 的权限 600（-rw-------）和 test4 的权限 200（--w-------）不完全包含 444（-r--r--r--）权限，所以找不到。也就是说，test3 和 test4 文件的所有者权限虽然包含 4 权限，但是所属组权限和其他人权限都是 0，不包含 4 权限，所以找不到，这也是完全包含的意义。

例子 3："-perm +权限模式"

刚刚的"-perm -权限模式"是必须完全包含才能找到；而"-perm +权限模式"是只要包含任意一个指定权限就可以找到。我们来试试：

```
[root@localhost test]# find . -perm +444
.
./test3      <- 此文件权限为 600
./test2      <- 此文件权限为 444
./test1      <- 此文件权限为 755
```

之前的“-444”只能找到 test1 和 test2 文件，那是因为“-444”需要文件的权限完全包含“444”权限才可以找到，而 test1 的权限 755（-rwxr-xr-x）和 test2 的权限 444（-r--r--r--）都完全包含 444（-r--r--r--）权限。

这里的“+444”却能找到 test1、test2 和 test3 文件，那是因为 test3 的权限是 600（-rw-------），虽然所属组和其他人的权限不包含 4 权限，但是“+权限模式”只要有一个身份的权限包含任意一个指定权限就可以找到。而 test3 的所有者权限是 6，包含 4 权限，所以依然能够找到。而找不到 test4，是因为 test4 的权限是 200（--w-------），test4 的任意身份（所有者、所属组和其他人）都没有 4 权限，所以找不到。

再试试：

```
[root@localhost test]# find . -perm +777
.
./test4
./test3
./test2
./test1
```

如果搜索指定权限是“+777”，那么这 4 个测试文件的任意一个身份只要拥有读、写和执行任意一个权限就能找到。如果我们把 test4 的权限改为“000”，那“+777”还能找到吗？

```
[root@localhost test]# chmod 000 test4
[root@localhost test]# find . -perm +777
.
./test3
./test2
./test1
```

如果 test4 的权限是“000”，搜索“+777”就找不到了。因为 test4 的所有身份都不拥有读、写和执行权限，而“+777”要求至少有一个身份拥有读、写和执行的任意一个权限才能找到。

6. 按照所有者和所属组搜索

```
[root@localhost ~]# find 搜索路径 [选项] 搜索内容
选项：
    -uid 用户 ID：按照用户 ID 查找所有者是指定 ID 的文件
    -gid 组 ID：按照用户组 ID 查找所属组是指定 ID 的文件
    -user 用户名：按照用户名查找所有者是指定用户的文件
    -group 组名：按照组名查找所属组是指定用户组的文件
    -nouser：查找没有所有者的文件
```

这组选项比较简单，就是按照文件的所有者和所属组来进行文件的查找。在 Linux 系统中，绝大多数文件都是使用 root 用户身份建立的，所以在默认情况下，绝大多数系统文件的所有者都是 root。例如：

```
[root@localhost ~]# find . -user root
#在当前目录中查找所有者是 root 的文件
```

由于当前目录是 root 的家目录，所有文件的所有者都是 root 用户，所以这条搜索命令会找到当前目录下所有的文件。

按照所有者和所属组搜索时，“-nouser”选项比较常用，主要用于查找垃圾文件。在 Linux 中，所有的文件都有所有者，只有一种情况例外，那就是外来文件。比如光盘和 U 盘中的文件如果是由 Windows 复制的，在 Linux 中查看就是没有所有者的文件；再比如手工源码包安装的文件，也有可能没有所有者。除这种外来文件外，如果系统中发现了没有所有者的文件，一般都是没有作用的垃圾文件（比如用户删除之后遗留的文件），这时需要用户手工处理。搜索没有所有者的文件，可以执行以下命令：

```
[root@localhost ~]# find / -nouser
```

7．按照文件类型搜索

```
[root@localhost ~]# find 搜索路径 [选项] 搜索内容
选项：
    -type d：查找目录
    -type f：查找普通文件
    -type l：查找软链接文件
```

这个命令也很简单，主要按照文件类型进行搜索。在一些特殊情况下，比如需要把普通文件和目录文件区分开，使用这个选项就很方便。

```
[root@localhost ~]# find /etc -type d
#查找/etc/目录下有哪些子目录
```

8．逻辑运算符

```
[root@localhost ~]# find 搜索路径 [选项] 搜索内容
选项：
    -a：and 逻辑与
    -o：or 逻辑或
    -not：not 逻辑非
```

（1）-a：and（逻辑与）

find 命令也支持逻辑运算符选项，其中-a 代表逻辑与运算，也就是-a 的两个条件都成立，find 搜索的结果才成立。举个例子：

```
[root@localhost ~]# find . -size +2k -a -type f
#在当前目录下搜索大于 2KB，并且文件类型是普通文件的文件
```

在这个例子中，文件既要大于 2KB，又必须是普通文件，find 命令才可以找到。再举个例子：

```
[root@localhost ~]# find . -mtime -3 -a -perm 644
#在当前目录下搜索 3 天以内修改过，并且权限是 644 的文件
```

（2）-o：or（逻辑或）

-o 选项代表逻辑或运算，也就是-o 的两个条件只要其中一个成立，find 命令就可以找到结果。例如：

```
[root@localhost ~]# find . -name cangls -o -name bols
./cangls
./bols
#在当前目录下搜索文件名是 cangls 或 bols 的文件
```

-o 选项的两个条件只要成立一个，find 命令就可以找到结果，所以这个命令既可以

找到 cangls 文件，又可以找到 bols 文件。

（3）-not：not（逻辑非）

-not 是逻辑非，也就是取反的意思。举个例子：

```
[root@localhost ~]# find . -not -name cangls
#在当前目录下搜索文件名不是 cangls 的文件
```

9．其他选项

（1）-exec 选项

这里我们主要讲解两个选项“-exec”和“-ok”，这两个选项的基本作用非常相似。我们先来看看“-exec”选项的格式。

```
[root@localhost ~]# find 搜索路径 [选项] 搜索内容 -exec 命令 2 {} \;
```

首先，请大家注意这里的“{}”和“\;”是标准格式，只要执行“-exec”选项，这两个符号必须完整输入。

其次，这个选项的作用其实是把 find 命令的结果交给由“-exec”调用的命令 2 来处理。“{}”就代表 find 命令的查找结果。

我们举个例子，刚刚在讲权限的时候，使用权限模式搜索只能看到文件名，例如：

```
[root@localhost test]# find . -perm 444
./test2
```

如果要看文件的具体权限，还要用“ll”命令查看。用“-exec”选项则可以一条命令完成：

```
[root@localhost test]# find . -perm 444 -exec ls -l {} \;
-r--r--r-- 1 root root 0 6 月   17 11:05 ./test2
#使用“-exec”选项，把 find 命令的结果直接交给“ls -l”命令处理
```

“-exec”选项的作用是把 find 命令的结果放入“{}”中，再由命令 2 直接处理。在这个例子中就是用“ls -l”命令直接处理，会使 find 命令更加方便。

（2）-ok 选项

“-ok”选项和“-exec”选项的作用基本一致，区别在于：“-exec”的命令 2 会直接处理，而不询问；“-ok”的命令 2 在处理前会先询问用户是否这样处理，在得到确认命令后，才会执行。例如：

```
[root@localhost test]# find . -perm 444 -ok rm -rf {} \;
<rm ... ./test2 > ? y                    <- 需要用户输入 y，才会执行
#我们这次使用 rm 命令来删除 find 找到的结果，删除的动作最好确认一下
```

4.8 压缩和解压缩命令

4.8.1 压缩文件介绍

在系统中，如果需要有大量的文件进行复制和保存，那么把它们打包压缩是不错的选择。打包压缩作为常规操作，在 Windows 和 Linux 中都比较常见。Windows 中常见的压缩包格式主要有“.zip”“.rar”和“.7z”等，但是你了解这些不同压缩格式的区别吗？

普通用户并不用理解这些压缩格式的算法有什么区别、压缩比有哪些不同，只要在碰到这些压缩包时会正确地解压缩，在想要压缩时可以正确地操作，目的就达到了。

在 Linux 中也是一样的，可以识别的常见压缩格式有十几种，比如“.zip”“.gz”“.bz2”“.tar”“.tar.gz”“.tar.bz2”等。我们也不需要知道这些压缩格式的具体区别，只要对应的压缩包会解压缩、想要压缩的时候会操作即可。

还有一件事，编者一直强调“Linux 不靠扩展名区分文件类型，而是靠权限”，那压缩包也不应该区分扩展名啊？为什么还要区分是“.gz”还是“.bz2”的扩展名呢？这是因为，在 Linux 中，不同的压缩方法对应的解压缩方法也是不同的，这里的扩展名并不是 Linux 系统一定需要的（Linux 不区分扩展名），而是用来给用户标识压缩格式的。只有知道了正确的压缩格式，才能采用正确的解压缩命令。

大家可以想象一下，如果你压缩了一个文件，起了一个名字“abc”，今天你知道这是一个压缩包，可以解压缩，那半年之后呢？而如果你将它命名为“etc_bak.tar.gz”，那无论什么时候、无论哪个用户都知道这是/etc 目录的备份压缩包。所以压缩文件一定要严格区分扩展名，这不是系统必需的，而是用来让管理员区分文件类型的。

4.8.2 “.zip”格式

“.zip”是 Windows 中最常用的压缩格式，Linux 也可以正确识别“.zip”格式，这可以方便地和 Windows 系统通用压缩文件。

1.“.zip”格式的压缩命令

压缩命令就是 zip，其基本信息如下。

- 命令名称：zip。
- 英文原意：package and compress (archive) files。
- 所在路径：/usr/bin/zip。
- 执行权限：所有用户。
- 功能描述：压缩文件或目录。

命令格式如下：

```
[root@localhost ~]# zip [选项] 压缩包名 源文件或源目录
选项：
        -r：压缩目录
```

zip 压缩命令需要手工指定压缩之后的压缩包名，注意写清楚扩展名，以方便解压缩时使用。举个例子：

```
[root@localhost ~]# zip ana.zip anaconda-ks.cfg
adding: anaconda-ks.cfg (deflated 37%)
#压缩
[root@localhost ~]# ll ana.zip
-rw-r--r-- 1 root root 935 6 月   17 16:00 ana.zip
#压缩文件生成
```

所有的压缩命令都可以同时压缩多个文件，例如：

```
[root@localhost ~]# zip test.zip bols cangls
adding: bols (deflated 72%)
adding: cangls (deflated 85%)
#同时压缩多个文件到 test.zip 压缩包中
[root@localhost ~]# ll test.zip
-rw-r--r-- 1 root root 8368 6 月    17 16:03 test.zip
#压缩文件生成
```

如果想要压缩目录，则需要使用“-r”选项，例如：

```
[root@localhost ~]# mkdir dir1
#建立测试目录
[root@localhost ~]# zip -r dir1.zip dir1
adding: dir1/ (stored 0%)
#压缩目录
[root@localhost ~]# ls -dl dir1.zip
-rw-r--r-- 1 root root 160 6 月    17 16:22 dir1.zip
#压缩文件生成
```

2．“.zip”格式的解压缩命令

“.zip”格式的解压缩命令是 unzip，其基本信息如下。

- 命令名称：unzip。
- 英文原意：list, test and extract compressed files in a ZIP archive。
- 所在路径：/usr/bin/unzip。
- 执行权限：所有用户。
- 功能描述：列表、测试和提取压缩文件中的文件。

命令格式如下：

```
[root@localhost ~]# unzip [选项] 压缩包名
选项：
    -d：指定解压缩位置
```

不论是文件压缩包，还是目录压缩包，都可以直接解压缩，例如：

```
[root@localhost ~]# unzip dir1.zip
Archive:   dir1.zip
creating: dir1/
#解压缩
```

也可以手工指定解压缩位置，例如：

```
[root@localhost ~]# unzip -d /tmp/ ana.zip
Archive:   ana.zip
inflating: /tmp/anaconda-ks.cfg
#把压缩包解压到指定位置
```

4.8.3 “.gz”格式

1．“.gz”格式的压缩命令

“.gz”格式是 Linux 中最常用的压缩格式，使用 gzip 命令进行压缩，其基本信息如下。

- 命令名称：gzip。
- 英文原意：compress or expand files。
- 所在路径：/usr/bin/gzip。
- 执行权限：所有用户。
- 功能描述：压缩文件或目录。

命令格式如下：

```
[root@localhost ~]# gzip [选项] 源文件
选项：
    -c：将压缩数据输出到标准输出中，可以用于保留源文件
    -d：解压缩
    -r：压缩目录
    -v：显示压缩文件的信息
    -数字：用于指定压缩等级，-1 压缩等级最低，压缩比最差；-9 压缩比最高。默认压缩比是-6
```

例子 1：基本压缩

gzip 压缩命令非常简单，甚至不需要指定压缩之后的压缩包名，只指定源文件名即可。我们来试试：

```
[root@localhost ~]# gzip anaconda-ks.cfg
#压缩 install.log 文件
[root@localhost ~]# ls
anaconda-ks.cfg.gz
#压缩文件生成，但是源文件也消失了
```

例子 2：保留源文件压缩

在使用 gzip 命令压缩文件时，源文件会消失，从而生成压缩文件。这时有些人会问：能不能在压缩文件的时候，不让源文件消失？是可以的，例如：

```
[root@localhost ~]# gzip -c anaconda-ks.cfg > anaconda-ks.cfg.gz
#使用-c 选项，但是不让压缩数据输出到屏幕上，而是重定向到压缩文件中
#这样可以在压缩文件的同时不删除源文件
[root@localhost ~]# ls
anaconda-ks.cfg    anaconda-ks.cfg.gz
#可以看到压缩文件和源文件都存在
```

例子 3：压缩目录

我们可能会想当然地认为 gzip 命令可以压缩目录。我们来试试：

```
[root@localhost ~]# mkdir test
[root@localhost ~]# touch test/test1
[root@localhost ~]# touch test/test2
[root@localhost ~]# touch test/test3
#建立测试目录，并在里面建立几个测试文件
[root@localhost ~]# gzip -r test/
#压缩目录，并没有报错
[root@localhost ~]# ls
anaconda-ks.cfg    anaconda-ks.cfg.gz    test
#但是查看发现 test 目录依然存在，并没有变为压缩文件
[root@localhost ~]# ls test/
```

```
test1.gz   test2.gz   test3.gz
#原来 gzip 命令不会打包目录，而是把目录下所有的子文件分别压缩
```

在 Linux 中，打包和压缩是分开处理的。而 gzip 命令只会压缩，不能打包，所以才会出现没有打包目录，而只把目录下的文件进行压缩的情况。

2．“.gz”格式的解压缩命令

如果要解压缩“.gz”格式，那么使用“gzip -d 压缩包”和“gunzip 压缩包”命令都可以。我们先看看 gunzip 命令的基本信息。

- 命令名称：gunzip。
- 英文原意：compress or expand files。
- 所在路径：/usr/bin/gunzip。
- 执行权限：所有用户。
- 功能描述：解压缩文件或目录。

常规用法就是直接解压缩文件，例如：

```
[root@localhost ~]# gunzip anaconda-ks.cfg.gz
```

如果要解压缩目录下的内容，则依然使用“-r”选项，例如：

```
[root@localhost ~]# gunzip -r test/
```

当然，“gunzip -r”依然只会解压缩目录下的文件，而不会解打包。要想解压缩“.gz”格式，还可以使用“gzip -d”命令，例如：

```
[root@localhost ~]# gzip -d anaconda-ks.cfg.gz
```

3．查看“.gz”格式压缩的文本文件内容

如果我们压缩的是一个纯文本文件，则可以直接使用 zcat 命令在不解压缩的情况下查看这个文本文件中的内容。例如：

```
[root@localhost ~]# zcat anaconda-ks.cfg.gz
```

4.8.4 “.bz2”格式

1．“.bz2”格式的压缩命令

“.bz2”格式是 Linux 的另一种压缩格式，从理论上来讲，“.bz2”格式的算法更先进、压缩比更好；而“.gz”格式相对来讲压缩的时间更快。

“.bz2”格式的压缩命令是 bzip2，我们来看看这个命令的基本信息。

- 命令名称：bzip2。
- 英文原意：a block-sorting file compressor。
- 所在路径：/usr/bin/bzip2。
- 执行权限：所有用户。
- 功能描述：.bz2 格式的压缩命令。

来看看 bzip2 命令的格式。

```
[root@localhost ~]# bzip2 [选项] 源文件
选项：
```

```
    -d：解压缩
    -k：压缩时，保留源文件
    -v：显示压缩的详细信息
    -数字：这个参数和 gzip 命令的作用一样，用于指定压缩等级，-1 压缩等级最低，压缩比最
        差；-9 压缩比最高
```

大家注意，gzip 只是不会打包目录，但是如果使用“-r”选项，则可以分别压缩目录下的每个文件；而 bzip2 命令则根本不支持压缩目录，也没有“-r”选项。

例子 1：基本压缩命令

在压缩文件命令后面直接指定源文件即可，例如：

```
[root@localhost ~]# bzip2 anaconda-ks.cfg
#压缩成“.bz2”格式
```

这个压缩命令依然会在压缩的同时删除源文件。

例子 2：压缩的同时保留源文件

bzip2 命令可以直接使用“-k”选项来保留源文件，而不用像 gzip 命令一样使用输出重定向来保留源文件。例如：

```
[root@localhost ~]# bzip2 -k bols
#压缩
[root@localhost ~]# ls
anaconda-ks.cfg.bz2    bols    bols.bz2
#压缩文件和源文件都存在
```

2．“.bz2”格式的解压缩命令

“.bz2”格式可以使用“bzip2 -d 压缩包”命令来进行解压缩，也可以使用“bunzip2 压缩包”命令来进行解压缩。先看看 bunzip2 命令的基本信息。

- 命令名称：bunzip2。
- 英文原意：a block-sorting file compressor。
- 所在路径：/usr/bin/bunzip2。
- 执行权限：所有用户。
- 功能描述：.bz2 格式的解压缩命令。

命令格式如下：

```
[root@localhost ~]# bunzip2 [选项] 源文件
选项：
    -k：解压缩时，保留源文件
```

先试试使用 bunzip2 命令来进行解压缩，例如：

```
[root@localhost ~]# bunzip2 anaconda-ks.cfg.bz2
```

“.bz2”格式也可以使用“bzip2 -d 压缩包”命令来进行解压缩，例如：

```
[root@localhost ~]# bzip2 -d anaconda-ks.cfg.bz2
```

3．查看“.bz2”格式压缩的文本文件内容

和“.gz”格式一样，“.bz2”格式压缩的纯文本文件也可以不解压缩直接查看，使用的命令是 bzcat。例如：

```
[root@localhost ~]# bzcat anaconda-ks.cfg.bz2
```

4.8.5 “.tar”格式

通过前面的学习，我们发现不论是 gzip 命令还是 bzip2 命令，好像都比较“笨”，gzip 命令不能打包目录，而只能单独压缩目录下的子文件；bzip2 命令干脆就不支持目录的压缩。

在 Linux 中，对打包和压缩是区别对待的。也就是说，在 Linux 中，如果想把多个文件或目录打包到一个文件包中，使用的是 tar 命令；而压缩使用的是 gzip 或 bzip2 命令。

1．“.tar”格式的打包命令

“.tar”格式的打包和解打包都使用 tar 命令，区别只是选项不同。我们先看看 tar 命令的基本信息。

- 命令名称：tar。
- 英文原意：tar。
- 所在路径：/usr/bin/tar。
- 执行权限：所有用户。
- 功能描述：打包与解打包命令。

命令的基本格式如下：

```
[root@localhost ~]# tar [选项] [-f 压缩包名] 源文件或目录
选项：
    -c：打包
    -f：指定压缩包的文件名。压缩包的扩展名是用来给管理员识别格式的，所以一定要正确
        指定扩展名
    -v：显示打包文件过程
```

例子 1：基本使用

我们先打包一个文件练练手。

```
[root@localhost ~]# tar -cvf anaconda-ks.cfg.tar anaconda-ks.cfg
#把 anaconda-ks.cfg 打包为 anaconda-ks.cfg.tar 文件
```

选项“-cvf”一般是习惯用法，记住打包时需要指定打包之后的文件名，而且要用“.tar”作为扩展名。那打包目录呢？我们也试试：

```
[root@localhost ~]# ll -d test/
drwxr-xr-x 2 root root 4096 6 月  17 21:09 test/
#test 是我们之前的测试目录
[root@localhost ~]# tar -cvf test.tar test/
test/
test/test3
test/test2
test/test1
#把目录打包为 test.tar 文件
```

tar 命令也可以打包多个文件或目录，只要用空格分开即可。例如：

```
[root@localhost ~]# tar -cvf ana.tar anaconda-ks.cfg /tmp/
#把 anaconda-ks.cfg 文件和/tmp 目录打包成 ana.tar 文件包
```

例子 2：打包压缩目录

我们已经解释过了，压缩命令不能直接压缩目录，我们就先用 tar 命令把目录打成

数据包，然后再用 gzip 或 bzip2 命令压缩。例如：

```
[root@localhost ~]# ll -d test test.tar
drwxr-xr-x 2 root root   4096 6 月   17 21:09 test
-rw-r--r-- 1 root root 10240 6 月   18 01:06 test.tar
#我们之前已经把 test 目录打包成 test.tar 文件
[root@localhost ~]# gzip   test.tar
[root@localhost ~]# ll test.tar.gz
-rw-r--r-- 1 root root 176 6 月   18 01:06 test.tar.gz
#gzip 命令会把 test.tar 压缩成 test.tar.gz
[root@localhost ~]# gzip -d test.tar.gz
#解压缩，把 test.tar.gz 解压缩为 test.tar
[root@localhost ~]# bzip2 test.tar
[root@localhost ~]# ll test.tar.bz2
-rw-r--r-- 1 root root 164 6 月   18 01:06 test.tar.bz2
#bzip2 命令会把 test.tar 压缩为 test.tar.bz2 格式
```

2．“.tar”格式的解打包命令

“.tar”格式的解打包也需要使用 tar 命令，但是选项不太一样。命令格式如下：

```
[root@localhost ~]# tar [选项] 压缩包
选项：
    -x：解打包
    -f：指定压缩包的文件名
    -v：显示解打包文件过程
    -t：测试，就是不解打包，只是查看包中有哪些文件
    -C 目录：指定解打包位置
```

其实解打包和打包相比，只是把打包选项“-cvf”更换为“-xvf”。我们来试试：

```
[root@localhost ~]# tar -xvf anaconda-ks.cfg.tar
#解打包到当前目录下
```

如果使用“-xvf”选项，则会把包中的文件解压到当前目录下。如果想要指定解压位置，则需要使用“-C”（大写）选项。例如：

```
[root@localhost ~]# tar -xvf test.tar -C /tmp
#把文件包 test.tar 解打包到/tmp 目录下
```

如果只想查看文件包中有哪些文件，则可以把解打包选项“-x”更换为测试选项“-t”。例如：

```
[root@localhost ~]# tar -tvf test.tar
drwxr-xr-x root/root          0 2016-06-17 21:09 test/
-rw-r--r-- root/root          0 2016-06-17 17:51 test/test3
-rw-r--r-- root/root          0 2016-06-17 17:51 test/test2
-rw-r--r-- root/root          0 2016-06-17 17:51 test/test1
#会用长格式显示 test.tar 文件包中文件的详细信息
```

4.8.6 “.tar.gz”和“.tar.bz2”格式

你可能会觉得 Linux 实在太不智能了，一个打包压缩，居然还要先打包成“.tar”格

式，再压缩成“.tar.gz”或“.tar.bz2”格式。其实 tar 命令是可以同时打包压缩的，前面的讲解之所以把打包和压缩分开，是为了让大家了解在 Linux 中打包和压缩的区别。

使用 tar 命令直接打包压缩。命令格式如下：

```
[root@localhost ~]# tar [选项] 压缩包 源文件或目录
选项：
    -z：压缩和解压缩“.tar.gz”格式
    -j：压缩和解压缩“.tar.bz2”格式
```

例子 1：压缩与解压缩“.tar.gz”格式

我们先来看看如何压缩“.tar.gz”格式。

```
[root@localhost ~]# tar -zcvf tmp.tar.gz /tmp/
#把/tmp 目录直接打包压缩为“.tar.gz”格式，通过“-z”来识别格式，“-cvf”和打包选项一致
```

解压缩也只是在解打包选项“-xvf”前面加了一个“-z”选项。

```
[root@localhost ~]# tar -zxvf tmp.tar.gz
#解压缩与解打包“.tar.gz”格式
```

前面讲的选项“-C”用于指定解压位置、“-t”用于查看压缩包内容，在这里同样适用。

例子 2：压缩与解压缩“.tar.bz2”格式

和“.tar.gz”格式唯一的区别就是“-zcvf”选项换成了“-jcvf”。

```
[root@localhost ~]# tar -jcvf tmp.tar.bz2 /tmp/
#打包压缩为“.tar.bz2”格式，注意压缩包文件名
[root@localhost ~]# tar -jxvf tmp.tar.bz2
#解压缩与解打包“.tar.bz2”格式
```

把文件直接压缩成“.tar.gz”和“.tar.bz2”格式，才是 Linux 中最常用的压缩方式，这是大家一定要掌握的压缩和解压缩方法。

4.9 关机和重启命令

说到关机和重启，很多人认为，重要的服务器（比如银行的服务器、电信的服务器）如果重启了，则会造成大范围的灾难，编者在这里解释一下。

首先，就算是银行或电信的服务器，也不是不需要维护，而是依靠备份服务器来代替。

其次，每个人的经验都是和自己的技术成长环境息息相关的。比如编者是游戏运维出身，而游戏又是数据为王，所以一切操作的目的就是保证数据的可靠和安全。这时，有计划的重启远比意外宕机造成的损失要小得多，所以定时重启是游戏运维的重要手段。既然是按照自己的技术出身来给出建议，那么难免有局限性，所以编者一再强调，这些只是“建议”，如果你有自己的经验，则完全可以按照自己的经验来维护服务器。

4.9.1 sync 数据同步

当我们在计算机上保存数据的时候，其实是先在内存中保存一定时间，再写入硬盘。这其实是一种缓存机制，当在内存中保存的数据需要被读取的时候，从内存中读取要比

从硬盘中读取快得多。不过这也会带来一些问题，如果数据还没有来得及保存到硬盘中，就发生了突然宕机（比如断电）的情况，数据就会丢失。

sync 命令的作用就是把内存中的数据强制向硬盘中保存。这个命令在常规关机的命令中其实会自动执行，但如果不放心，则应该在关机或重启之前手工执行几次，避免数据丢失。sync 命令的基本信息如下。

- 命令名称：sync。
- 英文原意：flush file system buffers。
- 所在路径：/usr/bin/sync。
- 执行权限：所有用户。
- 功能描述：刷新文件系统缓冲区。

sync 命令直接执行就可以了，不需要任何选项。

```
[root@localhost ~]# sync
```

记得在关机或重启之前多执行几次 sync 命令，多一重保险总是好的。

4.9.2　shutdown 命令

在早期的 Linux 系统中，应该尽量使用 shutdown 命令来关机和重启。因为在那时的 Linux 中，只有 shutdown 命令在关机或重启之前会正确地中止进程及服务，所以我们一直认为 shutdown 才是最安全的关机与重启命令。而在现在的系统中，一些其他的命令（如 reboot）也会正确地中止进程及服务，但我们仍建议使用 shutdown 命令来关机和重启。shutdown 命令的基本信息如下。

- 命令名称：shutdown。
- 英文原意：bring the system down。
- 所在路径：/usr/sbin/shutdown。
- 执行权限：超级用户。
- 功能描述：关机和重启。

命令的基本格式如下：

```
[root@localhost ~]# shutdown [选项] 时间 [警告信息]
选项：
        -c：取消已经执行的 shutdown 命令
        -h：关机
        -r：重启
```

例子 1：重启与定时重启

先来看看如何使用 shutdown 命令进行重启。

```
[root@localhost ~]# shutdown -r now
#重启，now 是现在重启的意思
[root@localhost ~]# shutdown -r 05:30
#指定时间重启，但会占用前台终端
[root@localhost ~]# shutdown -r 05:30 &
#把定时重启命令放入后台，&是后台的意思
```

```
[root@localhost ~]# shutdown -c
#取消定时重启
[root@localhost ~]# shutdown -r +10
#10 分钟之后重启
```

例子 2：关机和定时关机

```
[root@localhost ~]# shutdown -h now
#现在关机
[root@localhost ~]# shutdown -h 05:30
#指定时间关机
```

4.9.3 reboot 命令

在现在的系统中，reboot 命令也是安全的，而且不需要加入过多的选项。

```
[root@localhost ~]# reboot
#重启
```

4.9.4 halt 和 poweroff 命令

这两个都是关机命令，直接执行即可。

```
[root@localhost ~]# halt
#关机
[root@localhost ~]# poweroff
#关机
```

4.9.5 init 命令

init 是修改 Linux 运行级别的命令，也可以用于关机和重启。

```
[root@localhost ~]# init 0
#关机，也就是调用系统的 0 级别
[root@localhost ~]# init 6
#重启，也就是调用系统的 6 级别
```

4.10 常用网络命令

我们在练习的时候，需要让 Linux 进行联网配置。本节介绍一下如何给 Linux 配置 IP 地址，以及一些常用的网络命令，便于大家完成必要的练习。

4.10.1 配置 Linux 的 IP 地址

IP 地址是计算机在互联网中唯一的地址编码。每台计算机如果需要接入网络和其他计算机进行数据通信，就必须配置唯一的公网 IP 地址。

Linux 当然也需要配置 IP 地址才可以正常使用网络。其实 Linux 主要是通过修改网卡配置文件来永久修改 IP 地址的。从 CentOS 7.x 开始，网卡的图形化配置工具从 setup 变成了 nmtui 工具。在低版本的 CentOS 7.x 中，最小化安装并不包含 nmtui 工具，需要单独安装 NetworkManager-tui 软件包。而在 CentOS 7.5 以后的版本中，nmtui 工具已经安装了，不再需要手工安装。nmtui 命令的基本信息如下。

- 命令名称：nmtui。
- 英文原意：NetworkManager Text-User Interface。
- 所在路径：/usr/bin/nmtui。
- 执行权限：所有用户。
- 功能描述：网络配置工具。

在 Linux 命令行中，直接运行 nmtui，会开启一个图形化工具，如图 4-7 所示。

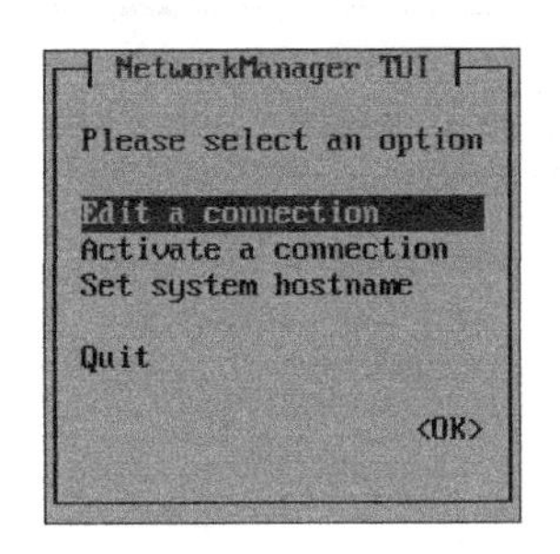

图 4-7　nmtui 工具

在这个工具中，有几个选项（如果用的是 Linux 纯字符界面，这个工具是英文显示的）：

- Edit a connection（编辑连接）：这就是配置网络参数，如 IP 地址、子网掩码、网关、DNS 的地方。
- Activate a connection（启用连接）：这是激活网卡的选项。
- Set system hostname（设置系统主机名）：这是设置系统主机名的选项。

我们选择“Edit a connection”（编辑连接），会进入网卡选择界面，如图 4-8 所示。

在 CentOS 7.x 中，网卡的设备文件名发生了变化，不再采用一直使用的 eth0，而是会根据网卡的硬件信息，以及插槽位置来进行分配。在目前的虚拟机中，网卡设备文件名是 ens33。

在“ens33”上按 Enter 键，会进入编辑连接界面，如图 4-9 所示。

在编辑连接界面中，和 Windows 类似，配置合理的 IP 地址、子网掩码、网关、DNS 等网络参数。需要注意以下几个事情。

- IPv4 CONFIGURATION（IPv4 配置）：这里是配置网卡连接方式的，选择“Manual”（手工配置）。
- Addresses（IP 地址）：这里配置合理的 IP 地址，但是子网掩码采用了“/24”的方式表示，“/24”代表的就是 255.255.255.0 这个子网掩码。“/24”是网络设备中子网掩码的标准表示方式，代表连续的 24 个 1（255 换算成二进制是 11111111，3 个 255 就是 24 个连续的 1）。
- Automatically connect（自动连接）：这里代表的是激活此网卡的意思，如果选中该选项，一会儿就不需要单独激活了。

- 配置完成之后，按 Tab 键选择“OK”，会返回网卡选择界面，再选择“Back”会返回 nmtui 工具主界面，我们再选择“Activate a connect”（启用连接），会进入激活网卡界面，如图 4-10 所示。

图 4-8　网卡选择界面

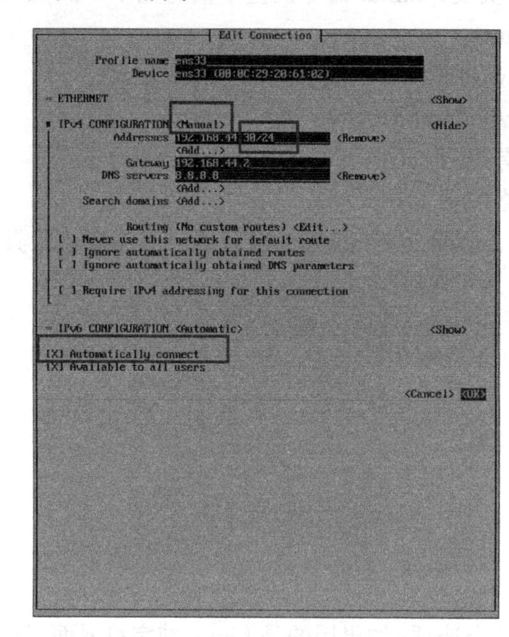

图 4-9　编辑连接界面

图 4-10　激活网卡界面

在激活网卡界面中，如果之前在编辑连接界面中勾选了“Automatically connect”（自动连接），那么网卡就已经激活了。如何判断网卡是否激活？请仔细看图 4-10，如果网卡前面有“*”号代表激活，否则就是未激活。

确保网卡是激活状态，退出 nmtui 工具，不需要重启，IP 信息就已经生效了，可以使用“ip address show”命令查询：

```
[root@localhost ~]# ip address show
1: lo: <LOOPBACK,UP,LOWER_UP> mtu 65536 qdisc noqueue state UNKNOWN group default qlen 1000
    link/loopback 00:00:00:00:00:00 brd 00:00:00:00:00:00
    inet 127.0.0.1/8 scope host lo
       valid_lft forever preferred_lft forever
    inet6 ::1/128 scope host
       valid_lft forever preferred_lft forever
2: ens33: <BROADCAST,MULTICAST,UP,LOWER_UP> mtu 1500 qdisc pfifo_fast state UP group default qlen 1000
    link/ether 00:0c:29:20:61:02 brd ff:ff:ff:ff:ff:ff
    inet 192.168.44.30/24 brd 192.168.44.255 scope global noprefixroute ens33
     #IP 地址已经生效
       valid_lft forever preferred_lft forever
    inet6 fe80::7753:f1ab:730d:a107/64 scope link noprefixroute
       valid_lft forever preferred_lft forever
```

4.10.2 ip 命令

在 CentOS 7.x 中，ip 命令逐渐取代了 ifconfig 命令，两条命令功能接近，但是 ip 命令的功能更加强大，其基本信息如下。

- 命令名称：ip。
- 英文原意：Internet Protocol。
- 所在路径：/usr/sbin/ip
- 执行权限：超级用户。
- 功能描述：显示和设置网络路由、路由策略。

1. 查看 IP 地址信息

ip 命令如果要查看 IP 地址信息，非常简单，只要执行以下命令：

```
[root@localhost ~]# ip address show
1: lo: <LOOPBACK,UP,LOWER_UP> mtu 65536 qdisc noqueue state UNKNOWN group default qlen 1000
    link/loopback 00:00:00:00:00:00 brd 00:00:00:00:00:00
    inet 127.0.0.1/8 scope host lo
       valid_lft forever preferred_lft forever
    inet6 ::1/128 scope host
       valid_lft forever preferred_lft forever
#以上是 lo（本地回环网卡）的信息
2: ens33: <BROADCAST,MULTICAST,UP,LOWER_UP> mtu 1500 qdisc pfifo_fast state UP group
default qlen 1000
    link/ether 00:0c:29:20:61:02 brd ff:ff:ff:ff:ff:ff
     #MAC 地址
    inet 192.168.44.30/24 brd 192.168.44.255 scope global noprefixroute ens33
     #IP 地址和子网掩码
       valid_lft forever preferred_lft forever
    inet6 fe80::7753:f1ab:730d:a107/64 scope link noprefixroute
       valid_lft forever preferred_lft forever
#以上是 ens33 网卡的信息
```

此命令主要可以查看 MAC 地址、IP 地址和子网掩码这三个信息，其他内容如 IPv6 的信息目前还没有生效，可以忽略。

lo 网卡是 Loopback 的缩写，也就是本地回环网卡，这个网卡的 IP 地址是 127.0.0.1。它只代表我们的网络协议正常，就算不插入网线也可以 ping 通，所以基本没有实际使用价值，大家了解一下即可。

此命令可以简写为：

```
[root@localhost ~]# ip add
```

2. 查看路由表

ip 命令可以查看本机的路由信息表，命令如下：

```
[root@localhost ~]# ip route show
default via 192.168.44.2 dev ens33 proto static metric 100
#此为网关
```

```
192.168.44.0/24 dev ens33 proto kernel scope link src 192.168.44.30 metric 100
```

这条命令可以简写为：

```
[root@localhost ~]# ip route
```

3. 临时设定 IP 地址和删除 IP 地址

ip 命令可以临时设定 IP 地址，如果需要永久修改 IP 地址，还需要使用 nmtui 工具或修改 IP 配置文件（/etc/sysconfig/network-scripts/ifcfg-ens33）。命令如下：

```
[root@localhost ~]# ip address add 192.168.44.31/24 dev ens33
```

如果需要删除 IP 地址，命令如下：

```
[root@localhost ~]# ip address del 192.168.44.31/24 dev ens33
```

4. 临时设定网关

同样 ip 命令只能临时设定网关，重启就会失效，如果需要永久设定网关，须使用 nmtui 工具或修改 IP 配置文件。命令如下：

```
[root@localhost ~]# ip route del default via 192.168.44.1

[root@localhost ~]# ip address add 192.168.44.31/24 dev ens33
```

4.10.3 ifconfig 命令

ifconfig 是 Linux 中查看和临时修改 IP 地址的命令，在 CentOS 7.x 中默认是没有安装的，如果需要安装，请安装 net-tools 软件包（安装方法请参考软件安装章节，可以通过“yum provides ifconfig”命令，来确定某个命令属于哪个软件包）。

其基本信息如下。

- 命令名称：ifconfig。
- 英文原意：configure a network interface。
- 所在路径：/sbin/ifconfig。
- 执行权限：超级用户。
- 功能描述：配置网络接口。

1. 查看 IP 地址信息

ifconfig 命令最主要的作用就是查看 IP 地址的信息，直接输入 ifconfig 命令即可。

```
[root@localhost ~]# ifconfig
ens33: flags=4163<UP,BROADCAST,RUNNING,MULTICAST>  mtu 1500
#ens33 网卡信息                    网络参数                    最大传输单元
        inet 192.168.44.30  netmask 255.255.255.0  broadcast 192.168.44.255
         #IP 地址                   子网掩码                   广播地址
        inet6 fe80::7753:f1ab:730d:a107  prefixlen 64  scopeid 0x20<link>
         #IPv6 信息，目前未生效
        ether 00:0c:29:20:61:02  txqueuelen 1000  (Ethernet)
         #MAC 地址
        RX packets 14720  bytes 4218587 (4.0 MiB)
         #接收的数据包大小
        RX errors 0  dropped 0  overruns 0  frame 0
```

```
        TX packets 1062    bytes 131291 (128.2 KiB)
         #发送的数据包大小
        TX errors 0    dropped 0 overruns 0    carrier 0    collisions 0

lo: flags=73<UP,LOOPBACK,RUNNING>    mtu 65536
#本地回环网卡信息
        inet 127.0.0.1    netmask 255.0.0.0
        inet6 ::1    prefixlen 128    scopeid 0x10<host>
        loop    txqueuelen 1000    (Local Loopback)
        RX packets 644    bytes 56024 (54.7 KiB)
        RX errors 0    dropped 0    overruns 0    frame 0
        TX packets 644    bytes 56024 (54.7 KiB)
        TX errors 0    dropped 0 overruns 0    carrier 0    collisions 0
```

ifconfig 命令主要用于查看 IP 地址、子网掩码和 MAC 地址这三类信息，其他信息读者有所了解即可。

2．临时配置 IP 地址

ifconfig 命令除可以查看 IP 地址外，还可以临时配置 IP 地址，但是一旦重启，IP 地址就会失效，所以我们还是应该使用 setup 命令来进行 IP 地址配置。使用 ifconfig 命令临时配置 IP 地址的示例如下：

```
[root@localhost ~]#ifconfig eth0 192.168.44.3
#配置 IP 地址，不指定子网掩码就会使用标准子网掩码
[root@localhost ~]#ifconfig eth0 192.168.44.3 netmask 255.255.255.0
#配置 IP 地址，同时配置子网掩码
```

4.10.4　ifup 和 ifdown 命令

ifup 和 ifdown 是两个非常简单的命令，其作用类似于 Windows 中的启用和禁用网卡，主要用于启用和关闭网卡。

```
[root@localhost ~]# ifdown eth0
#关闭 eth0 网卡
[root@localhost ~]# ifup eth0
#启用 eth0 网卡
```

4.10.5　ping 命令

ping 命令是常用的网络命令，主要通过 ICMP 进行网络探测，测试网络中主机的通信情况。ping 命令的基本信息如下。

- 命令名称：ping。
- 英文原意：send ICMP ECHO_REQUEST to network hosts。
- 所在路径：/bin/ping。
- 执行权限：所有用户。
- 功能描述：向网络主机发送 ICMP 请求。

命令的基本格式如下：

```
[root@localhost ~]# ping [选项] IP
选项：
    -b：后面加入广播地址，用于对整个网段进行探测
    -c 次数：用于指定 ping 的次数
    -s 字节：指定探测包的大小
```

例子 1：探测与指定主机的通信

```
[root@localhost ~]# ping 192.168.103.151
PING 192.168.103.151 (192.168.103.151) 56(84) bytes of data.
64 bytes from 192.168.103.151: icmp_seq=1 ttl=128 time=0.300 ms
64 bytes from 192.168.103.151: icmp_seq=2 ttl=128 time=0.481 ms
…省略部分内容…
#探测与指定主机是否可以通信
```

这个 ping 命令如果不使用 Ctrl+C 快捷键强行中止，就会一直运行下去。

例子 2：指定 ping 的次数

如果不想一直运行下去，可以使用“-c”选项指定 ping 的次数。例如：

```
[root@localhost ~]# ping -c 3 192.168.103.151
#只探测 3 次，就中止 ping 命令
```

例子 3：探测网段中的可用主机

在 ping 命令中，可以使用“-b”选项，后面加入广播地址，探测整个网段。我们可以使用这个选项知道整个网络中有多少主机是可以通信的，而不用探测每个 IP 地址。例如：

```
[root@localhost ~]# ping -b -c 3 192.168.103.255
WARNING: pinging broadcast address
PING 192.168.103.255 (192.168.103.255) 56(84) bytes of data.
64 bytes from 192.168.103.199: icmp_seq=1 ttl=64 time=1.95 ms
64 bytes from 192.168.103.168: icmp_seq=1 ttl=64 time=1.97 ms (DUP!)
64 bytes from 192.168.103.252: icmp_seq=1 ttl=64 time=2.29 ms (DUP!)
…省略部分内容…
#探测 192.168.103.0/24 网段中有多少可以通信的主机
```

4.10.6 ss 命令

在 CentOS 7.x 中，默认没有安装 netstat 命令，而是通过 ss 命令取代了 netstat 命令。ss 命令很多选项和 netstat 命令非常相似，我们来看看这个命令的基本信息：

- 命令名称：ss。
- 英文原意：another utility to investigate sockets。
- 所在路径：/usr/sbin/ss。
- 执行权限：超级用户。
- 功能描述：查询网络访问。

```
[root@localhost ~]# ss [选项]
选项：
    -a：列出所有网络状态，包括 Socket 程序
    -n：使用 IP 地址和端口号显示，不使用域名与服务名
```

```
-p：显示 PID 和程序名
-t：显示 TCP 端口的连接状态
-u：显示 UDP 端口的连接状态
```

例子 1：查看本机所有网络连接

“-an”选项可以查看本机所有的网络连接，包括 Socket 程序连接、TCP 连接、UDP 连接。命令如下：

```
[root@localhost ~]# ss    -an
Netid     State      Recv-Q   Send-Q   Local Address:Port           Peer Address:Port
nl        UNCONN     0        0        0:1358955377                 *
nl        UNCONN     0        0        0:0                          *
nl        UNCONN     0        0        0:1358955377                 *
nl        UNCONN     4352     0        4:16500                      *
nl        UNCONN     768      0        4:0                          *
nl        UNCONN     0        0        6:0                          *
…省略部分内容…
#协议     状态       接收队列 发送队列 本机 IP 地址和端口号         远程 IP 地址和端口号
```

此命令的输出内容较多，我们依次看一下。

- Netid：网络标识。正常网络连接是 TCP 或 UDP，其他的都是 Socket 连接。
- State：状态。常见的状态主要有以下几种。
  - LISTEN：监听状态，只有 TCP 需要监听，而 UDP 不需要监听。
  - ESTABLISHED：已经建立连接的状态。如果使用“-l”选项，则看不到已经建立连接的状态。
  - UNCONN：无连接。
  - SYN_SENT：SYN 发起包，就是主动发起连接的数据包。
  - SYN_RECV：接收到主动连接的数据包。
  - FIN_WAIT1：正在中断的连接。
  - FIN_WAIT2：已经中断的连接，但是正在等待对方主机进行确认。
  - TIME_WAIT：连接已经中断，但是套接字依然在网络中等待结束。
  - CLOSED：无连接状态。
- Recv-Q：表示接收到的数据已经在本地的缓冲中，但是还没有被进程取走。
- Send-Q：表示从本机发送，对方还没有收到的数据，依然在本地的缓冲中，一般是不具备 ACK 标志的数据包。
- Local Address:Port：本机的 IP 地址和端口号。
- Peer Address:Port：远程主机的 IP 地址和端口号。

例子:2：查询本机开启的端口

“-tu”选项代表查看 TCP 和 UDP 连接，“-l”选项代表查看监听状态，“-n”代表用 IP 和端口号显示。命令如下：

```
[root@localhost ~]# ss    -tuln
Netid    State     Recv-Q   Send-Q        Local Address:Port        Peer Address:Port
udp      UNCONN    0        0             127.0.0.1:323             *:*
udp      UNCONN    0        0             ::1:323                   :::*
```

```
tcp      LISTEN    0       128        *:22                    *:*
tcp      LISTEN    0       100        127.0.0.1:25            *:*
tcp      LISTEN    0       128        :::22                   :::*
tcp      LISTEN    0       100        ::1:25                  :::*
#协议    状态      接收队列  发送队列    本机 IP 地址和端口号      远程 IP 地址和端口号
```

这个命令的输出和 netstat 命令非常相似，我们在 netstat 命令的输出中会详细介绍，这里就只加注释了。

例子 3：查看本机开启的端口与正在进行的连接

“-a”选项代表所有内容，和“-l”选项的区别是，“-a”选项除了可以看到监听状态的端口，还可以查看到正在连接的端口。如果只使用“-an”选项，会列出大量的 Socket 连接，干扰我们的查看。所以使用“-tuan”可以只显示 TCP 和 UDP 的连接状态。命令如下：

```
[root@localhost ~]# ss   -tuan
Netid    State     Recv-Q   Send-Q     Local Address:Port      Peer Address:Port
udp      UNCONN 0           0          127.0.0.1:323           *:*
udp      UNCONN 0           0          ::1:323                 :::*
tcp      LISTEN    0        128        *:22                    *:*
tcp      LISTEN    0        100        127.0.0.1:25            *:*
tcp      ESTAB     0        52         192.168.44.30:22        192.168.44.1:7905
#ESTAB 状态，代表这个连接正在进行。也就是 44.1 通过 7905 端口正在连接 44.30 的 22 端口
tcp      LISTEN    0        128        :::22                   :::*
tcp      LISTEN    0        100        ::1:25                  :::*
```

4.10.7 netstat 命令

我们需要先简单了解一下端口的作用。在互联网中，如果 IP 地址是服务器在互联网中唯一的地址标识，那么大家可以想象一下：我有一台服务器，它有固定的公网 IP 地址，通过 IP 地址可以找到我的服务器。但是我的服务器中既启动了网页服务（Web 服务），又启动了文件传输服务（FTP 服务），那么你的客户端访问我的服务器，到底应该如何确定你访问的是哪一个服务呢？

端口就是用于网络通信的接口，是传输层向上传递数据到应用层的通道。我们可以理解为每个常规服务都有默认的端口号，通过不同的端口号，就可以确定不同的服务。也就是说，客户端通过 IP 地址访问到服务器，如果数据包访问的是 80 端口，则访问的是 Web 服务；如果数据包访问的是 21 端口，则访问的是 FTP 服务。

我们可以简单地理解为每个常规服务都有一个默认端口（默认端口可以修改），这个端口是所有人都知道的，客户端可以通过固定的端口访问指定的服务。而我们通过在服务器中查看已经开启的端口号，就可以判断服务器中开启了哪些服务。

netstat 是网络状态查看命令，既可以查看本机开启的端口，也可以查看有哪些客户端连接。netstat 命令在 CentOS 7.x 最小化安装中默认没有安装，需要手工安装 net-tools 软件包。

netstat 命令的基本信息如下。

- 命令名称：netstat。

- 英文原意：Print network connections, routing tables, interface statistics, masquerade connections, and multicast memberships。
- 所在路径：/usr/bin/netstat。
- 执行权限：所有用户。
- 功能描述：输出网络连接、路由表、接口统计、伪装连接和组播成员。

命令格式如下：

```
[root@localhost ~]# netstat [选项]
选项：
    -a：列出所有网络状态，包括 Socket 程序
    -c 秒数：指定每隔几秒刷新一次网络状态
    -n：使用 IP 地址和端口号显示，不使用域名与服务名
    -p：显示 PID 和程序名
    -t：显示 TCP 端口的连接状况
    -u：显示 UDP 端口的连接状况
    -l：仅显示监听状态的连接
    -r：显示路由表
```

例子 1：查看本机开启的端口

这是本机最常用的方式，使用选项“-tuln”。因为使用了“-l”选项，所以只能看到监听状态的连接，而不能看到已经建立连接状态的连接。例如：

```
[root@localhost ~]# netstat -tuln
Active Internet connections (only servers)
Proto   Recv-Q   Send-Q   Local Address          Foreign Address          State
tcp     0        0        0.0.0.0:3306           0.0.0.0:*                LISTEN
tcp     0        0        0.0.0.0:11211          0.0.0.0:*                LISTEN
tcp     0        0        0.0.0.0:22             0.0.0.0:*                LISTEN
tcp     0        0        :::11211               :::*                     LISTEN
tcp     0        0        :::80                  :::*                     LISTEN
tcp     0        0        :::22                  :::*                     LISTEN
udp     0        0        0.0.0.0:11211          0.0.0.0:*
udp     0        0        :::11211               :::*
#协议   接收队列  发送队列  本机的 IP 地址及端口号   远程主机的 IP 地址及端口号  状态
```

这个命令的输出较多。

- Proto：网络连接的协议，一般就是 TCP 或 UDP。
- Recv-Q：表示接收到的数据已经在本地的缓冲中，但是还没有被进程取走。
- Send-Q：表示从本机发送，对方还没有收到的数据，依然在本地的缓冲中，一般是不具备 ACK 标志的数据包。
- Local Address：本机的 IP 地址和端口号。
- Foreign Address：远程主机的 IP 地址和端口号。
- State：状态。常见的状态主要有以下几种。
  - LISTEN：监听状态，只有 TCP 需要监听，而 UDP 不需要监听。
  - ESTABLISHED：已经建立连接的状态。如果使用“-l”选项，则看不到已经建立连接的状态。

➢ SYN_SENT：SYN 发起包，就是主动发起连接的数据包。
➢ SYN_RECV：接收到主动连接的数据包。
➢ FIN_WAIT1：正在中断的连接。
➢ FIN_WAIT2：已经中断的连接，但是正在等待对方主机进行确认。
➢ TIME_WAIT：连接已经中断，但是套接字依然在网络中等待结束。
➢ CLOSED：套接字没有被使用。

在这些状态中，最常用的就是 LISTEN 和 ESTABLISHED 状态，一种代表正在监听，另一种代表已经建立连接。

例子 2：查看本机有哪些程序开启的端口

如果使用“-p”选项，则可以查看到是哪个程序占用了端口，并且可以知道这个程序的 PID。例如：

```
[root@localhost ~]# netstat -tulnp
Active Internet connections (only servers)
Proto  Recv-Q  Send-Q   Local Address      Foreign Address      State      PID/Program name
tcp     0       0       0.0.0.0:3306       0.0.0.0:*            LISTEN     2359/mysqld
tcp     0       0       0.0.0.0:11211      0.0.0.0:*            LISTEN     1563/memcached
tcp     0       0       0.0.0.0:22         0.0.0.0:*            LISTEN     1490/sshd
tcp     0       0       :::11211           :::*                 LISTEN     1563/memcached
tcp     0       0       :::80              :::*                 LISTEN     21025/httpd
tcp     0       0       :::22              :::*                 LISTEN     1490/sshd
udp     0       0       0.0.0.0:11211      0.0.0.0:*                       1563/memcached
udp     0       0       :::11211           :::*                            1563/memcached
#比之前的命令多了一个“-p”选项，结果多了“PID/Program”，可以知道是哪个程序占用了端口
```

例子 3：查看所有连接

使用选项“-an”可以查看所有连接，包括监听状态的连接（LISTEN）、已经建立连接状态的连接（ESTABLISHED）、Socket 程序连接等。因为连接较多，所以输出的内容有很多。例如：

```
[root@localhost ~]# netstat -an
Active Internet connections (servers and established)
Proto  Recv-Q  Send-Q   Local Address          Foreign Address          State
tcp     0       0       0.0.0.0:3306           0.0.0.0:*                LISTEN
tcp     0       0       0.0.0.0:11211          0.0.0.0:*                LISTEN
tcp     0       0       117.79.130.170:80      78.46.174.55:58815       SYN_RECV
tcp     0       0       0.0.0.0:22             0.0.0.0:*                LISTEN
tcp     0       0       117.79.130.170:22      124.205.129.99:10379     ESTABLISHED
tcp     0       0       117.79.130.170:22      124.205.129.99:11811     ESTABLISHED
…省略部分内容…
udp     0       0       0.0.0.0:11211          0.0.0.0:*
udp     0       0       :::11211               :::*
Active UNIX domain sockets (servers and established)
Proto  RefCnt  Flags     Type     State       I-Node Path
unix   2       [ ACC ]   STREAM   LISTENING   9761   @/var/run/hald/dbus-fr41WkQn1C
…省略部分内容…
```

从“Active UNIX domain sockets”开始，之后的内容就是 Socket 程序产生的连接，之前的内容都是网络服务产生的连接。我们可以在“-an”选项的输出中看到各种网络连接状态，而之前的“-tuln”选项则只能看到监听状态。

4.10.8　write 命令

在服务器上，有时会有多个用户同时登录，一些必要的沟通就显得尤为重要。比如，必须关闭某个服务，或者需要重启服务器，当然需要通知同时登录服务器的用户，这时就可以使用 write 命令。write 命令的基本信息如下。

- 命令名称：write。
- 英文原意：send a message to another user。
- 所在路径：/usr/bin/write。
- 执行权限：所有用户。
- 功能描述：向其他用户发送信息。

write 命令的基本格式如下：

```
[root@localhost ~]# write 用户名 [终端号]
```

write 命令没有多余的选项，我们要向在某个终端登录的用户发送信息，就可以这样执行命令：

```
[root@localhost ~]#write user1 pts/1
hello
I will be in 5 minutes to restart, please save your data
#向在 pts/1（远程终端 1）登录的 user1 用户发送信息，使用 Ctrl+D 快捷键保存发送的数据
```

这时，user1 用户就可以收到你要在 5 分钟之后重启系统的信息了。

4.10.9　wall 命令

write 命令用于给指定用户发送信息，而 wall 命令用于给所有登录用户发送信息，包括你自己。执行时，在 wall 命令后加入需要发送的信息即可，例如：

```
[root@localhost ~]# wall "I will be in 5 minutes to restart, please save your data"
```

4.10.10　mail 命令

mail 是 Linux 的邮件客户端命令，可以利用这个命令给其他用户发送邮件。mail 命令的基本信息如下。

- 命令名称：mail。
- 英文原意：send and receive Internet mail。
- 所在路径：/usr/bin/mail。
- 执行权限：所有用户。
- 功能描述：发送和接收电子邮件。

例子 1：发送邮件

如果我们想要给其他用户发送邮件，则可以执行如下命令：

```
[root@localhost ~]# mail user1
Subject: hello                  <-  邮件标题
Nice to meet you!               <-  邮件具体内容
.                               <-  使用"."来结束邮件输入
#发送邮件给 user1 用户
```

我们接收到的邮件都保存在"/var/spool/mail/用户名"中，每个用户都有一个以自己的用户名命名的邮箱。

例子 2：发送文件内容

如果我们想把某个文件的内容发送给指定用户，则可以执行如下命令：

```
[root@localhost ~]# mail -s "test mail" root < /root/anaconda-ks.cfg
选项：
    -s:        指定邮件标题
#把/root/anaconda-ks.cfg 文件的内容发送给 root 用户
```

我们在写脚本时，有时需要脚本自动发送一些信息给指定用户，把要发送的信息预先写到文件中，是一个非常不错的选择。

例子 3：查看已经接收的邮件

我们可以直接在命令行中执行 mail 命令，进入 mail 的交互命令中，可以在这里查看已经接收到的邮件。例如：

```
[root@localhost ~]# mail
Heirloom Mail version 12.4 7/29/08.Type ?for help.
"/var/spool/mail/root": 1 message 1 new
>N    1    root    Mon Dec    5 22:45  68/1777  "test mail"   <-之前收到的邮件
>N    2    root    Mon Dec    5 23:08  18/602   "hello"
#未阅读 编号 发件人              时间                         标题
&                                                             <-等待用户输入命令
```

可以看到已经接收到的邮件列表，"N"代表未读邮件，如果是已经阅读过的邮件，则前面是不会有这个"N"的；之后的数字是邮件的编号，我们主要通过这个编号来进行邮件的操作。如果我们想要查看第一封邮件，则只需输入邮件的编号"1"就可以了。

在交互命令中执行"？"，可以查看这个交互界面支持的命令。例如：

```
& ?                                 <-输入命令
mail commands
type<message list>                  type messages
next                                goto and type next message
from<message list>                  give head lines of messages
headers                             print out active message headers
delete<message list>                delete messages
undelete<message list>              undelete messages
save<message list> folder           append messages to folder and mark as saved
copy<message list> folder           append messages to folder without marking them
write<message list> file            append message texts to file, save attachments
preserve<message list>              keep incoming messages in mailbox even if saved
```

```
Reply <message list>          reply to message senders
reply<message list>           reply to message senders and all recipients
mail addresses                mail to specific recipients
file folder                   change to another folder
quit                          quit and apply changes to folder
exit                          quit and discard changes made to folder
!                             shell escape
cd<directory>                 chdir to directory or home if none given
list                          list names of all available commands
```

这些交互命令是可以简化输入的，比如“headers”命令，就可以直接输入“h”，这是列出邮件标题列表的命令。下面解释一下常用的交互命令。

- headers：列出邮件标题列表，直接输入“h”命令即可。
- delete：删除指定邮件。比如想要删除第二封邮件，可以输入“d 2”。
- save：保存邮件。可以把指定邮件保存成文件，如“s 2 /tmp/test.mail”。
- quit：退出，并把已经操作过的邮件进行保存。比如移除已删除邮件、保存已阅读邮件等。
- exit：退出，但是不保存任何操作。

本章小结

本章重点

本章介绍了 Linux 常用命令，首先介绍了命令的基本格式，然后讲解了目录操作命令、文件操作命令、目录和文件都能操作的命令、权限管理命令、帮助命令、搜索命令、压缩和解压缩命令、关机和重启命令、常用网络命令。

本章学习的重点是文件权限的理解及相关操作、软/硬链接文件的特点和不同、搜索命令 find 的众多选项，以及帮助命令的使用思路和方法。

本章难点

一是文件权限，因为 Linux 的权限管理与 Windows 的权限管理大不相同，可能初学时并不太容易理解，建议多做练习，后续章节会继续深入讲解 Linux 权限的其他方面；二是软/硬链接讲解中 inode 的概念，后面还会用到，需要理解、掌握；三是帮助命令，它往往容易被忽视，从长久的成长学习来看，学会使用帮助命令、习惯使用帮助命令至关重要，只有善用帮助命令，才可以快速地解决问题。

第 5 章　简约而不简单的文本编辑器 Vim

学前导读

Linux 中的所有内容以文件形式管理，在命令行下更改文件内容，常常会用到文本编辑器。

我们首选的文本编辑器是 Vim，它是一个基于文本界面的编辑工具，使用简单且功能强大，更重要的是，Vim 是所有 Linux 发行版本的默认文本编辑器。

很多 UNIX 和 Linux 的老用户习惯称呼它为 Vi，Vi 是 Vim 的早期版本，现在我们使用的 Vim（Vi improved）是 Vi 的增强版，增加了一些正则表达式的查找、多窗口的编辑等功能，使得 Vim 对于程序开发来说更加方便。想了解 Vi 和 Vim 的区别，可以在 Vim 命令模式下输入“:help vi_diff”，就能够看到两者区别的摘要。

值得一提的是，Vim 是慈善软件，如有赞助或评比得奖，所得款项将用于救助乌干达孤儿。软件是免费的，使用者是否捐款不会勉强。不过，如果有有奖评比活动，那么编者建议你去投一票。

了解 Vim 更多信息可以访问官网：http://www.vim.org。

本章内容

- Vim 的工作模式
- 进入 Vim
- Vim 的基本应用
- Vim 的进阶应用

5.1　Vim 的工作模式

在使用 Vim 编辑文件前，我们先来了解一下它的三种工作模式：命令模式、输入模式和编辑模式，如图 5-1 所示。

1. 命令模式

使用 Vim 编辑文件时，默认处于命令模式。在此模式下，可以使用上、下、左、右箭头键或 k、j、h、l 命令进行光标移动，还可以对文件内容进行复制、粘贴、替换、删除等操作。

2. 输入模式

在输入模式下可以对文件执行写操作，类似在 Windows 的文档中输入内容。进入输入模式的方法是输入 i、a、o 等插入命令，编写完成后按 Esc 键即可返回命令模式。

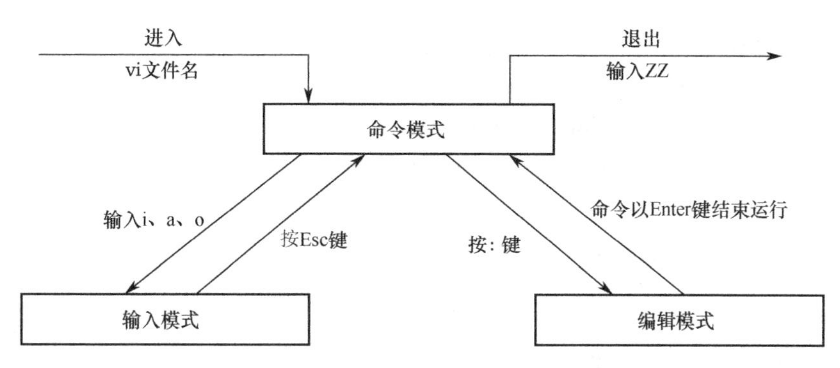

图 5-1　Vim 的三种工作模式

3. 编辑模式

如果要保存、查找或替换一些内容等，就需要进入编辑模式。编辑模式的进入方法为：在命令模式下按"："键，Vim 窗口的左下方会出现一个"："符号，这时就可以输入相关的指令进行操作了。指令执行后会自动返回命令模式。

对于新手来说，经常不知道自己处于什么模式。不论是自己忘了，还是不小心切换了模式，都可以直接按一次 Esc 键返回命令模式。如果你多按几次 Esc 键后听到了"嘀——"的声音，则代表你已经处于命令模式了。

5.2 进入 Vim

了解了 Vim 的工作模式后，就可以使用 Vim 进行文件编辑了。先来看一下 Vim 打开文件的方法。

注意：*在 CentOS 7.x 中，vim 命令默认没有安装，需要搭建正确的 yum 源之后，通过"yum -y install vim"命令进行安装，之后才能使用。具体内容可以参考软件安装章节。*

5.2.1 使用 Vim 打开文件

使用 Vim 打开文件很简单，例如，打开一个自己编写的文件/test/vi.test，打开方法如下：

```
[root@localhost ~]# vim /test/vi.test
```

刚打开文件时进入的是命令模式，此时文件的下方会显示文件的一些信息，包括文件名、文件的总行数和字符数，以及当前光标所在的位置等，此时可以使用插入命令进入输入模式对文件进行编辑，如图 5-2 所示。

```
Having knowledge likes having pregnant,
it takes times to be awareness.
Mom said you'd better not miss two things,
the last bus to home and the person who loves you deeply.
A good love is you find the world for a man;
a bad love is you abandon the world for a man.
~
~
~
"/test/vi.txt" 6L, 265C
```

图 5-2　使用 Vim 打开文件

接下来的操作练习，如果你的 Linux 中没有自己编写的文件，或者你没有编写文件，则可以直接复制一个系统文件，方法如下：

```
[root@localhost ~]# cp /etc/passwd /tmp/passwd.vi
```

千万不要随意打开一个系统文件就直接开始练习！

5.2.2 直接进入指定位置

直接进入 Vim 编辑文件的指定行数处或特定字符串所在的行，可以节省编辑时间，例如，打开/tmp/passwd.vi 文件时直接进入第 20 行，可以这样操作：

```
[root@localhost ~]# vim +20 /tmp/passwd.vi
```

打开文件后，直接进入“nobody”字符串所在的行，可以这样操作：

```
[root@localhost ~]# vim +/nobody /tmp/passwd.vi
```

如果文件中有多个“nobody”字符串，则会以查到的第一个为准。

5.3 Vim 的基本应用

打开文件后，接下来开始对文件进行编辑。Vim 虽然是一个基于文本模式的编辑器，但却提供了丰富的编辑功能。对于习惯使用图形界面的朋友来说，刚开始会较难适应，但是熟练后就会发现，使用 Vim 进行编辑实际上更加快速。

5.3.1 插入命令

从命令模式进入输入模式进行编辑，可以输入 I、i、O、o、A、a 等命令来完成，不同的命令只是光标所处的位置不同而已。当进入输入模式后，你会发现，在 Vim 编辑窗口的左下角会出现“INSERT”标志，这就代表可以执行写入操作了，如图 5-3 所示。

```
shenchao:x:502:502::/home/shenchao:/bin/bash
apache:x:48:48:Apache:/var/www:/sbin/nologin
good good study, day day up!
~
-- INSERT --
```

图 5-3　输入模式

常用的插入命令：

- i——在当前光标所在位置插入随后输入的文本，光标后的文本相应向右移动。
- I——在光标所在行的行首插入随后输入的文本，行首是该行的第一个非空白字符，相当于光标移动到行首再执行 i 命令。
- a——在当前光标所在位置之后插入随后输入的文本。
- A——在光标所在行的行尾插入随后输入的文本，相当于光标移动到行尾再执行 a 命令。
- o——在光标所在行的下面插入新的一行。光标停在空行的行首，等待输入文本。
- O——在光标所在行的上面插入新的一行。光标停在空行的行首，等待输入文本。

注意：在 Linux 纯字符界面中，默认是不支持中文输入的。如果想要输入中文，则有三种方法。

（1）安装中文语言支持和图形界面，在图形界面下输入中文，使用 gVim（Vim 的图形前端）。

（2）安装中文语言支持，使用远程连接工具（如 PuTTY），在远程连接工具中调整中文编码，进行中文输入。具体内容参见第 2 章。

（3）倘若非要在 Linux 纯字符界面中输入中文，则可以安装中文插件，如 zhcon。

5.3.2　光标移动命令

在进行编辑工作之前，需要将光标移动到适当的位置。Vim 提供了大量的光标移动命令，注意这些命令需要在命令模式下执行。下面介绍一些常用的光标移动命令。

1. 以字符为单位移动

- 上、下、左、右箭头键——移动光标。

习惯使用鼠标的用户可能很自然地想到用鼠标来进行编辑定位，但是你会发现鼠标不会给你任何反应。在 Vim 中进行定位需要通过上、下、左、右箭头键，并且无论是命令模式还是输入模式，都可以通过箭头键来移动光标（在编辑模式中，箭头键是用来查看命令历史记录的）。

- h、j、k、l——移动光标。

另外，还可以在命令模式中使用 h、j、k、l 这 4 个命令控制方向，分别表示向左、向下、向上、向右。在大量编辑文档时，会频繁地移动光标，这时使用箭头键可能会比较浪费时间，使用这 4 个命令就很方便快捷。当然，这同样是一件熟能生巧的事情。

2. 以单词为单位移动

- w——移动光标到下一个单词的单词首。
- b——移动光标到上一个单词的单词首。
- e——移动光标到下一个单词的单词尾。

有时候需要迅速进入一行中的某个位置，如果能使光标一次移动一个单词就会非常方便。可以在命令模式中使用“w”命令来使光标向后跳到下一个单词的单词首，或者使用“b”命令使光标向前跳到上一个单词的单词首，还可以使用“e”命令使光标跳到下一个单词的单词尾。

3. 移动到行尾或行首

- $——移动光标到行尾。
- 0 或^——移动光标到行首。

可以使用“$”命令将光标移至行尾，使用“0”或“^”命令将光标移至行首。其实，对于$命令来说，可以使用诸如“*n*$”之类的命令来将光标移至当前光标所在行之后 *n* 行的行尾（*n* 为数字）；对于“0”命令来说却不可以，但可以用“*n*^”。

4．移动到一行的指定字符处

- f 字符——移动光标到第一个符合条件的字符处。

如果在一行中需要将光标移动到当前行的某个特定字符处，可以使用 f 命令。例如，需要将光标移动到字符 p 处，则可以使用“fp”命令，这样光标就会迅速定位到字符 p 处。f 命令有一个使用条件，即光标必须在指定字符前。

5．移动到匹配的括号处

- %——在匹配的括号间切换。

如果你是一名程序员，那么在使用 Vim 进行编辑时经常会为将光标移动到与一个“(”匹配的“)”（对于[]和{}也是一样的）处而感到头疼。其实在 Vim 里面提供了一个方便查找匹配括号的命令，这就是“%”。比如，在/etc/init.d/sshd 脚本文件中（最好还是复制后练习），想迅速地将光标定位到与第 49 行的“{”相对应的“}”处，则可以将光标先定位在“{”处，然后再使用“%”命令，使之定位在“}”处，如图 5-4 所示。关于定位文件指定的行，后续小节会有介绍。

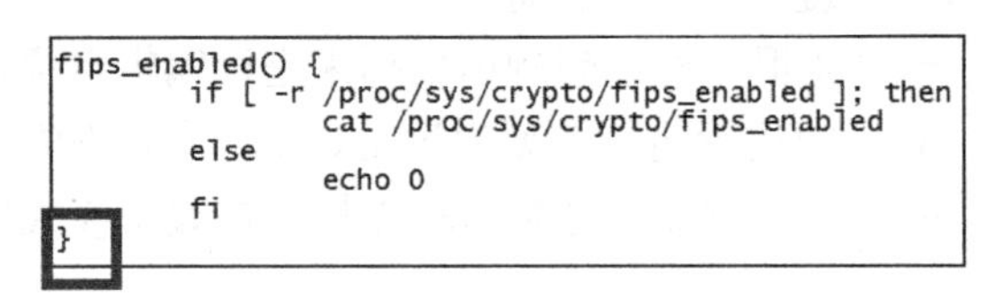

```
fips_enabled() {
        if [ -r /proc/sys/crypto/fips_enabled ]; then
                cat /proc/sys/crypto/fips_enabled
        else
                echo 0
        fi
}
```

图 5-4　使用“%”命令定位括号

6．移动到指定行处

- *n*G 或:*n*——移动光标到指定的行。

可以直接在命令模式中输入“*n*G”（*n* 为数字，G 为大写）或“:*n*”（在编辑模式中输入数字）命令将光标快速地定位到指定行的行首。这种方法对于快速移动光标非常有效。

5.3.3　使用 Vim 进行编辑

光标移动到指定位置后，如何进行编辑操作呢？Vim 提供了大量的编辑命令，下面介绍其中一些常用的命令。

1．查找指定字符串

- /要查找的字符串——从光标所在行开始向下查找所需的字符串。
- ?要查找的字符串——从光标所在行开始向上查找所需的字符串。
- :set ic ——查找时忽略大小写。

一个字符串可以是一个或多个字母的集合。如果想在 Vim 中查找字符串，则需要在命令模式下进行。在 Vim 命令模式中输入“/要查找的字符串”，再按 Enter 键，就可以从光标所在行开始向下查找指定的字符串。如果要向上查找，则输入“?要查找的字符串”即可。例如，在/etc/passwd.vi 文件中查找字符串“root”，运行命令，如图 5-5 所示。

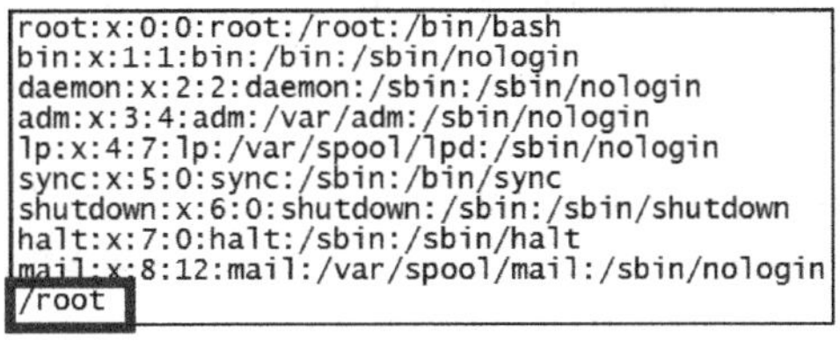

```
root:x:0:0:root:/root:/bin/bash
bin:x:1:1:bin:/bin:/sbin/nologin
daemon:x:2:2:daemon:/sbin:/sbin/nologin
adm:x:3:4:adm:/var/adm:/sbin/nologin
lp:x:4:7:lp:/var/spool/lpd:/sbin/nologin
sync:x:5:0:sync:/sbin:/bin/sync
shutdown:x:6:0:shutdown:/sbin:/sbin/shutdown
halt:x:7:0:halt:/sbin:/sbin/halt
mail:x:8:12:mail:/var/spool/mail:/sbin/nologin
/root
```

图 5-5　使用 Vim 进行查找

如果匹配的字符串有多个，则可以用“n”命令向下继续匹配查找，用“N”命令向上继续匹配查找。如果在文件中并没有找到所要查找的字符串，则在文件底部会出现“Pattern not found”提示，如图 5-6 所示。

```
root:x:0:0:root:/root:/bin/bash
bin:x:1:1:bin:/bin:/sbin/nologin
daemon:x:2:2:daemon:/sbin:/sbin/nologin
adm:x:3:4:adm:/var/adm:/sbin/nologin
lp:x:4:7:lp:/var/spool/lpd:/sbin/nologin
sync:x:5:0:sync:/sbin:/bin/sync
shutdown:x:6:0:shutdown:/sbin:/sbin/shutdown
halt:x:7:0:halt:/sbin:/sbin/halt
mail:x:8:12:mail:/var/spool/mail:/sbin/nologin
E486: Pattern not found: fanbingbing
```

图 5-6　未查找到指定字符串的提示

在查找过程中需要注意的是，要查找的字符串是严格区分大小写的，如查找“shenchao”和“ShenChao”会得到不同的结果。如果想忽略大小写，则输入命令“:set ic”，调整回来输入“:set noic”。如果在字符串中出现特殊符号，则需要加上转义字符“\”。常见的特殊符号有\、*、？、^、$等。如果出现这些字符，例如，要查找字符串“10$”，则需要在命令模式中输入“/10\$”。

还可以查找指定的行。例如，要查找一个以 root 为行首的行，则可以进行如下操作：

```
/^root
```

要查找一个以 root 为行尾的行，则可以进行如下操作：

```
/root$
```

2. 使用 Vim 进行替换

- r——替换光标所在处的字符。
- R——从光标所在处开始替换字符，按 Esc 键结束。

小写“r”可以替换光标所在处的某个字符，将光标移动到想替换的单个字符处，输入“r”命令，然后直接输入替换的字符即可；“R”命令可以从光标所在处开始替换字符，输入会覆盖后面的文本内容，直到按 Esc 键结束替换，如图 5-7 所示。

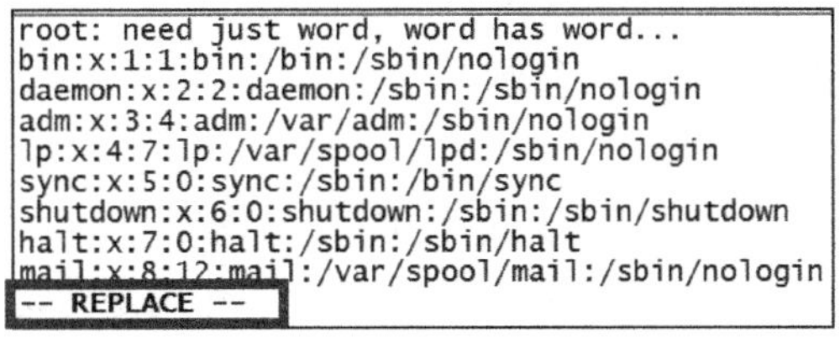

```
root: need just word, word has word...
bin:x:1:1:bin:/bin:/sbin/nologin
daemon:x:2:2:daemon:/sbin:/sbin/nologin
adm:x:3:4:adm:/var/adm:/sbin/nologin
lp:x:4:7:lp:/var/spool/lpd:/sbin/nologin
sync:x:5:0:sync:/sbin:/bin/sync
shutdown:x:6:0:shutdown:/sbin:/sbin/shutdown
halt:x:7:0:halt:/sbin:/sbin/halt
mail:x:8:12:mail:/var/spool/mail:/sbin/nologin
-- REPLACE --
```

图 5-7　使用“R”命令进行替换

用“R”命令替换后，Vim 编辑界面左下角会显示“REPLACE”，进入替换状态。

在第一行“root”后输入英文“need just word, word has word”，直到按 Esc 键才会退出替换；否则将一直处于替换状态。

批量替换：

```
:起始行号,结束行号 s/源字符串/替换的字符串/g          —替换范围内的字符串
:%s/源字符串/替换的字符串/g                            —替换整篇文档的字符串

例如：
:1,10s/abc/bcd/g                                       —把第 1 行到 10 行的 abc 替换为 bcd
:%s/abc/bcd/g                                          —把整篇文档的 abc 替换为 bcd
```

如果不加 g，则只替换每行第一个找到的字符串。

假设要将/tmp/passwd.vi 文件中所有的“root”替换为“liudehua”，则可以输入“:1,$ s/root/liudehua/g”或“:%s/root/liudehua/g”。整个过程如图 5-8 所示。

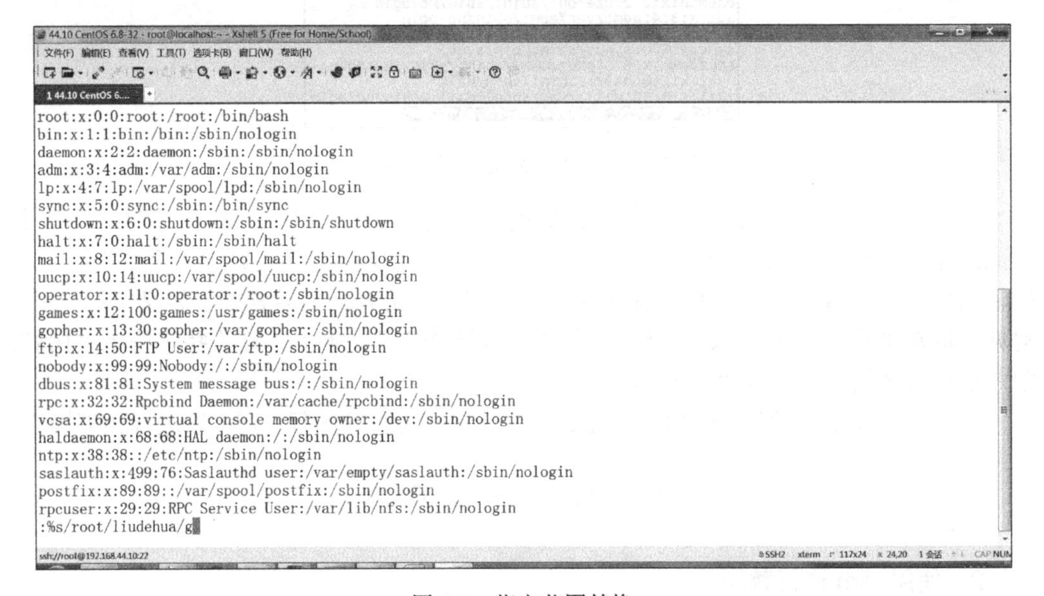

图 5-8　指定范围替换

上述命令是在编辑模式下操作的，表示的是从第一行到最后一行，即全文查找“root”，然后替换成“liudehua”。

如果刚才的命令变成如下这样：

```
:10,20 s/root/liudehua/g
```

则只替换从第 10 行到第 20 行的“root”。

3．使用 Vim 进行删除、粘贴、复制

- x——删除光标所在处字符。
- *n*x——从光标所在位置向后删除 *n* 个字符，*n* 为数字。
- dd——删除整行。如果之后粘贴，则此命令的作用是剪切。
- *n*dd——删除多行。
- dG——删除从光标所在行到文件末尾的内容。

- D——删除从光标所在处到这行行尾的内容。
- :起始行，终止行 d——删除指定范围的行。
- yy 或 Y——复制单行。
- *n*yy 或 *n*Y——复制多行。
- p——粘贴到当前光标所在行下。
- P——粘贴到当前光标所在行上。

如果处于命令模式下，则可以用“x”命令来删除光标所在位置的单个字符；快速输入“d”命令两次来进行整行删除；如果想要删除连续多行，例如，想要删除 10 行，则可以输入“10dd”，可以快速删除当前光标所在行下的 10 行。

此时删除的内容并没有被真正删除，都临时放在了内存中。将光标移动到指定位置处，输入“p”命令，就可以将刚才删除的内容又粘贴到此处。在软件开发中可能需要将连续两行进行互换，可以先将上面的一行通过“dd”命令删除，再将光标移动到下面，通过“p”命令将其重新粘贴，这样就能够达到两行互相交换位置的目的。

“dG”命令可以删除从光标所在行一直到文件末尾的全部内容，而“D”命令可以删除从光标所在处到这行行尾的内容。如果要删除指定范围的行，则可以用“:起始行,终止行 d”。如删除第 1～3 行，则输入“:1,3d”，如图 5-9 所示，会提示“3 fewer lines”。

```
adm:x:3:4:adm:/var/adm:/sbin/nologin
lp:x:4:7:lp:/var/spool/lpd:/sbin/nologin
sync:x:5:0:sync:/sbin:/bin/sync
shutdown:x:6:0:shutdown:/sbin:/sbin/shutdown
halt:x:7:0:halt:/sbin:/sbin/halt
mail:x:8:12:mail:/var/spool/mail:/sbin/nologin
uucp:x:10:14:uucp:/var/spool/uucp:/sbin/nologin
operator:x:11:0:operator:/root:/sbin/nologin
games:x:12:100:games:/usr/games:/sbin/nologin
3 fewer lines
```

图 5-9　删除指定范围的行

还可以通过“yy”命令来复制单行，或者通过在前面加上数字来复制当前光标所在行下的多行。

有时候可能需要把两行进行连接。如在下面的文件中有两行，现在需要使其成为一行，实际上就是将两行间的换行符去掉。可以直接在命令模式中输入“J”命令，输入前后分别如图 5-10 和图 5-11 所示。

```
you don't bird me,
I don't bird you.
~
~
~
```

图 5-10　输入“J”命令之前

```
you don't bird me, I don't bird you.
~
~
~
```

图 5-11　输入“J”命令之后

4. 使用 Vim 撤销上一步操作

- u——撤销。

如果不小心误删除了文件内容，可以通过“u”命令来撤销刚才执行的命令。如果要撤销刚才的多次操作，则可以多输入几次“u”命令。

5.3.4 保存退出命令

估计前面的操作已经让你有些力不从心了，其实，这还只是总结出来的常用部分，不过对于日常使用已经足够了，不用死记硬背，多练习就能掌握。

Vim 的保存和退出是在命令模式中进行的，为了方便记忆，只需要记住 w、q、!三个命令的含义即可完成保存任务。

- w——保存不退出。
- q——不保存退出。
- ！——强制性操作。

例如，在命令模式中只输入“w”命令就意味着保存但不退出；如果输入“wq”命令就意味着保存并退出；如果输入“w!”或“wq!”命令就意味着强制保存或强制保存退出，这种情况经常发生在对一个文件没有写权限的时候（显示 readonly，如图 5-12 所示），但如果你是文件的所有者或 root 用户，就可以强制执行。

```
root:$6$UYWA2bew$s2Bm2osE08JNs51rHvadkR7Sf02EAvUqJxTrl2Pq2pHcJ6H2xRWa
e76VqTBFUu7JVe/g.BVFNk9uxmPMLAHZM.:16908:0:99999:7:::
bin:*:15513:0:99999:7:::
daemon:*:15513:0:99999:7:::
adm:*:15513:0:99999:7:::
lp:*:15513:0:99999:7:::
sync:*:15513:0:99999:7:::
shutdown:*:15513:0:99999:7:::
halt:*:15513:0:99999:7:::
"/etc/shadow" [readonly] 34L, 1239C
```

图 5-12　只读文件

其他用法，如“q!”表示不保存退出；保留源文件，而另存为其他的文件，可以用“w 新文件名”，如“w /tmp/shadow.vi”。

在命令模式中，还可以输入“ZZ”命令退出，按两次 Shift+Z 快捷键比较方便。此时如果对文件没有修改，就是不保存退出；如果对文件已经进行了一些修改，就是保存后退出。

5.4 Vim 的进阶应用

以上几节介绍了 Vim 的常见用法，接下来给大家介绍一下使用 Vim 的小技巧。

5.4.1 Vim 配置文件

在使用 Vim 进行编辑的过程中，经常会遇到需要同时对连续几行进行操作的情况，这时如果每行都有行号提示，就会非常方便。在命令模式下输入“:set nu”即可显示每一行的行号，如图 5-13 所示。如果不想显示行号，则输入“:set nonu”即可。

```
     1 Root:x:0:0:root:/root:/bin/bash
     2 bin:x:1:1:bin:/bin:/sbin/nologin
     3 adm:x:3:4:adm:/var/adm:/sbin/nologin
     4 lp:x:4:7:lp:/var/spool/lpd:/sbin/nologin
     5 sync:x:5:0:sync:/sbin:/bin/sync
     6 shutdown:x:6:0:shutdown:/sbin:/sbin/shutdown
     7 halt:x:7:0:halt:/sbin:/sbin/halt
     8 mail:x:8:12:mail:/var/spool/mail:/sbin/nologin
     9 uucp:x:10:14:uucp:/var/spool/uucp:/sbin/nologin
:set nu
```

图 5-13 显示行号

如果希望每次打开文件都默认显示行号，则可以编辑 Vim 的配置文件。每次使用 Vim 打开文件时，Vim 都会到当前登录用户的宿主目录（用户配置文件所在地）中读取.vimrc 文件，此文件可以对 Vim 进行一些默认配置设定。如果.vimrc 文件存在，就先读取其中对 Vim 的设置，否则就采取默认配置。在默认情况下，用户宿主目录中是没有此文件的，需要在当前用户的宿主目录中手工建立，如“vim ~/.vimrc”，“~”代表宿主目录，root 的宿主目录为/root，普通用户的宿主目录存放在/home 目录下。可以直接使用 Vim 编辑生成此文件，并在此文件中添加一行“set nu”，保存并退出，如图 5-14 所示。

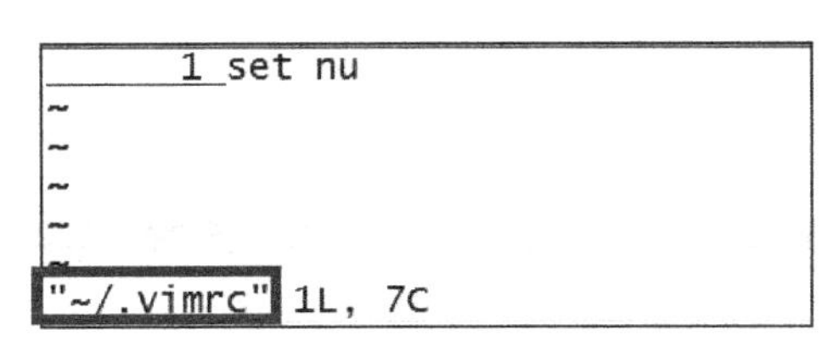

图 5-14 .vimrc 配置文件

之后此用户登录，每次用 Vim 打开文件时，都会默认显示行号。本节后面将要讲到的 map、ab 等 Vim 命令也可以写入配置文件中，便于使用。常见的可以写入.vimrc 文件中的设置参数如表 5-1 所示。

表 5-1 常见的可以写入.vimrc 文件中的设置参数

设置参数	含义
:set nu :set nonu	设置与取消行号
:syn on :syn off	是否依据语法显示相关的颜色帮助。在 Vim 中修改相关的配置文件或 Shell 脚本文件时（如前面示例的脚本/etc/init.d/sshd），默认会显示相应的颜色，用来帮助排错。如果觉得颜色产生了干扰，则可以取消此设置
:set hlsearch :set nohlsearch	设置是否将查找的字符串高亮显示。默认是 hlsearch 高亮显示
:set nobackup :set backup	是否保存自动备份文件。默认是 nobackup 不自动备份。如果设定了:set backup，则会产生“文件名~”作为备份文件
:set ruler :set noruler	设置是否显示右下角的状态栏。默认是 ruler 显示
:set showmode :set noshowmode	设置是否在左下角显示如“—INSERT--”等的状态栏。默认是 showmode 显示

设置参数实在太多了，这里只列举了常见的几个，可以使用“:set all”命令查看所有的设置参数。这些设置参数都可以写入.vimrc 配置文件，让它们永久生效；也可以直接在 Vim 中执行，让它们临时生效。

5.4.2 多窗口编辑

在编辑文件时，有时需要参考另一个文件，如果在两个文件之间进行切换则比较麻烦。可以使用 Vim 同时打开两个文件，每个文件分别占用一个窗口。例如，在查看/etc/passwd 时需要参考/etc/shadow，有两种办法可以实现：可以先使用 Vim 打开第一个文件，接着输入命令“:sp /etc/shadow”水平切分窗口，然后按 Enter 键，如果想垂直切分窗口则可以输入“:vs /etc/shadow”；也可以直接执行命令“vim -o 第一个文件名 第二个文件名”，也就是“vim -o /etc/passwd /etc/shadow”。得到的结果如图 5-15 所示。

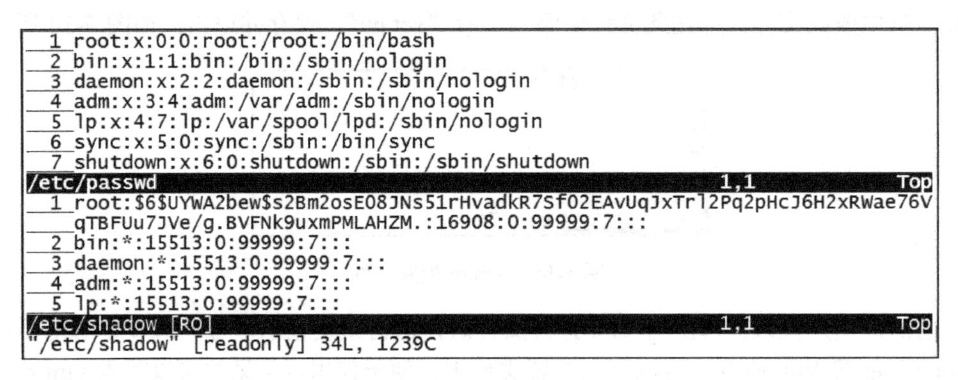
```
  1 root:x:0:0:root:/root:/bin/bash
  2 bin:x:1:1:bin:/bin:/sbin/nologin
  3 daemon:x:2:2:daemon:/sbin:/sbin/nologin
  4 adm:x:3:4:adm:/var/adm:/sbin/nologin
  5 lp:x:4:7:lp:/var/spool/lpd:/sbin/nologin
  6 sync:x:5:0:sync:/sbin:/bin/sync
  7 shutdown:x:6:0:shutdown:/sbin:/sbin/shutdown
/etc/passwd                                              1,1           Top
  1 root:$6$UYWA2bew$s2Bm2osE08JNs51rHvadkR7Sf02EAvUqJxTrl2Pq2pHcJ6H2xRWae76V
    qTBFUu7JVe/g.BVFNk9uxmPMLAHZM.:16908:0:99999:7:::
  2 bin:*:15513:0:99999:7:::
  3 daemon:*:15513:0:99999:7:::
  4 adm:*:15513:0:99999:7:::
  5 lp:*:15513:0:99999:7:::
/etc/shadow [RO]                                         1,1           Top
"/etc/shadow" [readonly] 34L, 1239C
```

图 5-15 使用 Vim 打开多个窗口

切换到另一个文件窗口，可以按 Ctrl+W 快捷键两次。

如果想将一个文件的内容全部复制到另一个文件中，则可以输入命令“:r 被复制的文件名”，即可将导入文件的全部内容复制到当前光标所在行下面。

5.4.3 区域复制

通过前面的操作，大家会发现，Vim 是以行为单位进行整体编辑的。但是有时候需要对一些特定格式的文件进行某个范围的编辑，这时就需要使用区域复制功能。

举例来说，现在想将/etc/services 文件（此文件记录了所有服务名与端口的对应关系）中的服务名都复制下来，就可以执行以下操作：先使用 Vim 打开/etc/services 文件，再将光标移动到需要复制的第一行处，然后按 Ctrl+V 快捷键，这时底部状态栏出现“VISUAL BLOCK”，就可以使用上、下、左、右箭头键进行区域的选取了；当全部选完后，输入“y”命令，然后将光标移动到目标位置处，输入“p”命令，即可完成区域复制，如图 5-16 所示。

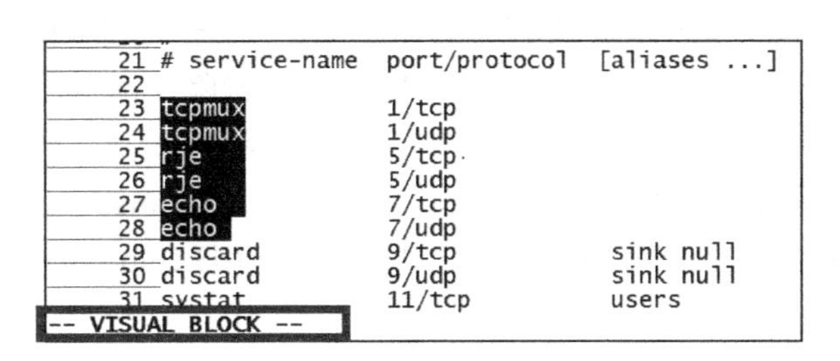

图 5-16　区域复制

5.4.4　定义快捷键

使用 Vim 编辑 Shell 脚本，在进行调试时，需要进行多行的注释，每次都要先切换到输入模式，在行首输入注释符“#”，再退回命令模式，非常麻烦。连续行的注释其实可以用替换命令来完成。

在指定范围行加“#”注释，可以使用“:起始行,终止行 s/^/#/g”，例如：

```
:1,10s/^/#/g
```

表示在第 1～10 行行首加“#”注释。“^”意为行首。“g”表示执行替换时不询问确认。如果希望每行交互询问是否执行，则可将“g”改为“c”。

取消连续行注释，则可以使用“:起始行,终止行 s/^#//g”，例如：

```
:1,10s/^#//g
```

意为将行首的“#”替换为空，即删除。

当然，使用语言不同，注释符号或想替换的内容不同，都可以采用此方法，灵活运用即可。

如果是在 PHP 语言当中，添加“//”注释，要稍微麻烦一些，“:起始行,终止行 s /^/\/\//g”，因为“/”前面需要加转义字符“\”，所以写出来比较奇怪，例如：

```
:1,5s /^/\/\//g
```

表示在第 1～5 行行首加“//”注释。

以上方法可以解决连续行的注释问题，如果是非连续的多行就不行了，这时我们可以定义快捷键简化操作。

格式如下：

```
:map 快捷键 执行命令
```

如定义快捷键 Ctrl+P 为在行首添加“#”注释，可以执行“:map ^P I#<Esc>”。其中“^P”为定义快捷键 Ctrl+P。注意：必须按 Ctrl+V+P 快捷键生成“^P”才有效，或先按 Ctrl+V 再按 Ctrl+P 快捷键也可以，直接输入“^P”是无效的。

“I#<Esc>”就是此快捷键要触发的动作，“I”为在光标所在行行首插入，“#”为要输入的字符，“<Esc>”表示退回命令模式。“<Esc>”要逐个字符输入，不可以直接按键盘上的 Esc 键。

设置成功后，直接在任意需要注释的行上按 Ctrl+P 快捷键，这样就会自动在行首加上“#”注释。取消此快捷键定义，输入“:unmap ^P”即可。

我们可以延伸一下，如果想定义删除文件行首字符的快捷键，则可以设置“:map ^B 0x”，快捷键为 Ctrl+B，“0”表示跳到行首，“x”表示删除光标所在处字符。

再如，有时我们写完脚本等文件，需要在末尾注释中加入自己的邮箱，则可以直接定义每次按快捷键 Ctrl+E 实现插入邮箱，定义方法为“:map ^Eashenchao@163.com <Esc>”。其中，“a”表示在当前字符后插入，“shenchao@163.com”为插入的邮箱，“<Esc>”表示插入后返回命令模式。

所以，通过定义快捷键，我们可以把前面讲到的命令组合起来使用。

将快捷键对应的命令保存在.vimrc 文件中，即可在每次使用 Vim 时自动调用，非常方便。

5.4.5 在 Vim 中与 Shell 交互

在 Vim 中，可以在编辑模式下用“！”命令来访问 Linux 的 Shell 进行操作。命令格式如下：

```
:! 命令
```

直接在“！”后面跟所要执行的命令即可，这样可以在系统中直接查看命令的执行结果。例如，在编辑过程中想查看一下/etc/passwd 文件的权限，则可以使用如下命令：

```
:!ls -l /etc/passwd
```

执行后，会在当前编辑文件中显示命令的执行结果，完毕后会提示用户按 Enter 键返回编辑状态，如图 5-17 所示。

```
     34 apache:x:48:48:Apache:/var/www:/sbin/nologin
~
~
:!ls -l /etc/passwd
[No write since last change]
-rw-r--r--. 1 root root 1627 May 13  2015 /etc/passwd

Press ENTER or type command to continue
```

图 5-17 与 Shell 交互

如果想把命令的执行结果导入编辑文件，则还可以与导入命令“r”一起使用。如在编辑完文件后，在文件末尾加入当前时间，命令如下：

```
:r !date
```

这也是一种可以展开想象的使用方法，编者就不再举例了，大家可以自行尝试。

5.4.6 文本格式转换

unix2dos 和 dos2unix 命令可实现文本格式转换的功能。从命令名称即可得知，这两个文本操作命令是在 UNIX 与 DOS 文件格式之间进行数据转换的。在实际应用中，管理员经常会把 Linux 平台上的重要文档放到自己的 Windows 工作站上保存和查看，而这两种平台之间的文本在互相查看的时候可能会因为一些控制符号的存在而使屏幕显得很乱，甚至无法使用，如图 5-18 所示。这时就需要用到本小节介绍的这两个转换命令。

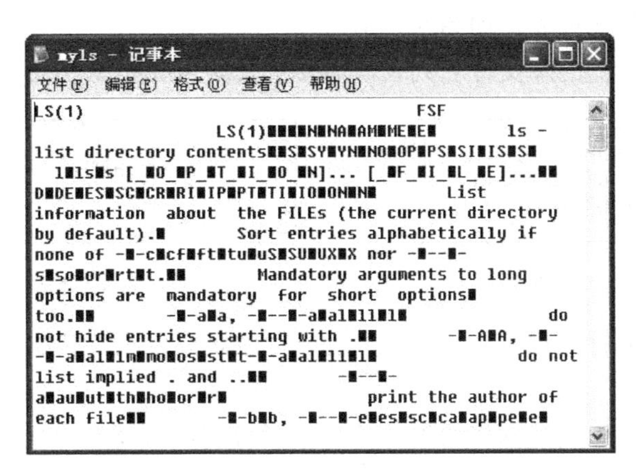

图 5-18　在 Windows 窗口中的 Linux 文档图

注意：在默认安装时，dos2unix 和 unix2dos 命令是没有的，需要手工安装。先放入安装光盘，如果是 VMware，则加载一下安装镜像，然后挂载光盘。

```
mount /dev/cdrom /mnt/cdrom
rpm -ivh /mnt/cdrom/Packages/dos2unix-3.1-37.el6.i686.rpm
rpm -ivh /mnt/cdrom/Packages/unix2dos-2.2-35.el6.i686.rpm
```

不同版本的 Linux，以上 RPM 包版本号可能有差别，但方法相同，具体安装命令我们会在第 6 章中进行详细说明。

编者很喜欢将 Linux 的 Shell 脚本备份存放在 Windows 个人计算机上，有时会在 Windows 上进行更改，但是再复制到 Linux 中可能就无法执行了。

在 Windows 文件中，列的结束符号有两个控制字符：一个是归位字符（Carriage Return，^M），另一个是换行字符（New Line，^J）；但在 Linux 文件中只使用一个换行字符“\n”（功能同^J）。所以，当 Linux 中的文本文件放到 Windows 上用文本编辑器编辑时，会乱成首尾相连的一行。

unix2dos 命令的作用就是把 Linux 中的行尾符号\n 转换成 Windows 中使用的^M^J。命令格式如下：

```
unix2dos  源文件名
```

如下命令可更新 ls.man.txt 文件，再复制到 Windows 中查看就正常了。

```
# unix2dos ls.man.txt
```

可以想象，dos2unix 命令的作用正好相反，即把 Windows 文档中的行尾符号^M^J 转换为^J。命令格式也相同，如下：

```
# dos2unix backup.sh
```

编者在 Windows 上编辑后，无法执行的 Shell 脚本就是通过上面的命令来解决的。

5.4.7　Vim 的宏记录

有时候需要对某些行进行相同的改动，如果逐一对每行进行修改则比较麻烦。Vim 提供了非常优秀的宏记录功能，下面举例说明。

现在有一个文件名列表，如图 5-19 所示。

假设这是我们所需的库文件名列表，需要将其编辑成如图 5-20 所示的格式。

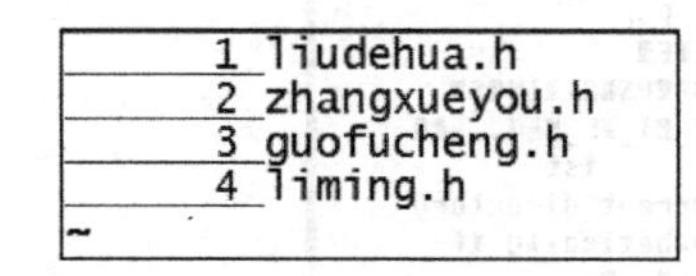

图 5-19　文件名列表

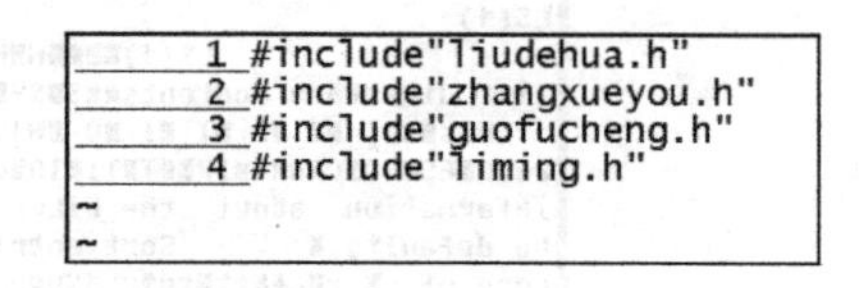

图 5-20　需要完成的文件格式

可以看到，如果行数比较多，那么一行一行地修改会比较麻烦。可以使用宏记录的方式来完成。

（1）在命令模式中将光标移动到 liudehua.h 行的行首，输入“qx”命令，其中“q”代表宏记录，“x”代表给宏起的名，可以是任意字符。这时候可以发现，在屏幕左下角会出现“recording”字样，如图 5-21 所示。

（2）将第一行设置成图 5-20 中第一行所示的形式。当修改完成后，按 Esc 键回到命令模式，再输入“q”命令退出宏记录模式，如图 5-22 所示。

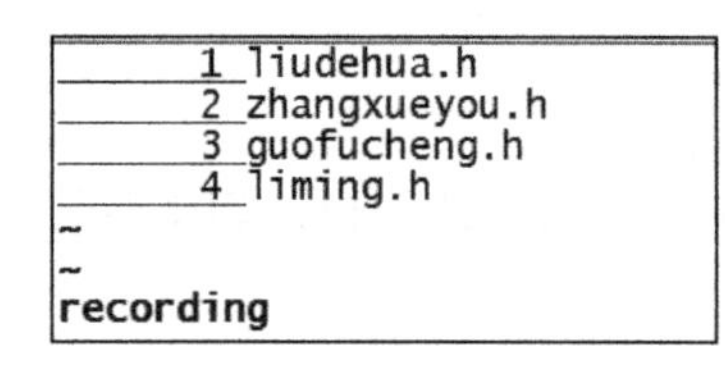

图 5-21　开始进行宏记录

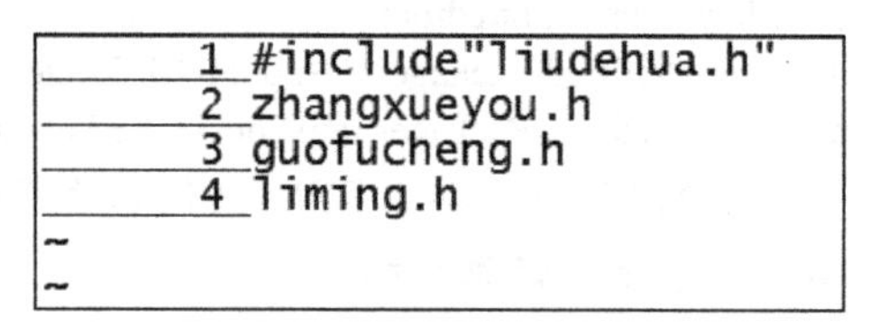

图 5-22　完成宏记录

（3）当宏记录完成后，就可以执行它了。执行的方法是将光标移动到需要进行修改的行，然后执行“@宏名”命令即可。如本例就可以将光标移动到第二行行首，然后执行“@x”命令，其他的行以此类推，最后得到如图 5-20 所示的效果。

5.4.8　ab 命令的小技巧

在 Vim 中可以使用 map 定义快捷键，如输入电子邮箱、通信地址、联系电话等，但是定义太多，难以记住，此时可以使用“ab”命令。命令格式如下：

```
:ab 替代符 原始信息
```

示例如下：

```
:ab mymail liming@atguigu.com
:ab shenchao http:// http://weibo.com/lampsc
```

执行之后，在任何地方输入“mymail”“shenchao”，再输入任意非字母、非数字的符号（如句号、逗号等符号），马上就会变成对应的邮箱和微博，非常方便。

Linux 的编辑工具当然不止 Vim 一种，还有大名鼎鼎的 Emacs、类似 DOS 下的 edit 程序的 Pico、MC（Midnight Commander）等，不过 Vim 始终是 Linux 平台上默认及应用最为广泛的文本编辑器，所以本书只介绍 Vim 的使用方法。

本章小结

本章重点

学习 Vim，首先需要掌握 Vim 的工作模式，其次需要掌握 Vim 的插入、移动光标、复制粘贴、剪切、删除、搜索、替换、撤销、保存退出等基本应用，我们在后续学习中会经常使用。

进阶应用，重点掌握 Vim 配置文件.vimrc 中的各项设置，包括各种使用的小技巧，如多窗口编辑、区域复制、定义快捷键、与 Shell 交互、宏记录、ab 命令，其中很多操作可以把基本应用中的命令融会贯通。

Windows 与 Linux 的文件格式转换因涉及后续章节知识，可以在学习软件安装后再学习。

本章难点

最难的恐怕还是快捷键、与 Shell 交互、宏记录等的灵活使用。初学者不必心急，先熟练常见操作。Vim 官方手册也是厚厚的一本，编者已经尽可能地缩减内容，只讲到了经常使用的部分。

其实绝大多数 Vim 命令都是英文单词的缩写，如 w for write、q for quit、p for paste、set nu for set number、syn on for syntax on……可以联想记忆。

学习本章的基本应用，要多练习，自然能得心应手；学习进阶应用，驾轻就熟后，也就熟能生巧了。

第6章　从小巧玲珑到羽翼渐丰：软件安装

学前导读

计算机没有安装操作系统，就不能实现任何功能；如果计算机安装了操作系统，但没有应用软件，也没有太大用处。所以我们需要学习软件的安装，只有安装了所需的软件，才能实现想要的功能。比如，想要上网就需要安装浏览器，想要看电影就需要安装视频播放器。

很多初学者会很困惑：Linux 中的软件安装方法是否和 Windows 中的软件安装方法一样呢？Windows 中的软件是否可以直接安装到 Linux 上呢？答案是否定的，Linux 和 Windows 是完全不同的操作系统，软件包管理方法是截然不同的。有一个坏消息和一个好消息，坏消息是我们需要重新学习一种新的软件包管理方法，而且 Linux 软件包的管理要比 Windows 软件包的管理复杂得多；好消息是 Windows 下所有的软件都不能在 Linux 中识别，所以 Windows 中大量的木马和病毒也都无法感染 Linux。

本章内容

- 软件包管理简介
- RPM 包管理——rpm 命令管理
- RPM 包管理——yum 在线管理
- 源码包管理
- 脚本程序包管理
- 软件包的选择

6.1　软件包管理简介

6.1.1　软件包的分类

Linux 下的软件包众多，而且几乎都是经 GPL 授权的，也就是说，这些软件都是免费的。而且，这些软件几乎都提供源代码（开源的），只要你愿意，就可以修改程序源代码，以符合个人的需求和习惯。当然，你要具备修改这些软件的能力才可以。

源码包到底是什么呢？其实就是软件工程师使用特定的格式和语法所书写的文本代码，是人写的计算机语言的指令，一般由英文单词组成。其实源代码程序就是程序员写的计算机指令，符合特定的格式和语法。众所周知，计算机可以识别的是机器语言，也就是二进制语言，所以需要一名翻译官把英文翻译成二进制机器语言。我们一般把这名翻译官称为编译器，它的作用就是把人能够识别的英文翻译成二进制机器语言，让计算机可以识别并执行。

源码包不用担心收费问题，不会 C 语言怎么办？源代码程序到底如何使用呢？这个源码包容易安装吗？源码包的安装因为要把源代码编译为二进制语言，所以安装的时间较长。比如，在 Windows 下大家可能安装过 QQ，现在的 QQ 功能较多，程序相对较大，大概有 60MB，但由于 QQ 并不是以源代码形式发布的，而是经过编译之后发布的，所以只需要经过简单的配置就可以安装成功，安装时间较短（当然功能也基本不能自定义）。在 Linux 中安装一个 MySQL 数据库，这个数据库的压缩包大概有 23MB，需要多长时间呢？答案是 30 分钟左右（根据计算机硬件配置不同）。这样看来编译还是很浪费时间的，而且绝大多数用户并不熟悉写程序的语言，所以我们希望程序不要报错，否则对初学者来讲很难解决。

为了解决源码包的这些问题，在 Linux 中就出现了二进制包，也就是源码包经过编译之后的包。这种包因为编译过程在发布之前已经完成，所以用户安装时速度较快（和 Windows 下安装软件速度相当），而且报错也大大减少。二进制包是 Linux 下的默认安装软件包，所以有时我们也把二进制包称为默认安装软件包。目前主要有两个系列的二进制包管理系统：一个是 Red Hat 上的 RPM 包管理系统；另一个是 Debian 和 Ubuntu 上的 DPKG 包管理系统。本书讲的是 Red Hat 公司的 CentOS Linux，所以我们主要讲解 RPM 包管理系统。不过这两个系列的二进制包管理的原理与形式大同小异，可以触类旁通。

说了这么多，到底源码包和二进制包哪个好呢？举个例子，我们想做一套家具，源码包就像所有的家具完全由自己动手手工打造（手工编译），想要什么样的板材、油漆、颜色和样式都由自己决定（功能自定义，甚至可以修改源代码）。完全不被厂商所左右，而且不用担心质量问题（软件更适合自己的系统，效率更高，更加稳定）。但是，所花费的时间大大超过了买一套家具的时间（编译浪费时间），而且我们自己真的有做木工活这个能力吗（需要对源代码非常了解）？就算请别人定制好家具，再由我们自己组装，万一哪个部件不匹配（报错很难解决），怎么办？那么二进制包呢？也是我们需要一套家具，可是我去商场买了一套（安装简单），家具都是现成的，不会有哪个部件不匹配，除非因为我没有量好尺寸而导致放不下（报错很少）。但是我们完全不知道这套家具用的是什么材料、油漆是否合格，而且家具的样式也不能随意选择（软件基本不能自定义功能）。

通过这个例子大家可以了解源码包和二进制包有什么区别，稍后会解释每种包的特点。

6.1.2　初识源码包

1. 源码包什么样

说了这么多，那源码包到底什么样？我们写一段简单的 C 语言源代码程序，如下：

```
[root@localhost ~]# vim    hello.c
#include <stdio.h>
int main (void)
{
        printf ("hello world\n");
}
```

这段代码是我们学习所有语言都要学习的第一个程序“hello world”，需要注意第一行的“#”不是注释，不能省略。在 Linux 中不靠扩展名区分文件类型，但我们一般会把 C 语言的源程序文件用“.c”作为扩展名，这样管理员马上就能知道这是 C 语言的源代码；而且用“.c”作为扩展名，Vim 也会有相应的颜色提示。

2．源码包的编译器安装

前面说过，源码包需要经过编译才能执行。我们在 Linux 中编译 C 语言源代码需要使用 gcc 编译器，但是默认安装的时候是没有安装 gcc 的，所以我们需要先安装 gcc 编译器。

```
[root@localhost ~]# rpm -ivh /mnt/cdrom/Packages/gcc-4.4.6-4.el6.i686.rpm
```

我们在这里安装的是二进制包的 gcc 编译器，但是你的系统有可能没有 gcc 编译器的底层依赖包，这样一来，上面这条命令可能会报错。如果报错，则请参考第 6.3 节。

注意：Linux 中的大多数软件包是用 C 和 C++语言开发的，所以，如果要安装源代码程序，则一定要安装编译器 gcc 和 gcc-c++。但是请大家注意，**编译器只能使用二进制包方式安装**，因为如果我们使用源码包安装 gcc，那么它同样需要 C 语言编译器来解释，这样就会出现安装 gcc 但是需要 gcc 的错误。

3．源码包的编译和执行

源代码有了，编译器也有了，我们就可以编译和执行了。

```
[root@localhost ~]# gcc -c hello.c
#-c 生成“.o”头文件。这里会生成 hello.o 头文件，但是不会生成执行文件
[root@localhost ~]# gcc -o hello hello.o
#-o 生成执行文件，并指定执行文件名。这里生成的 hello 就是执行文件
[root@localhost ~]# ./hello
hello world
#执行 hello 文件
```

我们利用 gcc 编译 hello.c 生成 hello.o 头文件，然后用 hello.o 生成 hello 执行文件，执行 hello 文件就可以看到程序的结果了。

通过上面简单的 C 语言的源代码程序，读者可以简单地了解源代码程序是什么样子、源代码程序该如何执行。

6.1.3 源码包的特点

源码包既然是软件包，就不是一个文件，而是多个文件的集合。出于发行的需要，我们一般会把源码包打包压缩之后发布，而 Linux 中最常用的打包压缩格式是“*.tar.gz”，所以我们也把源码包叫作 Tarball。源码包需要大家自己去软件的官方网站进行下载。

源码包的压缩包中一般会包含如下内容：

- 源代码文件。
- 配置和检测程序（如 configure 或 config 等）。
- 软件安装说明和软件说明（如 INSTALL 或 README）。

源码包的优点如下：

- 开源。如果你有足够的能力，则可以修改源代码。
- 可以自由选择所需的功能。
- 因为软件是编译安装的，所以更加适合自己的系统，更加稳定，效率也更高。
- 卸载方便。

源码包的缺点如下：

- 安装过程步骤较多，尤其是在安装较大的软件集合时（如 LAMP 环境搭建），容易出现拼写错误。
- 编译过程时间较长，安装时间比二进制包要长。
- 因为软件是编译安装的，所以在安装过程中一旦报错，新手很难解决。

6.1.4　二进制包的特点

二进制包是在软件发布的时候已经进行过编译的软件包，所以安装速度比源码包快得多（和 Windows 下软件安装速度相当）。但是因为已经进行过编译，大家也就不能再看到软件的源代码了。目前两大主流的二进制包系统是 DPKG 包和 RPM 包。

- DPKG 包是由 Debian Linux 开发的，通过 DPKG 包，Debian Linux 就可以进行软件包管理，主要应用在 Debian 和 Ubuntu 中。
- RPM 包是由 Red Hat 公司开发的，功能强大，安装、升级、查询和卸载都非常简单和方便。目前很多 Linux 版本都在使用这种包管理方式，包括 Fedora、CentOS、SuSE 等。

Linux 默认采用 RPM 包来安装系统，所以常用的 RPM 包都在安装光盘中。

RPM 包的优点如下：

- 包管理系统简单，只通过几个命令就可以实现包的安装、升级、查询和卸载。
- 安装速度比源码包快得多。

RPM 包的缺点如下：

- 经过编译，不能再看到源代码。
- 功能选择不如源码包灵活。
- 依赖性。有时我们会发现，在安装软件包 a 时需要先安装 b 和 c，而在安装 b 时需要先安装 d 和 e。这就需要先安装 d 和 e，再安装 b 和 c，最后才能安装 a。比如，我们买了一个漂亮的灯具，打算安装到客厅里，可是在安装灯具之前，客厅总要有顶棚，顶棚总要刷好墙漆。装修和安装软件其实类似，总要有一定的顺序，但是有时依赖性会非常强。

6.2　RPM 包管理——rpm 命令管理

6.2.1　RPM 包的命名规则

RPM 包的命名一般都会遵守统一的命名规则，例如：

```
httpd-2.4.6-80.el7.centos.x86_64.rpm
```

- httpd：软件包名。
- 2.4.6：软件版本。
- 80：软件发布的次数。
- el7.centos：软件发行商。el7 指的就是 RHEL 7.x（Red Hat Enterprise Linux），centos 当然指的就是 CentOS 系统了，说明这个软件包可以在两个发行版中安装。
- x86_64：适合的硬件平台，适合 64 位操作系统。RPM 包可以在不同的硬件平台上安装，选择适合不同 CPU 的软件版本，可以最大限度地发挥 CPU 性能，所以出现了所谓的 i386（386 以上的计算机都可以安装）、i586（586 以上的计算机都可以安装）、i686（奔腾Ⅱ以上的计算机都可以安装，目前所有的 CPU 都是奔腾Ⅱ以上的，所以这个软件版本居多）、x86_64（64 位 CPU 可以安装）和 noarch（没有硬件限制）等文件名。
- rpm：RPM 包的扩展名。我们说过，Linux 下的文件不是靠扩展名区分文件类型的，也就是说，Linux 中的扩展名没有任何含义。可是这里怎么又出现了扩展名呢？原因很简单，如果不把 RPM 包的扩展名叫作“.rpm”，那么管理员很难知道这是一个 RPM 包，当然也就无法正确安装了。也就是说，如果 RPM 包不用“.rpm”作为扩展名，那么系统可以正确识别，但是管理员很难识别这是一个什么样的软件。

注意：我们把 httpd-2.4.6-80.el7.centos.x86_64.rpm 叫作包全名，而把 httpd 叫作包名。为什么要特殊说明呢？因为如果命令操作的是未安装的软件包，则必须跟包全名（如安装和升级），而且需要注意要写绝对路径，或者进入/mnt/cdrom/Packages 目录下，因为未安装的软件包是保存在光盘当中的；而如果命令操作的是已经安装的软件包，则只需要写包名即可（如查询和卸载），因为 RPM 包系统会对已经安装的软件包建立数据库（在/var/lib/rpm 中），而且在任意路径下都可以执行命令。如果弄错，命令就会报错。

6.2.2 RPM 包的依赖性

编者之所以不喜欢 RPM 包管理系统，是因为 RPM 包的依赖性。根据依赖的形式不同，把依赖性分为以下三种。

1. 树形依赖

我们先看看树形依赖的示意图，如图 6-1 所示。

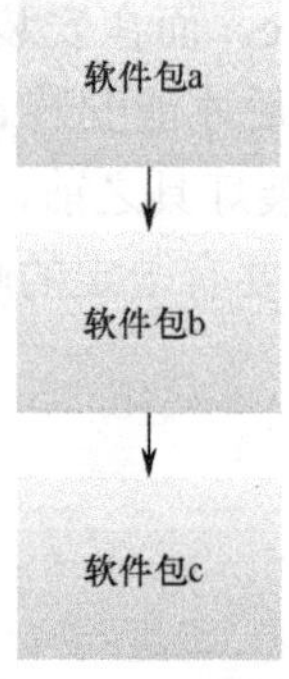

图 6-1　树形依赖示意图

刚刚说过，假设我们要安装软件包 a，则可能需要先安装软件包 d 和 e，再安装软件包 b 和 c 才行。有时这种依赖可能会有几十个之多，当然这也要看你的系统默认安装了哪些软件。这种依赖，称为树形依赖，树形依赖是最常见的依赖形式，举个例子：

```
[root@localhost ~]# rpm –ivh   \
 /mnt/cdrom/Packages/httpd-2.4.6-80.el7.centos.x86_64.rpm
```

```
错误：依赖检测失败：
        httpd-tools = 2.4.6-80.el7.centos 被 httpd-2.4.6-80.el7.centos.x86_64 需要
        libapr-1.so.0()(64bit) 被 httpd-2.4.6-80.el7.centos.x86_64 需要
        libaprutil-1.so.0()(64bit) 被 httpd-2.4.6-80.el7.centos.x86_64 需要
```

安装一下 Apache 吧，这里 httpd-tools 是树形依赖，只要把这个包安装好即可。其中，“>=”表示版本要大于或等于所显示的版本；“<=”表示版本要小于或等于所显示的版本；“=”表示版本要等于所显示的版本。

而 libapr-1.so.0 和 libaprutil-1.so.0 是函数库依赖。那我们怎么判断这个依赖是普通软件包依赖，还是函数库依赖呢？简单函数库的命名是以“.so.数字”结尾的。只要依赖包是“.so.数字”结尾的，就是函数库依赖。

2. 环形依赖

环形依赖的意思是，安装软件包 a，需要软件包 b；安装软件包 b，需要软件包 c；安装软件包 c，需要软件包 a。按照正常逻辑，这是安装不了的，怎么办？其实这种依赖也非常简单，只要在一条命令同时安装 a、b、c 三个软件包，就可以解决环形依赖。例如：

```
[root@localhost ~]# rpm –ivh a.rpm b.rpm c.rpm
```

3. 函数库依赖

之前这两种依赖还不是最可怕的，最可怕的依赖性是什么呢？我们来安装一个 RPM 包 mysql-connector-odbc。这里我们并非讲解安装命令，所以先不说安装命令，只是来看一下安装这个软件的报错。

```
[root@localhost ~]# rpm –ivh   \
 /mnt/cdrom/Packages/mysql-connector-odbc-5.2.5-7.el7.x86_64.rpm
#安装指定软件包。\代表一行命令没有完成，换行输入
错误：依赖检测失败：
        libodbc.so.2()(64bit) 被 mysql-connector-odbc-5.2.5-7.el7.x86_64 需要
        libodbcinst.so.2()(64bit) 被 mysql-connector-odbc-5.2.5-7.el7.x86_64 需要
```

这个报错很明显是“依赖检测失败”，也就是说，在安装 mysql- connector-odbc 前需要先安装 libodbc.so.2 和 libodbcinst.so.2 这两个软件包（注意：英文是被动式语句，依赖包在整句话的最前面）。那还不简单，在光盘中找到这个软件包安装上不就行了吗？可是问题来了，我们找遍了两张光盘，发现居然没有叫 libodbcinst.so.2 的软件包。这是怎么回事呢？原因很简单，我们一直在说 RPM 软件包，既然是软件包，那么包中就不止有一个文件，而我们刚刚依赖的 libodbcinst.so.2 这个库文件只是包中的一个文件而已。如果想要安装 libodbcinst.so.2 这个库文件，就必须安装它所在的软件包。怎么知道这个库文件属于哪个软件包呢？因为库文件名不和它所属的软件包名类似，所以很难确定这个库文件属于哪个软件包。RPM 包管理系统也发现了这个问题，它给我们提供的解决办法是一个网站 www.rpmfind.net，如图 6-2 所示。

在搜索框中输入要查找的库文件名，如 libodbcinst.so.2，单击“Search”按钮，网站会帮你查询出此库文件所在的软件包。如果在 CentOS 系统中，那么搜索结果是这个库文件属于 unixODBC-2.3.1-11.el7.i686.rpm 软件包。所以，只要安装了 unixODBC-2.3.1-11.el7.i686.rpm 软件包，那么库文件 libodbcinst.so.2 就会自动安装。

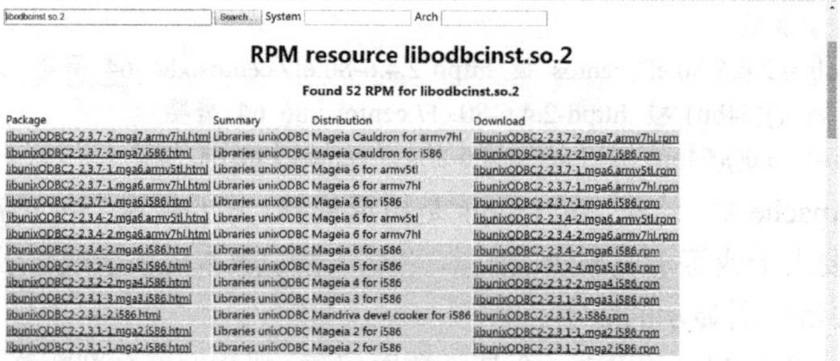

图 6-2 rpmfind 网站

注意：并不是安装 mysql-connector-odbc 包一定会报缺少 libodbcinst.so.2 库文件的错误，这和你的系统安装方式有关。如果你的系统默认已经安装好了 unixODBC-libs，就不会报刚刚的错误。

什么是库文件？库文件就是函数库文件，是系统写好的实现一定功能的计算机程序，其他软件如果需要这个功能，就不用再自己写了，直接拿过来使用就可以了，大大加快了软件开发的速度。比如，有人喜欢玩高达模型，这个模型是已经做好的一个一个的零件，在自己组装的时候，只要把这些零件组装在一起就可以了，而不用自己去制作这些零件，大大简化了模型组装的难度。

6.2.3 RPM 包的安装与升级

说了这么多，终于可以开始安装了，我们先安装 Apache 程序。之所以选择安装 Apache 程序，是因为我们后续安装源码包时也计划安装 Apache 程序，这样就能初步认识到源码包和 RPM 包的区别。不过需要注意的是，同一个程序的 RPM 包和源码包可以安装到一台服务器上，但是只能启动一个，因为它们需要占用同样的 80 端口。不过，如果真在生产服务器上，那么一定不会同时安装两个 Apache 程序，容易把管理员搞糊涂，而且会占用更多的服务器磁盘空间。

1. RPM 包默认安装路径

源码包和 RPM 包安装的程序为什么可以在一台服务器上呢？主要是因为安装路径不同，所以不会覆盖安装。RPM 包一般采用系统默认路径安装，而源码包一般通过手工指定安装路径（一般安装到/usr/local 中）安装。

RPM 包默认安装路径是可以通过命令查询的，一般安装在表 6-1 所示的目录中。

表 6-1 RPM 包默认安装路径

安装路径	含义
/etc	配置文件安装目录
/usr/bin	可执行的命令安装目录
/usr/lib	程序所使用的函数库保存位置
/usr/share/doc	基本的软件使用手册保存位置
/usr/share/man	帮助文件保存位置

RPM 包难道就不能手工指定安装路径吗？当然是可以的，但是一旦手工指定安装路径，所有的安装文件就都会安装到手工指定的位置，而不会安装到系统默认位置。而系统的默认搜索位置并不会改变，依然会去默认位置搜索，当然系统就不能直接找到所需的文件，也就失去了作为系统默认安装路径的一些好处。所以我们一般不会指定 RPM 包的安装路径，而使用默认安装路径。

2. RPM 包的安装

```
[root@localhost ~]# rpm –ivh 包全名
#注意一定是包全名。如果是含有包全名的命令，要注意应使用绝对路径，因为软件包在光盘当中
选项。
    -i：安装（install）
    -v：显示更详细的信息（verbose）
    -h：打印#，显示安装进度（hash）
```

例如，安装 Apache 软件包，注意出现两个 100%才是正确安装，第一个 100%仅是在准备，第二个 100%才是正确安装。

```
例子 1：
[root@localhost ~]# rpm -ivh  \
 /mnt/cdrom/Packages/httpd-2.4.6-80.el7.centos.x86_64.rpm
Preparing...                ########################################### [100%]
   1:httpd                  ########################################### [100%]
```

注意：在你的系统中安装 httpd 软件，会报很多依赖性错误，其中既有树形依赖，也有函数库依赖，因为使用的是最小化安装。你需要手工解决这些依赖包，httpd 才可以正常安装。麻烦吧？所以才需要 yum 在线安装。

还有些读者很纳闷儿，为什么 Apache 还叫 httpd 呢？其实 Apache 是软件名，而 httpd 是 Linux 中的服务名，不论叫什么都是 Apache 这个软件。

如果还有其他安装要求，比如想强制安装某个软件包而不管它是否有依赖性，就可以通过选项进行调整。

- --nodeps：不检测依赖性安装。软件安装时会检测依赖性，确定所需的底层软件是否安装，如果没有安装则会报错。如果不管依赖性，想强制安装，则可以使用这个选项。注意：这样不检测依赖性安装的软件基本上是不能使用的，所以不建议这样做。
- --replacefiles：替换文件安装。如果要安装软件包，但是包中的部分文件已经存在，那么在正常安装时会报“某个文件已经存在”的错误，从而导致软件无法安装。使用这个选项可以忽视这个报错而覆盖安装。
- --replacepkgs：替换软件包安装。如果软件包已经安装，那么此选项可以把软件包重复安装一遍。
- --force：强制安装。不管是否已经安装，都重新安装。也就是--replacefiles 和--replacepkgs 的综合。
- --test：测试安装。不会实际安装，只是检测一下依赖性。
- --prefix：指定安装路径。为安装软件指定安装路径，而不使用默认安装路径。注

意：如果指定了安装路径，软件没有安装到系统默认路径中，那么系统会找不到这些安装的软件，需要进行手工配置才能被系统识别。所以，我们一般采用默认路径安装 RPM 包。

Apache 服务安装成功后，尝试启动。命令如下：

```
[root@localhost ~]# systemctl start|stop|restart|status 服务名
参数：
    start：启动服务
    stop：停止服务
    restart：重启服务
    status：查看服务状态

例如：
[root@localhost ~]# systemctl restart httpd
#启动 Apache 服务
```

服务启动之后，就可以查看端口号 80 是否出现。命令如下：

```
[root@localhost ~]# netstat -tlun | grep 80
tcp        0      0 :::80                   :::*                    LISTEN
```

我们也可以在浏览器中输入 Linux 服务器的 IP 地址，访问这个 Apache 服务器。目前在 Apache 中没有建立任何网页，所以看到的只是测试页，如图 6-3 所示。

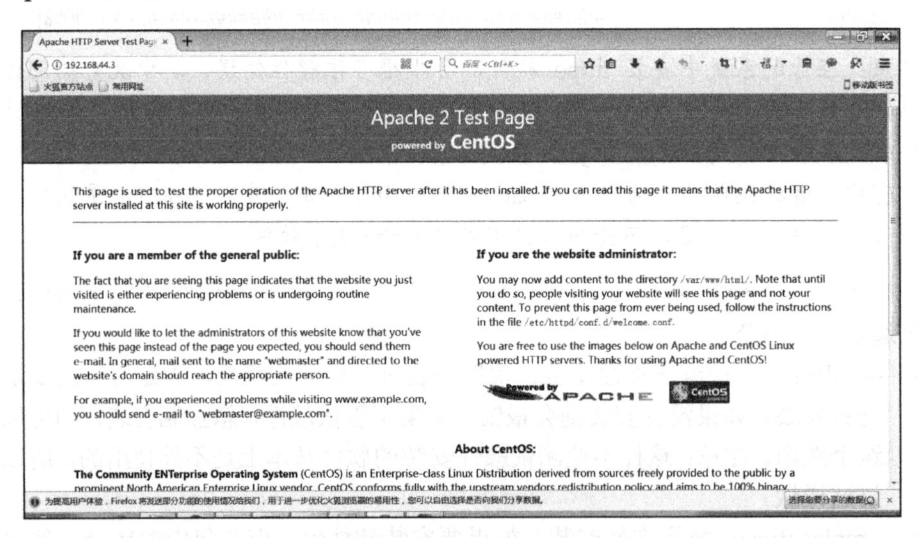

图 6-3　Apache 测试页

注意：RPM 包默认保存在系统光盘的 Packages（注意 P 大写）目录中，所以在安装软件前需要挂载光盘。例如：

```
mkdir /mnt/cdrom                        #建立挂载点
mount /dev/cdrom /mnt/cdrom             #挂载光盘
```

3. RPM 包的升级

```
[root@localhost ~]#  rpm –Uvh 包全名
选项：
```

```
    -U（大写）：升级安装。如果没有安装过，则系统直接安装。如果安装过的版本较低，则升
              级到新版本（upgrade）
[root@localhost ~]#  rpm –Fvh 包全名
选项：
    -F（大写）：升级安装。如果没有安装过，则不会安装。必须安装有较低版本才能升级（freshen）
```

6.2.4 RPM 包查询

RPM 包管理系统是非常强大和方便的包管理系统，它比源码包的方便之处就在于可以使用命令查询、升级和卸载。在查询的时候，其实是在查询/var/lib/rpm 这个目录下的数据库文件，那为什么不直接查看这些文件呢？你可以尝试使用 Vim 查看这些文件，会发现都是乱码。也就是说，这些文件其实都是二进制文件，不能直接用编辑器查看，所以才需要使用命令查看。

1．查询命令的格式

RPM 查询命令采用如下格式：

```
[root@localhost ~]#  rpm  选项  查询对象
```

2．查询软件包是否安装

可以查询软件包是否安装，命令格式如下：

```
[root@localhost ~]#  rpm –q 包名
选项：
    -q：查询（query）
```

例如，查看一下 Apache 包是否安装，可以执行如下命令：

```
[root@localhost ~]# rpm -q httpd
httpd-2.4.6-80.el7.centos.x86_64.rpm
```

因为 Apache 是已经安装完成的包，所以只需要给出“包名”，系统就可以识别。而没有安装的包就必须使用“绝对路径+包全名”格式才可以确定。前面一直强调的包名和包全名不能混淆就是这个原因。

3．查询系统中的所有安装软件包

可以查询 Linux 系统中所有已经安装的软件包，命令格式如下：

```
[root@localhost ~]# rpm -qa
libsamplerate-0.1.7-2.1.el6.i686
startup-notification-0.10-2.1.el6.i686
gnome-themes-2.28.1-6.el6.noarch
fontpackages-filesystem-1.41-1.1.el6.noarch
gdm-libs-2.30.4-33.el6_2.i686
gstreamer-0.10.29-1.el6.i686
redhat-lsb-graphics-4.0-3.el6.centos.i686
…省略部分输出…
```

当然，可以用管道符来查看所需的内容，比如：

```
[root@localhost ~]# rpm -qa | grep httpd
httpd-tools-2.4.6-80.el7.centos.x86_64
```

```
httpd-2.4.6-80.el7.centos.x86_64
httpd-manual-2.4.6-80.el7.centos.noarch
httpd-devel-2.4.6-80.el7.centos.x86_64
```

你会发现，使用“rpm -q 包名”只能查看这个包是否安装，但是使用“rpm -qa | grep 包名”会把包含包名称的所有包都列出来。

4．查询软件包的详细信息

可以查询已经安装的某个软件包的详细信息，命令格式如下：

```
[root@localhost ~]#  rpm -qi 包名
选项：
    -i：查询软件信息（information）
```

例如，查看 Apache 包的安装信息，可以使用以下命令：

```
[root@localhost ~]# rpm -qi httpd
Name          : httpd
#包名
Version       : 2.4.6
#版本
Release       : 80.el7.centos
Architecture: x86_64
Install Date: 2019 年 03 月 18 日 星期一 16 时 01 分 17 秒
#安装时间
Group         : System Environment/Daemons
Size          : 9817285
License       : ASL 2.0
Signature     : RSA/SHA256, 2018 年 04 月 25 日 星期三 19 时 04 分 41 秒, Key ID 24c6a8a7f4a80eb5
#数字签名
Source RPM    : httpd-2.4.6-80.el7.centos.src.rpm
#源 RPM 包文件名
Build Date    : 2018 年 04 月 21 日 星期六 02 时 12 分 22 秒
#建立时间
Build Host    : x86-01.bsys.centos.org
Relocations : (not relocatable)
Packager      : CentOS BuildSystem <http://bugs.centos.org>
Vendor        : CentOS
URL           : http://httpd.apache.org/
#厂商网址
Summary       : Apache HTTP Server
#软件包说明
Description :
The Apache HTTP Server is a powerful, efficient, and extensible
web server.
#描述
```

通过这条命令可以看到包名、版本、发行版本、安装时间、软件包大小等信息。

也可以查询还没有安装的软件包的详细信息，命令格式如下：

```
[root@localhost ~]#  rpm -qip 包全名
选项：
```

```
        -p：查询没有安装的软件包（package）
```

注意：没有安装的软件包是存放在光盘中的，需要使用绝对路径，而且因为没有安装，所以需要使用包全名。

5. 查询软件包中的文件列表

可以查询已经安装的软件包中的文件列表和安装的完整目录，命令格式如下：

```
[root@localhost ~]#  rpm -ql 包名
选项：
        -l：列出软件包中所有的文件列表和软件所安装的目录（list）
```

例如，想要查看一下 Apache 包中的文件的安装位置，可以执行如下命令：

```
[root@localhost ~]# rpm -ql httpd
/etc/httpd
/etc/httpd/conf
/etc/httpd/conf.d
/etc/httpd/conf.d/README
/etc/httpd/conf.d/welcome.conf
/etc/httpd/conf/httpd.conf
/etc/httpd/conf/magic
…省略部分输出…
```

那么，可以查询还没有安装的软件包中的文件列表和打算安装的位置吗？答案是可以的，命令格式如下：

```
[root@localhost ~]#  rpm -qlp 包全名
选项：
        -p：查询没有安装的软件包信息（package）
```

想要查询还没有安装的 bind 软件包中的文件列表和打算安装的位置，可以执行如下命令（注意绝对路径和包全名）：

```
[root@localhost ~]# rpm -qlp /mnt/cdrom/Packages/bind-9.8.2-0.10.rc1.el6.i686.rpm
/etc/NetworkManager/dispatcher.d/13-named
/etc/logrotate.d/named
/etc/named
/etc/named.conf
/etc/named.iscdlv.key
/etc/named.rfc1912.zones
…省略部分输出…
```

6. 查询系统文件属于哪个 RPM 包

既然可以知道每个 RPM 包中的文件的安装位置，那么可以查询系统文件属于哪个 RPM 包吗？当然可以，不过需要注意的是，手工建立的文件是不能查询的，因为这些文件不是通过 RPM 包安装的，当然不能反向查询它属于哪个 RPM 包。命令格式如下：

```
[root@localhost ~]#  rpm –qf 系统文件名
选项：
        -f：查询系统文件属于哪个软件包（file）
```

想查询一下 ls 命令是由哪个软件包提供的，可以执行如下命令：

```
[root@localhost ~]# rpm -qf /bin/ls
coreutils-8.22-21.el7.x86_64
```

7．查询软件包所依赖的软件包

查询系统中和已经安装的软件包有依赖关系的软件包，命令格式如下：

```
[root@localhost ~]# rpm –qR 包名
选项：
    -R：  查询软件包的依赖性（requires）
```

例如，想查询一下 Apache 包的依赖包，可以执行如下命令：

```
[root@localhost ~]# rpm -qR httpd
/bin/bash
/bin/sh
/etc/mime.types
/usr/sbin/useradd
apr-util-ldap
chkconfig
config(httpd) = 2.2.15-15.el6.centos.1
httpd-tools = 2.2.15-15.el6.centos.1
initscripts >= 8.36
…省略部分输出…
```

可以查询没有安装的软件包的依赖性吗？加“-p”选项即可。例如，查看一下还没有安装的 bind 软件包的依赖包，可以执行如下命令：

```
[root@localhost ~]# rpm -qRp /mnt/cdrom/Packages/bind-9.9.4-61.el7.x86_64.rpm
/bin/bash
/bin/sh
/bin/sh
/bin/sh
/bin/sh
/bin/sh
/usr/bin/python
bind-libs = 32:9.9.4-61.el7
config(bind) = 32:9.9.4-61.el7
…省略部分输出…
```

6.2.5 RPM 包卸载

卸载也是有依赖性的。比如，在安装的时候，要先安装 httpd 软件包，再安装 httpd 的功能模块 mod_ssl 包。那么，在卸载的时候，一定要先卸载 mod_ssl 软件包，再卸载 httpd 软件包，否则就会报错。软件包卸载和拆除大楼是一样的，你要拆除 2 楼和 3 楼，一定要先拆除 3 楼；如果非要先拆除 2 楼，那么 3 楼该存在于什么地方呢？

删除格式非常简单，如下：

```
[root@localhost ~]# rpm -e 包名
选项：
    -e              卸载（erase）
    --nodeps        不检测依赖性
```

如果不按依赖性卸载，就会报依赖性错误。例如：

```
[root@localhost ~]# rpm -e httpd
```

```
错误：依赖检测失败：
        httpd = 2.4.6-80.el7.centos 被 (已安装) httpd-manual-2.4.6-80.el7.centos.noarch 需要
        httpd = 2.4.6-80.el7.centos 被 (已安装) httpd-devel-2.4.6-80.el7.centos.x86_64 需要
```

当然，卸载命令是支持“--nodeps”选项的，可以不检测依赖性直接卸载。但是，如果这样做，则很可能导致其他软件包无法正常使用，所以并不推荐这样卸载。

6.2.6　RPM 包校验与数字证书

1．RPM 包校验

系统中安装的 RPM 包数量众多，而每个 RPM 包中都包含大量的文件，万一某个文件被误删除了，或者误修改了某个文件中的数据，或者有人恶意修改了某个文件，我们是否有监控和检测手段发现这些问题呢？这时候，必须使用 RPM 包校验来确认文件是否被动过手脚。校验其实就是把已经安装的文件和/var/lib/rpm/目录下的数据库内容进行比较，以确定是否有文件被修改。校验的格式如下：

```
[root@localhost ~]# rpm -Va
选项：
        -Va：校验本机已经安装的所有软件包

[root@localhost ~]# rpm -V 已安装的包名
选项：
        -V：校验指定 RPM 包中的文件（verify）

[root@localhost ~]# rpm -Vf 系统文件名
选项：
        -Vf：校验某个系统文件是否被修改
```

我们来查询一下 Apache 服务是否被人做过手脚，命令如下：

```
[root@localhost ~]# rpm -V httpd
```

没有任何提示信息，恭喜，你的 Apache 服务没有做过任何修改，是“原包装”的。

如果 Apache 包中的文件被修改过，则是什么样的？我们修改一下 Apache 的配置文件/etc/httpd/conf/httpd.conf。其实对这个文件做任何更改验证都会变化，但是我们还没有学习 Apache 配置，为了防止 Apache 崩溃，我们只修改 Apache 的默认网页文件。按照如下格式修改：

```
[root@localhost ~]# vim /etc/httpd/conf/httpd.conf
...省略部分内容...
DirectoryIndex index.html index.html.var index.php
#这句话是定义 Apache 可以识别的默认网页文件名。在后面加入了 index.php
#这句话大概有 400 行
…省略部分内容…
```

保存退出后，我们再来验证一下。

```
[root@localhost ~]# rpm -V httpd
S.5....T.          c              /etc/httpd/conf/httpd.conf
验证内容           文件类型       文件名
```

出现了提示信息，我们来解释一下：最前面共有 8 个信息，它们是表示验证内容的，文件名前面的 c 表示这是一个配置文件（configuration file），最后是文件名。验证内容中的 8 个信息的具体含义如下。

- S：文件大小是否改变。
- M：文件的类型或文件的权限（rwx）是否改变。
- 5：文件 MD5 校验和是否改变（可以看成文件内容是否改变）。
- D：设备的主从代码是否改变。
- L：文件路径是否改变。
- U：文件的属主（所有者）是否改变。
- G：文件的属组是否改变。
- T：文件的修改时间是否改变。

Apache 配置文件的文件类型是 c，那么，有哪些文件类型呢？

- c：配置文件（configuration file）。
- d：普通文档（documentation）。
- g：“鬼”文件（ghost file），很少见，就是该文件不应该被这个 RPM 包包含。
- l：授权文件（license file）。
- r：描述文件（read me）。

刚刚 Apache 配置文件的验证结果如下：

```
[root@localhost ~]# rpm -V httpd
S.5....T.    c /etc/httpd/conf/httpd.conf
```

文件大小改变了，文件的内容改变了，文件的修改时间也改变了。也就是说，如果出现了相应的字母，则代表相关项被修改；如果只出现了“.”，则代表相关项没有被修改。

是不是所有的文件在验证的时候都不能被修改？当然不是，一般情况下，配置文件被修改都是正常的；但如果是二进制文件被修改，大家就要小心了。当然，如果能确定是自己修改的，则另当别论。

2．数字证书

刚刚的校验方法只能对已经安装的 RPM 包中的文件进行校验，但如果 RPM 包本身就被动过手脚，那么 RPM 包校验就不能解决问题了，必须使用数字证书验证。

数字证书也叫数字签名，它由软件开发商直接发布。只要安装了这个数字证书，如果 RPM 包被进行了修改，那么数字证书验证就不能匹配，软件也就不能安装。数字签名，可以想象成人的签名，每个人的签名都是不能模仿的（厂商的数字证书是唯一的），只有我认可的文件我才会签名（只要是厂商发布的软件，都要符合数字证书验证）；如果我的文件被人修改了，那么我的签名就会变得不同（如果软件改变，数字证书就会改变，从而通不过验证。当然，现实中人的手工签名不会直接改变，所以数字证书比手工签名还要可靠）。

数字证书有如下特点：

- 首先必须找到原厂的公钥文件，然后才能进行安装。

- 再安装 RPM 包，会去提取 RPM 包中的证书信息，然后和本机安装的原厂证书进行验证。
- 如果验证通过，则允许安装；如果验证不通过，则不允许安装并发出警告。

数字证书在 CentOS 7.x 的第一张光盘中，也会放在系统的/etc 目录下，两个证书作用一致，选择其中之一就可以了。

```
[root@localhost ~]# ll /mnt/cdrom/RPM-GPG-KEY-CentOS-7
-r--r--r-- 2 root root 1706 7 月    2 04:21 /mnt/cdrom/RPM-GPG-KEY-CentOS-7
#光盘中的数字证书位置
[root@localhost ~]# ll /etc/pki/rpm-gpg/RPM-GPG-KEY-CentOS-7
-rw-r--r--. 1 root root 1706 6 月   26 17:29 /etc/pki/rpm-gpg/RPM-GPG-KEY-CentOS-7
#系统中的数字证书位置
```

安装数字证书的命令如下：

```
[root@localhost ~]# rpm --import /etc/pki/rpm-gpg/RPM-GPG-KEY-CentOS-7
选项：
    --import：导入数字证书
```

查询系统中安装好的数字证书的命令如下：

```
[root@localhost ~]# rpm -qa | grep gpg-pubkey
gpg-pubkey-c105b9de-4e0fd3a3
```

可以看到，系统中已经有一个安装好的数字证书了。安装的所有 RPM 包都会和这个数字证书进行验证，如果验证不能通过就会报错，当然也就不能安装了。这些验证过程是系统自动进行的，大家安装好原厂的数字证书即可。

当然，这个数字证书也是一个 RPM 包，所以既可以查询数字证书的详细信息，也可以卸载这个数字证书，命令如下：

```
[root@localhost ~]# rpm -qi gpg-pubkey-c105b9de-4e0fd3a3
#查询数字证书包的详细信息
Name        : gpg-pubkey                Relocations: (not relocatable)
Version     : c105b9de                     Vendor: (none)
Release     : 4e0fd3a3                  Build Date: 2012 年 11 月 12 日 星期一 23 时 05 分 20 秒
Install Date: 2012 年 11 月 12 日 星期一 23 时 05 分 20 秒        Build Host: localhost
Group       : Public Keys               Source RPM: (none)
Size        : 0                              License: pubkey
Signature   : (none)
Summary     : gpg(CentOS-6 Key (CentOS 7 Official Signing Key) <centos-6-key@ centos.org>)
Description :
-----BEGIN PGP PUBLIC KEY BLOCK-----
Version: rpm-4.8.0 (NSS-3)

mQINBE4P06MBEACqn48FZgYkG2QrtUAVDV58H6LpDYEcTcv4CIFSkgs6dJ9TavCW
NyPBZRpM2R+Rg5eVqlborp7TmktBP/sSsxc8eJ+3P2aQWSWc5ol74Y0OznJUCrBr
...省略部分输出...
-----END PGP PUBLIC KEY BLOCK-----
```

要想卸载数字证书，可以使用-e 选项。当然，我们并不推荐卸载。

```
[root@localhost ~]# rpm -e gpg-pubkey-c105b9de-4e0fd3a3
```

6.2.7 RPM 包中的文件提取

在讲 RPM 包文件提取之前，先介绍一下 cpio 命令。cpio 命令可以把文件或目录从文件库中提取出来，也可以把文件或目录复制到文件库中。可以把 cpio 命令看成备份或还原命令，它既可以把数据备份成 cpio 文件库，也可以把 cpio 文件库中的数据还原出来。不过，cpio 命令最大的问题是不能自己指定备份或还原的文件是什么，而必须由其他命令告诉 cpio 命令要备份和还原哪个文件，这必须依赖数据流重定向的命令。

cpio 命令主要有三种基本模式："-o"模式指的是 copy-out 模式，就是把数据备份到文件库中；"-i"模式指的是 copy-in 模式，就是把数据从文件库中恢复；"-p"模式指的是复制模式，就是不把数据备份到 cpio 库中，而是直接复制为其他文件。命令格式如下：

```
[root@localhost ~]# cpio -o[vcB] > [文件|设备]
#备份
选项：
    -o：copy-out 模式，备份
    -v：显示备份过程
    -c：使用较新的 portable format 存储方式
    -B：设定输入/输出块为 5120Bytes，而不是模式的 512Bytes
[root@localhost ~]# cpio -i[vcdu] < [文件|设备]
#还原
选项：
    -i：copy-in 模式，还原
    -v：显示还原过程
    -c：使用较新的 portable format 存储方式
    -d：还原时自动新建目录
    -u：自动使用较新的文件覆盖较旧的文件
```

先来看一下使用 cpio 备份数据的方法，命令如下：

```
[root@localhost ~]# find /etc -print | cpio -ocvB > /root/etc.cpio
#利用 find 命令指定要备份/etc 目录，使用>导出到 etc.cpio 文件
[root@localhost ~]# ll -h etc.cpio
-rw-r--r--. 1 root root 21M 6 月    5 12:29 etc.cpio
#etc.cpio 文件生成
```

再来看看如何恢复 cpio 的备份数据，命令如下：

```
[root@localhost ~]# cpio -idvcu < /root/etc.cpio
#还原 etc 的备份
#如果大家查看一下当前目录/root，就会发现没有生成/etc 目录。这是因为备份时/etc 目录使用的是绝对路径，所以数据直接恢复到/etc 系统目录中，而没有生成在/root/etc 目录中
```

在 CentOS 5.x 中可以利用上面的命令备份与恢复指定的文件，但是在 CentOS 6.x 和 CentOS 7.x 中需要更加严谨。如果备份时使用绝对路径，则会恢复到绝对路径指定的路径中；如果需要把数据恢复到当前目录中，则需要使用相对路径。例如：

```
备份：
[root@localhost ~]# cd /etc
```

```
#进入/etc 目录
[root@localhost /etc]# find . -print | cpio -ocvB > /root/etc.cpio
#利用 find 命令指定要备份的/etc 目录，使用>导出到 etc.cpio 文件

恢复：
[root@localhost /etc]# cd /root
#回到/root 目录中
[root@localhost ~]# mkdir etc_test
#建立恢复测试目录
[root@localhost ~]# cd etc_test
#进入测试目录，数据恢复到此
[root@localhost etc_test]# cpio -idvcu < /root/etc.cpio
#还原/etc 目录中的数据。如果备份时使用的是相对路径，则会还原到/root/etc_test 目录下
```

最后来演示一下 cpio 命令的“-p”复制模式，命令如下：

```
[root@localhost ~]# cd /tmp/
#进入/tmp 目录
[root@localhost tmp]# rm -rf *
#删除/tmp 目录中的所有数据
[root@localhost tmp]# mkdir test
#建立备份目录
[root@localhost tmp]# find /boot/ -print | cpio -p /tmp/test
#备份/boot 目录到/tmp/test 目录中
[root@localhost tmp]# ls test/
boot
#在/tmp/test 目录中备份了/boot 目录
```

接下来介绍如何在 RPM 包中提取某个特定的文件。假设在服务器使用过程中，我们发现某个系统文件被人动了手脚，或者不小心删除了某个重要的系统文件，可以在 RPM 包中把这个系统文件提取出来，修复有问题的源文件吗？当然可以。RPM 包中的文件虽然众多，但也是可以逐个提取的。命令格式如下：

```
[root@localhost ~]# rpm2cpio 包全名 | cpio -idv .文件绝对路径
#rpm2cpio——将 RPM 包转换为 cpio 格式的命令
#cpio——这是一个标准工具，用于创建软件档案文件和从档案文件中提取文件
```

举个例子，假设把系统中的/bin/ls 命令误删除了，可以修复吗？这时有两种方法修复：一种方法是使用--force 选项覆盖安装一遍 coreutils-8.4-19.el6.i686 包；另一种方法是先使用 cpio 命令提取出/bin/ls 命令文件，再把它复制到对应的位置。不过，怎么知道/bin/ls 命令属于 coreutils-8.4-19.el6.i686 软件包呢？还记得-qf 选项吗？命令如下：

```
[root@localhost ~]# rpm -qf /bin/ls
coreutils-8.4-19.el6.i686
#查看 ls 文件属于哪个软件包
```

我们先使用 cpio 命令提取出 ls 命令文件，然后复制到对应位置，命令如下：

```
[root@localhost ~]# mv /bin/ls /root/
#把/bin/ls 命令移动到/root 目录下，造成误删除的假象

[root@localhost ~]# ls
```

```
-bash: ls: command not found
#这时执行 ls 命令，系统会报命令没有找到错误

[root@localhost ~]# rpm2cpio /mnt/cdrom/Packages/ coreutils-8.22-21.el7.x86_64.rpm | cpio -idv   ./bin/ls
./bin/ls
24772 块
#提取 ls 命令文件到当前目录下

[root@localhost ~]# cp /root/bin/ls   /bin/
#把提取出来的 ls 命令文件复制到/bin 目录下

[root@localhost ~]# ls
anaconda-ks.cfg   bin   inittab   install.log   install.log.syslog   ls
#ls 命令又可以正常使用了
```

6.2.8 SRPM 包的使用

下面我们介绍一下 SRPM 包。SRPM 包是什么呢？SRPM 包中的软件不再是经过编译的二进制文件，而是源码文件，所以你可以认为 SRPM 包是软件以源码形式发布之后，再封装成 RPM 包格式的。不过，既然是将源码文件封装成 RPM 包格式，那么它的安装方法既不和 RPM 包软件安装方法一致，也不和源码包软件安装方法一样，我们需要单独学习它的安装方法。

我们依然下载 Apache 的 SRPM 包，来看看 SRPM 包的安装方法。下载地址为 http://ftp.redhat.com/redhat/linux/enterprise/6Server/en/os/SRPMS/，大家可以下载 MySQL-5.5.29-2.el6.src.rpm 版本的 SRPM 包。下载是免费的，注册一下就可以了。

需要注意一下 SRPM 包的命名规则，其实和 RPM 包的命名规则是一致的，只是多了“.src”这个标志。比如“MySQL-5.5.29-2.el6.src.rpm”，采用“包名-版本-发行版本.软件发行商.src.rpm”这样的方式命名。

SRPM 包管理需要使用命令 rpmbuild，默认这个命令没有安装，需要手工安装，命令如下：

```
[root@localhost~]#rpm-ivh /mnt/cdrom/Packages/rpm-build-4.11.3-32.el7.x86_64.rpm
Preparing...                    ########################################### [100%]
   1:rpm-build                  ########################################### [100%]
```

SRPM 包有两种安装方式：一种方式是利用 rpmbuild 命令直接安装，另一种方式是利用*.spec 文件安装。下面分别介绍。

1. 用 rpmbuild 命令安装

如果我们只想安装 SRPM 包，而不用修改源代码，那么它的安装方式还是比较简单的，命令如下：

```
[root@localhost ~]# rpmbuild [选项] 包全名
选项：
    --rebuild：编译 SRPM 包，不会自动安装，等待手工安装
    --recompile：编译 SRPM 包，同时安装
```

需要注意的是，虽然 SRPM 包是源码包，但毕竟是采用 RPM 包封装的，所以依然会有依赖性，这时需要先安装它的依赖包，才能正确安装。我们使用如下命令编译 SRPM 包的 Apache。

```
[root@localhost ~]# rpmbuild –rebuild httpd-2.2.15-5.el6.src.rpm
warning: InstallSourcePackage at: psm.c:244: Header V3 RSA/SHA256 Signature, key ID fd431d51:
NOKEY
warning: user mockbuild does not exist - using root
warning: group mockbuild does not exist - using root
#警告为 mockbuild 用户不存在，使用 root 代替。这里不是报错
…省略部分输出…
Wrote: /root/rpmbuild/RPMS/i386/httpd-2.2.15-5.el6.i386.rpm
Wrote: /root/rpmbuild/RPMS/i386/httpd-devel-2.2.15-5.el6.i386.rpm
Wrote: /root/rpmbuild/RPMS/noarch/httpd-manual-2.2.15-5.el6.noarch.rpm
Wrote: /root/rpmbuild/RPMS/i386/httpd-tools-2.2.15-5.el6.i386.rpm
Wrote: /root/rpmbuild/RPMS/i386/mod_ssl-2.2.15-5.el6.i386.rpm
#写入 RPM 包的位置，只要看到就说明编译成功
Executing(%clean): /bin/sh -e /var/tmp/rpm-tmp.Wb8TKa
+ umask 022
+ cd /root/rpmbuild/BUILD
+ cd httpd-2.2.15
+ rm -rf /root/rpmbuild/BUILDROOT/httpd-2.2.15-5.el6.i386
+ exit 0
Executing(--clean): /bin/sh -e /var/tmp/rpm-tmp.3UBWqI
+ umask 022
+ cd /root/rpmbuild/BUILD
+ rm -rf httpd-2.2.15
+ exit 0
```

exit 0 是编译成功的标志，同时命令会自动删除临时文件。编译之后生成的软件包在哪里呢？当然在当前目录下了。在当前目录下会生成一个 rpmbuild 目录，所有编译之后生成的软件包都存放在这里。

```
[root@localhost ~]# ls /root/rpmbuild/
BUILD   RPMS   SOURCES   SPECS   SRPMS
```

rpmbuild 目录下有几个子目录，我们用表格说明其中保存了哪些文件，如表 6-2 所示。

表 6-2 子目录的作用

子 目 录	作 用
BUILD	编译过程中产生的数据保存位置
RPMS	编译成功后，生成的 RPM 包保存位置
SOURCES	从 SRPM 包中解压出来的源码包（*.tar.gz）保存位置
SPECS	生成的设置文件的安装位置。第二种安装方法就是利用这个文件进行安装的
SRPMS	放置 SRPM 包的位置

编译好的 RPM 包已经生成在/root/rpmbuild/RPMS 目录下。

```
[root@localhost ~]# ll /root/rpmbuild/RPMS/i386/
总用量 3620
-rw-r--r-- 1 root root 3039035 11 月 19 06:30 httpd-2.2.15-5.el6.i386.rpm
```

```
-rw-r--r-- 1 root root    154371 11 月  19 06:30 httpd-devel-2.2.15-5.el6.i386.rpm
-rw-r--r-- 1 root root    124403 11 月  19 06:30 httpd-tools-2.2.15-5.el6.i386.rpm
-rw-r--r-- 1 root root    383539 11 月  19 06:30 mod_ssl-2.2.15-5.el6.i386.rpm
```

其实，rpmbuild 命令就是先把 SRPM 包解开，得到源码包；然后进行编译，生成二进制文件；最后把二进制文件重新打包生成 RPM 包。

2．利用*.spec 文件安装

想利用*.spec 文件安装，当然需要先把 SRPM 包解开才能获取。可以利用 rpmbuild 命令解开 SRPM 包，但是这样一来不就和上一种方法冲突了吗？可以使用 rpm -i 命令解开 SRPM 包，命令如下：

```
[root@localhost ~]# rpm -i httpd-2.2.15-5.el6.src.rpm
选项：
    -i：安装。不过对*.src.rpm 包只会解开后放置到当前目录下的 rpmbuild 目录下，而不会安装
```

这时在当前目录下也会生成 rpmbuild 目录，不过只有 SOURCES 和 SPECS 两个子目录。其中，SOURCES 目录中放置的是源码，也可以使用源码安装方式安装（源码包安装参见第 6.4 节）；SPECS 目录中放置的是设置文件，我们现在要利用设置文件进行安装。接下来生成 RPM 包文件，命令如下：

```
[root@localhost ~]# rpmbuild -ba /root/rpmbuild/SPECS/httpd.spec
选项：
    -ba：编译，同时生成 RPM 包和 SRPM 包
    -bb：编译，仅生成 RPM 包
```

命令执行完成后，也会在/root/rpmbuild 目录下生成 BUILD、RPMS、SOURCES、SPECS 和 SRPMS 目录，RPM 包放在 RPMS 目录中，SRPM 包生成在 SRPMS 目录中。这时安装 RPM 包即可。

两种安装 SRPM 包的方法使用一种即可，大家可以选用自己喜欢的方式。

6.2.9 RPM 包的深入应用

1．查询软件包帮助信息

在一次讲解 Vim 应用的课程中，学生问了一个这样的问题："在 Vim 的配置文件中如何注释？" Vim 的配置文件存放于用户的宿主目录下，默认文件扩展名为".vimrc"，可以写入"set nu"等设置命令，问题是写入此配置文件中的命令如何注释使其不生效。一般来讲，Linux 系统或系统软件的配置文件可以在行首使用"#"符号来注释，但是当用"#"注释了 Vim 的配置文件保存并退出后，编辑文件时发生了这样的情况：

```
[root@localhost ~]# vi /etc/inittab
    Error detected while processing /root/.vimrc:
    line
    1:
    E488: Trailing characters: # set nu
```

系统提示错误，所以"#"并不是 Vim 的有效注释符号。

诸如此类问题应如何查询到结果呢？

思路：Linux 中安装的软件包大多包含应用示例或说明文档，可以查找其内容，就

可以知道此问题的答案了。

（1）查找系统中所有 Vim 的安装包。

```
[root@localhost ~]# rpm -qa | grep vim
    vim-minimal-7.0.109-3
    vim-common-7.0.109-3
    vim-enhanced-7.0.109-3
```

（2）查询安装包的内容，查找是否有应用示例文件，看英文含义，“minimal”为最小应用软件包，“common”为通用的基础软件包，“enhanced”为增强功能的软件包。我们在这里先查看“vim-common”软件包安装到系统中的文件是否有示例文件（如包含关键字“example”或“sample”的文件）。

```
[root@localhost ~]# rpm -ql vim-common | grep example
    /usr/share/vim/vim70/gvimrc_example.vim
    /usr/share/vim/vim70/macros/urm/examples
    /usr/share/vim/vim70/vimrc_example.vim
```

根据查找到的文件名称，判断“vimrc_example.vim”应为 Vim 配置文件示例，查看其内容。

```
[root@localhost ~]# head -4 /usr/share/vim/vim70/vimrc_example.vim
    " An example for a vimrc file.
    "
    " Maintainer:
    Bram Moolenaar <Bram@vim.org>
     " Last change:
     2006 Aug 12
```

当看到此文件中作者、最后更新日期等信息前面的双引号时，我们就清楚了它一定是 Vim 配置文件的注释符号。

这是一个在应用 Linux 时碰到的问题，很有代表性，像常见的配置网络服务器（如 DNS、DHCP 等），查找它们的配置文件示例，都可以采用类似方法。解决此类问题要多利用系统软件本身的帮助信息，使用 RPM 查询命令。

2. RPM 数据库问题

有时 RPM 数据库也会出现故障，其结果是当安装、删除、查询软件包时，请求无法执行，此时需要重建数据库。

首先，删除当前的 RPM 数据库。

```
[root@localhost ~]# rm -f /var/lib/rpm/_db.*
```

其次，重建数据库。

```
[root@localhost ~]# rpm --rebuilddb
```

这一步需要花费一定的时间来完成。

黑客入侵系统后，有时为混淆管理员视线，避免管理员通过 RPM 包校验功能检测出问题，会更改 RPM 数据库（从理论上来讲，当系统被入侵后，一切都将不再可信），此时我们可以按照以下步骤对文件进行检测。

（1）对于要检查的文件或命令，找出它属于哪个软件包。

```
[root@localhost ~]# rpm -qf /etc/rc.d/init.d/smb
    samba-3.0.23c-2
```

（2）使用--dump 选项查看每个文件的信息，使用 grep 命令提取对应的文件信息。

```
[root@localhost ~]# rpm -ql --dump samba| grep /etc/rc.d/init.d/smb
    /etc/rc.d/init.d/smb 2087 1157165946 b1c26e5292157a83cadabe851bf9b2f9 0100755 root root 1 0    0 X
```

其中，“2087”为文件中最初的字符数，“b1c26e5292157a83cadabe851bf9b2f9”为 smb 文件内容的 MD5 校验值，“0755 root root”为文件权限及所有者、所属组。

（3）检查实际的文件，看内容是否被更改过。

```
[root@localhost ~]# ls -l /etc/rc.d/init.d/smb
-rwxr-xr-x 1 root root 2087 Sep 2    2006 /etc/rc.d/init.d/smb
[root@localhost ~]# md5sum /etc/rc.d/init.d/smb
b1c26e5292157a83cadabe851bf9b2f9      /etc/rc.d/init.d/smb
```

检测文件大小、所有者、所属组、权限、MD5 校验值是否匹配。

（4）在我们的实验中，系统的/etc/rc.d/init.d/smb 文件的信息和通过 rpm -ql --dump Samba 命令获取的信息是一致的，所以我们系统中的文件并没有被入侵与更改。如果确信RPM数据库遭到了修改，就要基于从光盘或其他值得信赖的来源处获得的Samba RPM文件进行检查。

```
[root@localhost~]# rpm –ql --dump -p \
 /mnt/cdrom/Fedora/RPMS/samba-3.0.23c-2.i386.rpm    |    grep /etc/rc.d/init.d/smb
      warning: samba-3.0.23c-2.i386.rpm: Header V3 DSA signature: NOKEY, key ID 4f2a6fd2
/etc/rc.d/init.d/smb 2087 1157165946 b1c26e5292157a83cadabe851bf9b2f9 0100755 root root 1 0 0 X
```

如果得到的结果与基于 RPM 数据库运行的命令结果不同，就可以判断 RPM 数据库已被更改，需要修正文件错误和系统漏洞，重建 RPM 数据库。

6.3 RPM 包管理——yum 在线管理

RPM 包的安装虽然很方便和快捷，但是依赖性实在是很麻烦，尤其是库文件依赖，还要去 rpmfind 网站查找库文件到底属于哪个 RPM 包，从而导致 RPM 包的安装非常烦琐。那有没有可以自动解决依赖性、自动安装的方法呢？当然有，yum 在线管理就可以自动处理 RPM 包的依赖性问题，从而大大简化 RPM 包的安装过程。但是大家需要注意：首先，yum 安装的还是 RPM 包；其次，yum 安装是需要有可用的 yum 服务器存在的，当然这个 yum 服务器可以在网上，也可以使用光盘在本地搭建。

yum 可以方便地进行 RPM 包的安装、升级、查询和卸载，而且可以自动解决依赖性问题，非常方便和快捷。但是，一定要注意 yum 的卸载功能。yum 在卸载软件的同时会卸载这个软件的依赖包，但是如果卸载的依赖包是系统的必备软件包，就有可能导致系统崩溃。除非你确实知道 yum 在自动卸载时会卸载哪些软件包，否则最好还是不要执行 yum 卸载。

6.3.1 yum 源搭建

yum 源既可以使用网络 yum 源，也可以使用本地光盘作为 yum 源。要使用网络 yum 源，那么你的主机必须是正常联网的。

当然，要使用 yum 进行 RPM 包安装，那么必须安装 yum 软件。查看命令如下：

```
[root@localhost ~]# rpm -qa | grep yum
yum-metadata-parser-1.1.2-16.el6.i686
yum-3.2.29-30.el6.centos.noarch
yum-utils-1.1.30-14.el6.noarch
yum-plugin-fastestmirror-1.1.30-14.el6.noarch
yum-plugin-security-1.1.30-14.el6.noarch
```

如果没有安装，则需要手工使用 RPM 包方式安装。

1. 网络 yum 源服务器搭建

在主机网络正常的情况下，CentOS 的 yum 是可以直接使用的，不过我们需要了解一下 yum 源配置文件的内容。yum 源配置文件保存在/etc/yum.repos.d 目录中，文件的扩展名一定是"*.repo"。也就是说，yum 源配置文件只要扩展名是"*.repo"就会生效。

```
[root@localhost ~]# ls /etc/yum.repos.d/
CentOS-Base.repo  CentOS-Debuginfo.repo  CentOS-Media.repo  CentOS-Vault.repo  CentOS-CR.repo
CentOS-fasttrack.repo   CentOS-Sources.repo
```

这个目录中有 7 个 yum 源配置文件，默认情况下，CentOS-Base.repo 文件生效。我们打开这个文件看看，命令如下：

```
[root@localhost yum.repos.d]# vim /etc/yum.repos.d/CentOS-Base.repo

[base]
name=CentOS-$releasever - Base
mirrorlist=http://mirrorlist.centos.org/?release=$releasever&arch=$basearch&repo=os
baseurl=http://mirror.centos.org/centos/$releasever/os/$basearch/
gpgcheck=1
gpgkey=file:///etc/pki/rpm-gpg/RPM-GPG-KEY-CentOS-7
…省略部分输出…
```

在 CentOS-Base.repo 文件中有 5 个 yum 源容器，这里只列出了 base 容器，其他容器和 base 容器类似。我们解释一下 base 这个容器。

- [base]：容器名称，一定要放在[]中。
- name：容器说明，可以自己随便写。
- mirrorlist：镜像站点，这个可以注释掉。
- baseurl：我们的 yum 源服务器的地址。默认是 CentOS 官方的 yum 源服务器，是可以使用的。如果你觉得慢，则可以改成你喜欢的 yum 源地址。
- enabled：此容器是否生效，如果不写或写成 enabled=1 则表示此容器生效，写成 enabled=0 则表示此容器不生效。
- gpgcheck：如果为 1 则表示 RPM 的数字证书生效，为 0 则表示 RPM 的数字证书不生效。
- gpgkey：数字证书的公钥文件保存位置。不用修改。

yum 源配置文件默认不需要进行任何修改就可以使用，只要网络可用就行。

2. 以本地光盘作为 yum 源服务器

如果 Linux 主机不能联网，yum 就不能使用吗？yum 已经考虑到这个问题，所以在

/etc/yum.repos.d 目录下还有一个 CentOS-Media.repo 文件，这个文件就是以本地光盘作为 yum 源服务器的模板文件，只需要进行简单的修改即可。

第一步：放入 CentOS 安装光盘，并挂载光盘到指定位置。命令如下：

```
[root@localhost ~]# mkdir /mnt/cdrom
#创建 cdrom 目录，作为光盘的挂载点
[root@localhost ~]# mount /dev/cdrom    /mnt/cdrom/
mount: block device /dev/sr0 is write-protected, mounting read-only
#挂载光盘到/mnt/cdrom 目录下
```

第二步：修改其他几个 yum 源配置文件的扩展名，让它们失效，因为只有扩展名是“*.repo”的文件才能作为 yum 源配置文件。当然也可以删除其他几个 yum 源配置文件，但是如果删除了，当你又想用网络作为 yum 源时，就没有了参考文件，所以最好还是修改扩展名。命令如下：

```
[root@localhost ~]# cd /etc/yum.repos.d/
[root@localhost yum.repos.d]# mv CentOS-Base.repo CentOS-Base.repo.bak
[root@localhost yum.repos.d]# mv CentOS-Debuginfo.repo CentOS-Debuginfo.repo.bak
[root@localhost yum.repos.d]# mv CentOS-Vault.repo CentOS-Vault.repo.bak
```

第三步：修改光盘 yum 源配置文件 CentOS-Media.repo，参照以下方法修改：

```
[root@localhost yum.repos.d]# vim CentOS-Media.repo
[c6-media]
name=CentOS-$releasever - Media
baseurl=file:///mnt/cdrom
#地址为你自己的光盘挂载地址
#         file:///media/cdrom/
#         file:///media/cdrecorder/
#注释这两个不存在的地址
gpgcheck=1
enabled=1
#把 enabled=0 改为 enabled=1，让这个 yum 源配置文件生效
gpgkey=file:///etc/pki/rpm-gpg/RPM-GPG-KEY-CentOS-7
```

配置完成，现在可以感受一下 yum 的便捷了。

6.3.2 常用 yum 命令

1. 查询

- 查询 yum 源服务器上所有可安装的软件包列表。

```
[root@localhost yum.repos.d]# yum list
#查询所有可用软件包列表
Installed Packages
#已经安装的软件包
ConsoleKit.i686 0.4.1-3.el6    @anaconda-CentOS-201207051201.i386/6.3
ConsoleKit-libs.i686 0.4.1-3.el6    @anaconda-CentOS-201207051201.i386/6.3
...省略部分输出...
Available Packages
#还可以安装的软件包
```

```
389-ds-base.i686                    1.2.10.2-15.el6          c6-media
389-ds-base-devel.i686              1.2.10.2-15.el6          c6-media
#软件名                              版本                      所在位置（光盘）
...省略部分输出...
```

- 查询 yum 源服务器中是否包含某个软件包。

```
[root@localhost yum.repos.d]# yum list 包名
#查询单个软件包
例如：
[root@localhost yum.repos.d]# yum list samba
Available Packages
samba.i686              3.5.10-125.el6                c6-media
```

- 搜索 yum 源服务器上所有和关键字相关的软件包。

```
[root@localhost yum.repos.d]# yum search 关键字
#搜索服务器上所有和关键字相关的软件包
例如：
[root@localhost yum.repos.d]# yum search samba
#搜索服务器上所有和 samba 相关的软件包
========================N/S Matched: samba ========================
samba-client.i686 : Samba client programs
samba-common.i686 : Files used by both Samba servers and clients
samba-doc.i686 : Documentation for the Samba suite
…省略部分输出…

  Name and summary matches only, use "search all" for everything.
```

- 查询指定软件包的信息。

```
[root@localhost yum.repos.d]# yum info samba
#查询 samba 软件包的信息
Available Packages                  ←还没有安装
Name            : samba             ←包名
Arch            : i686              ←适合的硬件平台
Version         : 3.5.10            ←版本
Release         : 125.el6           ←发布版本
Size            : 4.9 M             ←大小
Repo            : c6-media          ←在光盘上
…省略部分输出…
```

- 查询包含指定内容的软件包。如果我们想安装某个命令或文件，但是不知道这个命令在哪个软件包中，这时就可以使用以下命令：

```
[root@localhost yum.repos.d]# yum provides 关键字
#搜索指定内容在哪个软件包中
例如：
[root@localhost yum.repos.d]# yum provides ifconfig
已加载插件：fastestmirror
Loading mirror speeds from cached hostfile
c7-media/filelists_db
| 3.1 MB    00:00:00
net-tools-2.0-0.22.20131004git.el7.x86_64 : Basic networking tools
```

```
源         : @c7-media
匹配来源:
文件名      : /usr/sbin/ifconfig
```

可以发现 ifconfig 命令是在“net-tools”软件包中的，只要安装了“net-tools”包，ifconfig 命令就可以安装了。

2. 安装

```
[root@localhost yum.repos.d]# yum -y install 包名
选项:
    Install: 安装
    -y: 自动回答 yes。如果不加-y，那么每个安装的软件都需要手工回答 yes
例如:
[root@localhost yum.repos.d]# yum -y install gcc
#使用 yum 自动安装 gcc
```

在讲 RPM 包安装时，提到 gcc 是 C 语言的编译器，如果没有安装，那么第 6.4 节的源码包就无法安装。但 gcc 依赖的软件包比较多，手工使用 RPM 包安装太麻烦了，所以使用 yum 安装。

yum 安装可以自动解决依赖性，而且安装速度也比源码包快得多。不过，yum 安装的还是 RPM 包，所以 rpm 命令还是必须学习和使用的。

注意：在 yum 当中，就不再区分“包全名”和“包名”的概念了，不论操作的是已经安装的软件包，还是未安装的软件包，都使用包名。这是因为 yum 是去服务器中搜索安装的，只要提供包名，不用写完整的包全名，在服务器上就能搜索到对应的软件包。

3. 升级

```
[root@localhost yum.repos.d]# yum -y update 包名
#升级指定的软件包
选项:
    update: 升级
    -y: 自动回答 yes
```

注意：在进行升级操作时，yum 源服务器中软件包的版本要比本机安装的软件包的版本高。

```
[root@localhost yum.repos.d]# yum -y update
#升级本机所有软件包
```

这条命令会升级系统中所有的软件包。不过我们的生产服务器是稳定优先的，所以这种全系统升级的情况并不多见。

4. 卸载

再次强调一下，除非你确定卸载的软件的依赖包不会对系统产生影响，否则不要执行 yum 的卸载，因为很有可能在卸载软件包的同时卸载的依赖包也是重要的系统文件，这就有可能导致系统崩溃。卸载命令如下：

```
[root@localhost yum.repos.d]# yum remove 包名
```

```
#卸载指定的软件包
例如：
[root@localhost yum.repos.d]# yum remove samba
#卸载 samba 软件包
```

6.3.3　yum 软件组管理

在安装 Linux 的过程中，在选择软件包的时候，如果选择了“现在自定义”，就会看到 Linux 支持的许多软件组，比如编辑器、系统工具、开发工具等。那么，在系统安装完成后，是否可以利用 yum 安装这些软件组呢？当然可以，只需要利用 yum 的软件组管理命令即可。

- 查询可以安装的软件组。

```
[root@localhost ~]# yum grouplist
#查询可以安装的软件组
```

- 查询软件组中包含的软件。

```
[root@localhost ~]# yum groupinfo 软件组名
#查询软件组中包含的软件
例如：
[root@localhost ~]# yum groupinfo "Web Server"
#查询软件组“Web Server”中包含的软件
```

- 安装软件组。

安装软件组，CentOS 7.x 已经可以直接支持中文了，也就是能用“yum grouplist”查出来，软件组叫什么，安装的时候直接复制过来就可以安装了，不再需要转换成英文（CentOS 6.x 的高版本也支持中文软件组名了）。

```
[root@localhost ~]# yum groupinstall 软件组名
#安装指定软件组，组名可以由 grouplist 查询出来
例如：
[root@localhost ~]# yum groupinstall "Web Server"
#安装网页服务软件组
```

- 卸载软件组。

```
[root@localhost ~]# yum groupremove 软件组名
#卸载指定软件组
```

软件组管理对于安装功能集中的软件集合非常方便。比如，在安装 Linux 的时候没有安装图形界面，但是后来发现需要图形界面的支持，这时可以手工安装图形界面软件组（X Window System 和 Desktop），就可以很方便地使用图形界面了。

6.4　源码包管理

6.4.1　源码包的安装准备

1．支持软件的安装

Linux 下的绝大多数源码包都是用 C 语言编写的，还有少部分是用 C++等其他程序

语言编写的。所以，要想安装源码包，必须安装 C 语言编译器 gcc（如果是用 C++编写的程序，则还需要安装 gcc-c++）。我们可以先检测一下 gcc 是否已经安装，命令如下：

```
[root@localhost ~]# rpm -q gcc
gcc-4.4.6-4.el6.i686
```

如果没有安装 gcc，则推荐大家采用 yum 安装方式安装。因为如果手工使用 rpm 命令安装，那么 gcc 所依赖的包太多了。命令如下：

```
[root@localhost yum.repos.d]# yum -y install gcc
```

有了编译器，还需要考虑一个问题：刚刚写的“hello.c”只有一个源码文件，所以我们可以利用 gcc 手工编译。但是真正发布的源码包软件内的源码文件可能有成百上千个，而且这些文件之间都是有联系的，编译时有先后顺序。如果这样的源码文件需要手工编译，光想想就是一项难以完成的工作。这时就需要 make 命令来帮助我们完成编译，所以 make 也是必须安装的。我们也需要查看一下 make 是否已经安装，命令如下：

```
[root@localhost yum.repos.d]# rpm -q make
make-3.82-23.el7.x86_64
```

2. 源码包从哪里来

RPM 包是保存在 CentOS 7.x 的安装光盘中的，那么源码包从哪里来呢？是从官方网站上下载的，我们依然以下载和安装 Apache 为例。前面已经说过，源码包和 RPM 包都需要安装 Apache，目的是区分一下源码包和 RPM 包。

6.4.2 安装源码包

1. 注意事项

在安装之前，我们先来解释一下源码包的安装注意事项。

- 软件包是从互联网上下载的。比如 Apache 是从网站 http://mirror.bit.edu.cn/apache/httpd/（北京理工大学开源软件镜像服务）上下载的。
- 下载的软件包格式。下载格式一般都是压缩格式，常见的是“.tar.gz”或“.tar.bz2”，选择你习惯的格式下载即可。
- 下载之后的源代码保存位置。Linux 是一个非常严谨的操作系统，每个目录的作用都是固定而明确的，作为管理员，养成良好的操作习惯非常重要，其中，在正确的目录中保存正确的数据就是一个约定俗成的习惯。在系统中保存源代码的位置主要有两个：“/usr/src”和“/usr/local/src”。其中，“/usr/src”用来保存内核源代码；“/usr/local/src”用来保存用户下载的源代码。
- 软件安装位置。我们刚说了，Linux 非常注意每个目录的作用，所以安装软件也有默认目录，即“/usr/local/软件名”。我们需要给安装的软件包单独规划一个安装目录，以便于管理和卸载。大家可以想象一下，如果把每个软件都安装到“/usr/local/”目录下，但是没有给每个软件单独分配一个安装目录，那么以后还能分清是哪个软件吗？这样一来也就不能正确地卸载软件了。
- 软件安装报错。源码包如果安装不报错，那么安装还是很方便的。但是报错后的排错对刚学习的人来说还是有难度的，不过我们先要知道什么样的情况是报错。

报错有两个典型特点，这两个特点必须都具备才是报错：其一是出现“error”或“warning”字样，其二是安装过程停止。如果没有停止但是出现警告信息，那么只是软件中的部分功能不能使用，而不是报错。

2．安装步骤

我们来解释一下源码包安装的具体步骤。

（1）下载软件包。

（2）解压缩。

（3）进入解压目录。

（4）./configure 软件配置与检查。

这一步主要有三个作用：

① 在安装之前需要检测系统环境是否符合安装要求。

② 定义需要的功能选项。“./configure”支持的功能选项较多，可以执行“./configure --help”命令查询其支持的功能。一般都会通过“./configure --prefix=安装路径”来指定安装路径。

③ 把系统环境的检测结果和定义好的功能选项写入 Makefile 文件，后续的编译和安装需要依赖这个文件的内容。

需要注意的是，configure 不是系统命令，而是源码包软件自带的一个脚本程序，所以必须采用“./configure”方式执行（“./”代表在当前目录下）。

（5）make 编译。

make 会调用 gcc 编译器，并读取 Makefile 文件中的信息进行系统软件编译。编译的目的就是把源码程序转变为能被 Linux 识别的可执行文件，这些可执行文件保存在当前目录下。编译过程较为耗时，需要有足够的耐心。

（6）make clean：清空编译内容（非必需步骤）。

如果在“./configure”或“make”编译中报错，那么我们在重新执行命令前一定要记得执行 make clean 命令，它会清空 Makefile 文件或编译产生的“.o”头文件。

（7）make install：安装。

这才是真正的安装过程，一般会写清楚程序的安装位置。如果忘记指定安装目录，则可以把这个命令的执行过程保存下来，以备将来删除使用。

3．举例安装 Apache

（1）下载。

（2）解压缩。

```
[root@localhost ~]# tar -zxvf httpd-2.2.9.tar.gz   | more
```

（3）进入解压目录。

```
[root@localhost ~]# ls
anaconda-ks.cfg   httpd-2.2.9 httpd-2.2.9.tar.gz   install.log install.log.syslog
[root@localhost ~]# cd httpd-2.2.9
```

（4）软件配置。

```
[root@localhost httpd-2.2.9]# ./configure --prefix=/usr/local/apache2
```

```
选项：
      --prefix:          指定安装目录
checking for chosen layout... Apache
checking for working mkdir -p... yes
checking build system type... i686-pc-linux-gnu
checking host system type... i686-pc-linux-gnu
checking target system type... i686-pc-linux-gnu
…省略部分输出…
```

这里的安装选项没有加载其他功能，只是指定了安装目录。"/usr/local/apache2"目录不需要手工建立，安装完成后会自动建立，这个目录是否生成也是检测软件是否正确安装的重要标志。

当然，在配置之前也可以查询一下 Apache 支持的选项功能，命令如下：

```
[root@localhost httpd-2.2.9]# ./configure --help | more
#查询 Apache 支持的选项功能（不是必需步骤）
```

（5）编译。

```
[root@localhost httpd-2.2.9]# make
```

这一步命令较为简单，但是编译时间较长，主要作用是把源码文件转换为二进制文件。

（6）安装。

```
[root@localhost httpd-2.2.9]# make install
```

如果不报错，这一步完成后就安装成功了。

6.4.3　源码包升级

我们的软件如果进行了数据更新，那么是否需要先把整个软件卸载，然后重新安装呢？当然不需要，我们只需要下载补丁、打上补丁，重新编译和安装就可以了（不用./configure 生成新的 Makefile 文件，make 命令也只是重新编译数据），速度会比重新安装一次快得多。

1．补丁的生成与使用

怎么知道两个软件之间的不同呢？难道需要手工比对两个软件吗？当然不是，Linux 用 diff 命令来比较两个软件的不同，当然也利用这个命令生成补丁文件。那么我们先看看这个命令的格式。

```
[root@localhost ~]# diff 选项 old new
#比较 old 和 new 文件的不同
选项：
      -a：将任何文档当作文本文档处理
      -b：忽略空格造成的不同
      -B：忽略空白行造成的不同
      -I：忽略大小写造成的不同
      -N：当比较两个目录时，如果某个文件只在一个目录中，则在另一个目录中视为空文件
      -r：当比较目录时，递归比较子目录
      -u：使用同一输出格式
```

我们举一个简单的例子，来看看补丁是怎么来的，然后应用一下这个补丁，看看有什么效果，这样就可以说明补丁的作用了。先写两个文件，命令如下：

```
[root@localhost ~]# mkdir test
#建立测试目录
[root@localhost ~]# cd test
#进入测试目录
[root@localhost test]# vi old.txt
our
school
is
lampbrother
#文件 old.txt。为了便于比较，将每行分开
[root@localhost test]# vi new.txt
our
school
is
lampbrother
in
Beijing
#文件 new.txt
```

比较一下两个文件的不同，并生成补丁文件“txt.patch”，命令如下：

```
[root@localhost test]# diff -Naur /root/test/old.txt /root/test/new.txt > txt.patch
#比较两个文件的不同，同时生成 txt.patch 补丁文件

[root@localhost test]# vi txt.patch
#查看一下这个文件
--- /root/test/old.txt    2019-2-23 05:51:14.347954373 +0800
#前一个文件
+++ /root/test/new.txt    2019-2-23 05:50:05.772988210 +0800
#后一个文件
@@ -2,3 +2,5 @@
 school
 is
 lampbrother
+in
+beijing
#后一个文件比前一个文件多两行（用+表示）
```

既然“new.txt”比“old.txt”文件多了两行，那么我们能不能让“old.txt”文件按照补丁文件“txt.patch”进行更新呢？当然可以，使用命令 patch 即可。命令格式如下：

```
[root@localhost test]# patch –pn < 补丁文件
#按照补丁文件进行更新
选项：
        -pn：n 为数字。代表按照补丁文件中的路径，指定更新文件的位置
```

“-p*n*”不好理解，我们说明一下。补丁文件是要打入旧文件的，但是你当前所在的目录和补丁文件中记录的目录不一定是匹配的，所以就需要“-p*n*”选项来同步两个目录。

比如，我当前在“/root/test”目录中（我要打补丁的旧文件就在当前目录下），补丁

文件中记录的文件路径为“/root/test/old.txt”，这时如果写入“-p1”（在补丁文件目录中取消一级目录），那么补丁文件就会打入“/root/test/root/test/old.txt”文件中，这显然是不对的。那如果写入的是“-p2”（在补丁文件目录中取消二级目录），那么补丁文件就会打入“/root/test/test/old.txt”文件中，这显然也不对。如果写入的是“-p3”（在补丁文件目录中取消三级目录），那么补丁文件就会打入“/root/test/old.txt”文件中，我们的 old.txt 文件就在这个目录下，所以应该用“-p3”选项。

如果当前所在目录是“/root”目录呢？因为补丁文件中记录的文件路径为“/root/test/old.txt”，所以这里就应该用“-p2”选项，代表取消两级目录，补丁打在当前目录下的“test/old.txt”文件上。

大家可以这样理解：“-p*n*”就是想要在补丁文件中所记录的目录中取消几个“/”，*n* 就是几。去掉目录的目的是和当前所在目录匹配的。

那么我们更新一下“old.txt”文件，命令如下：

```
[root@localhost test]# patch -p3 < txt.patch
patching file old.txt
#给 old.txt 文件打补丁

[root@localhost test]# cat old.txt
#查看一下 old.txt 文件的内容
our
school
is
lampbrother
in
Beijing
#多出了 in Beijing 两行
```

注意：

（1）给旧文件打补丁依赖的不是新文件，而是补丁文件，所以即使新文件被删除也没有关系。

（2）补丁文件中记录的目录和你当前所在目录是需要通过“-p*n*”选项来同步的。

2. 给 Apache 打入补丁

我们再举一个实际的例子。刚刚我们安装了 httpd-2.2.9 这个版本的程序，在官网上有这个版本的一个补丁“mod_proxy_ftp_CVE-2008-2939.diff”，这个补丁修补了 Apache 代理 FTP 站点时，模块空指针引用拒绝服务攻击的漏洞。我们可以从 http://www.fayea.com/apache-mirror/httpd/patches/apply_to_2.2.9/网站上下载这个补丁。下面我们来看看如何安装这个补丁。

（1）下载补丁文件。

（2）把补丁文件复制到 Apache 源码包解压目录中。

```
[root@localhost ~]# cp mod_proxy_ftp_CVE-2008-2939.diff httpd-2.2.9
```

（3）打入补丁。

```
[root@localhost ~]# cd httpd-2.2.9
```

```
#进入 Apache 源码目录
[root@localhost httpd-2.2.9]# vi mod_proxy_ftp_CVE-2008-2939.diff
#查看补丁文件
--- modules/proxy/mod_proxy_ftp.c          (Revision 682869)
+++ modules/proxy/mod_proxy_ftp.c          (Revision 682870)
…省略部分输出…
#查看一下补丁文件中记录的目录，以便一会儿和当前所在目录同步
[root@localhost httpd-2.2.9]# patch –p0 < mod_proxy_ftp_CVE-2008-2939.diff
#打入补丁
```

为什么是“-p0”？这是因为我们当前所在目录是“/root/httpd-2.2.9/”目录，而在补丁文件中记录的目录是“modules/proxy/mod_proxy_ftp.c”。这个目录是相对路径，没有从“/”根目录开始计数，不需要通过“-p*n*”的方式截取目录。所以我们这里写“-p0”，代表一个目录都不需要去掉。

（4）重新编译。

```
[root@localhost httpd-2.2.9]# make
```

（5）重新安装。

```
[root@localhost httpd-2.2.9]# make install
```

打补丁的方法会比重新安装少了“./configure”步骤，而且编译时也只是编译变化的地方，所以编译速度也更快。但是如果没有安装过 httpd-2.2.9，就需要先打入补丁，再依次执行“./configure”“make”“make install”命令。

如果不想要补丁中的内容呢？可以恢复吗？当然可以，命令如下：

```
[root@localhost httpd-2.2.9]# patch -R < mod_proxy_ftp_CVE-2008-2939.diff
选项：
    -R：还原补丁
```

6.4.4 卸载源码包

在讲解源码包卸载之前，先回顾一下 Windows 系列操作系统中的软件卸载。在 Windows 系统中是不能用鼠标右键单击安装之后的软件，选择删除的，因为这样做会遗留大量的垃圾文件。这些垃圾文件越多，会导致 Windows 系统越不稳定。

我们在 Linux 中删除源码包应该怎样操作呢？太简单了，只要找到软件的安装位置（还记得我们要求在安装时必须指定安装位置吗），然后直接删除就可以了。比如删除 Apache，只需要执行如下命令即可，而且不会遗留任何垃圾文件。

```
[root@localhost ~]# rm -rf /usr/local/apache2/
```

如果 Apache 服务启动了，记得先停止服务再删除。

6.4.5 函数库管理

1．什么是函数库

函数库其实就是函数，只不过是系统调用的函数。这样说吧，我写了一个软件，所有的功能都需要我自己完成吗？其实是不需要的，因为很多功能是别人已经写好的，我

只需要拿来使用就好了。这些有独立功能、可以被其他程序调用的程序就是函数。

2．函数库分类

当其他程序调用函数时，根据是否把函数直接整合到程序中而分为静态函数和动态函数。我们分别看看这两种函数的优缺点。

（1）静态函数库

静态函数库文件一般以“*.a”扩展名结尾，这种函数库在被程序调用时会被直接整合到程序当中。

优点：程序执行时，不需要再调用外部数据，可以直接执行。

缺点：因为把所有内容都整合到程序中，所以编译生成的文件会比较大，升级比较困难，需要把整个程序重新编译。

（2）动态函数库

动态函数库文件通常以“*.so”扩展名结尾，这种函数库在被程序调用时，并没有直接整合到程序当中，当程序需要用到函数库的功能时，再去读取函数库，在程序中只保存了函数库的指向，如图 6-4 所示。

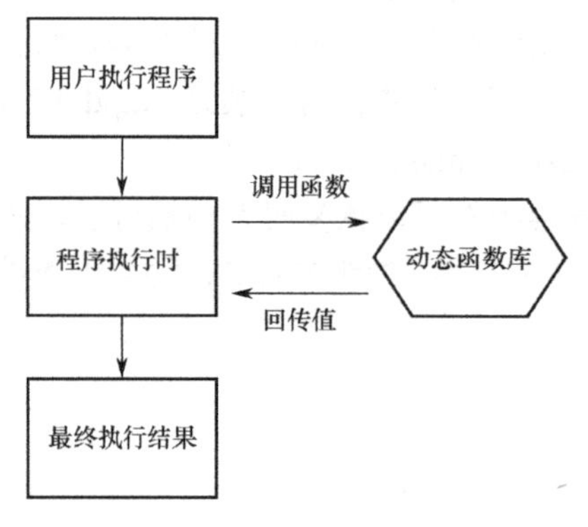

图 6-4　动态函数库调用

优点：因为没有把整个函数库整合到程序中，所以文件较小，升级方便，不需要把整个程序重新编译，只需要重新编译安装函数库即可。

缺点：程序在执行时需要调用外部函数，如果这时函数出现问题，或指向位置不正确，那么程序将不能正确执行。

目前 Linux 中的大多数函数库是动态函数库，主要是因为升级方便；但是函数的存放位置非常重要，而且不能更改。目前被系统程序调用的函数主要存放在“/usr/lib”和“/lib”中，而 Linux 内核调用的函数库主要存放在“/lib/modules”中。

3．安装函数库

那么，系统中的可执行程序到底调用了哪些函数库呢？可以查询到吗？当然可以，命令如下：

```
[root@localhost ~]# ldd -v 可执行文件名
选项：
    -v：显示详细版本信息
```

比如，查看一下 ls 命令调用了哪些函数库，命令如下：

```
[root@localhost ~]# ldd /bin/ls
        linux-gate.so.1 =>  (0x00d56000)
        libselinux.so.1 => /lib/libselinux.so.1 (0x00cc8000)
        librt.so.1 => /lib/librt.so.1 (0x00cb8000)
        libcap.so.2 => /lib/libcap.so.2 (0x00160000)
        libacl.so.1 => /lib/libacl.so.1 (0x00140000)
        libc.so.6 => /lib/libc.so.6 (0x00ab8000)
        libdl.so.2 => /lib/libdl.so.2 (0x00ab0000)
        /lib/ld-linux.so.2 (0x00a88000)
        libpthread.so.0 => /lib/libpthread.so.0 (0x00c50000)
        libattr.so.1 => /lib/libattr.so.1 (0x00158000)
```

新安装了一个函数库，如何让它被系统识别呢？其实软件如果是正常安装的，则不需要手工调整函数库。但是万一没有安装正确，需要手工安装呢？那也很简单，只要把函数库放入指定位置，一般放在“/usr/lib”或“/lib”中，然后把函数库所在目录写入“/etc/ld.so.conf”文件中。注意是写入函数库所在目录，而不是写入函数库的文件名。比如：

```
[root@localhost ~]# cp *.so /usr/lib/
#把函数库复制到/usr/lib 目录中
[root@localhost ~]# vi /etc/ld.so.conf
#修改函数库配置文件
include ld.so.conf.d/*.conf
/usr/lib
#写入函数库所在目录（其实/usr/lib 目录默认已经被识别）
```

接着使用 ldconfig 命令重新读取/etc/ld.so.conf 文件，把新函数库读入缓存即可。命令如下：

```
[root@localhost ~]# ldconfig
#从/etc/ld.so.conf 文件中把函数库读入缓存
[root@localhost ~]# ldconfig -p
#列出系统缓存中所有识别的函数库
```

6.5 脚本程序包管理

6.5.1 脚本程序简介

脚本程序包并不多见，所以在软件包分类中并没有把它列为一类。它更加类似于 Windows 下的程序安装，有一个可执行的安装程序，只要运行安装程序，然后进行简单的功能定制选择（如指定安装目录等），就可以安装成功，只不过是在字符界面下完成的。

目前常见的脚本程序以各类硬件的驱动居多，我们需要学习一下这类软件的安装方式，以备将来不时之需。

6.5.2 安装 Webmin

1. 简介

我们来看看脚本程序如何安装和使用。安装一个叫作 Webmin 的工具软件，Webmin

是一个基于 Web 的系统管理界面。借助任何支持表格和表单的浏览器（和 File Manager 模块所需要的 Java），就可以设置用户账号、Apache、DNS、文件共享等。Webmin 包括一个简单的 Web 服务器和许多 CGI 程序，这些程序可以直接修改系统文件，比如 /etc/inetd.conf 和 /etc/passwd。Web 服务器和所有的 CGI 程序都是用 Perl 5 编写的，没有使用任何非标准 Perl 模块。也就是说，Webmin 是一个用 Perl 语言编写的、可以通过浏览器管理 Linux 的软件。

2．安装步骤

首先下载 Webmin 软件，地址为 http://sourceforge.net/projects/webadmin/files/webmin/，这里下载的是 webmin-1.610.tar.gz。

接下来解压缩软件，命令如下：

```
[root@localhost ~]# tar -zxvf webmin-1.610.tar.gz
```

进入解压目录，命令如下：

```
[root@localhost ~]# cd webmin-1.610
```

执行安装程序 setup.sh，并指定功能选项，命令如下：

```
[root@localhost webmin-1.610]# ./setup.sh
***********************************************************************
*            Welcome to the Webmin setup script, version 1.610        *
***********************************************************************
Webmin is a web-based interface that allows Unix-like operating
systems and common Unix services to be easily administered.

Installing Webmin in /root/webmin-1.610 ...

***********************************************************************
Webmin uses separate directories for configuration files and log files.
Unless you want to run multiple versions of Webmin at the same time
you can just accept the defaults.

Config file directory [/etc/webmin]:
#选择安装位置，默认安装在/etc/webmin 目录下。如果安装到默认位置，则直接回车
Log file directory [/var/webmin]:
#日志文件保存位置，直接回车，选择默认位置
***********************************************************************
Webmin is written entirely in Perl. Please enter the full path to the
Perl 5 interpreter on your system.

Full path to perl (default /usr/bin/perl):
#指定 Perl 语言的安装位置，直接回车，选择默认位置，Perl 默认就安装在这里
Testing Perl ...
Perl seems to be installed ok

***********************************************************************
Operating system name:    CentOS Linux
Operating system version: 6.3
```

```
***********************************************************************
Webmin uses its own password protected web server to provide access
to the administration programs. The setup script needs to know :
 - What port to run the web server on. There must not be another
   web server already using this port.
 - The login name required to access the web server.
 - The password required to access the web server.
 - If the webserver should use SSL (if your system supports it).
 - Whether to start webmin at boot time.

Web server port (default 10000):
#指定 Webmin 监听的端口，直接回车，默认选定 10000
Login name (default admin):admin
#输入登录 Webmin 的用户名
Login password:
Password again:
#输入登录密码
The Perl SSLeay library is not installed. SSL not available.
#Apache 默认没有启动 SSL 功能，所以 SSL 没有被激活
Start Webmin at boot time (y/n):y
#是否在开机的同时启动 Webmin
…安装过程省略…
Webmin has been installed and started successfully. Use your web
browser to go to

  http://localhost:10000/

and login with the name and password you entered previously.
#安装完成
```

在浏览器地址栏中输入你安装了Apache的Linux服务器的IP地址，如“http://192.168.44.3:10000/”，然后输入用户名和密码，就可以登录到Webmin界面，如图6-5所示。

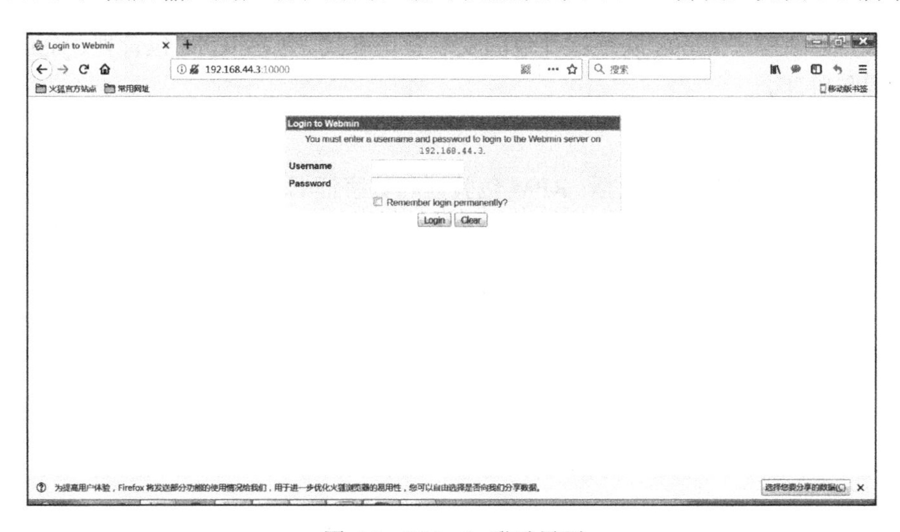

图6-5　Webmin 登录界面

当然，我们并不是要讲解 Webmin 管理界面如何使用，而是要讲解脚本程序如何安装，所以工作已经完成。这种脚本安装简单快速，不过需要软件发行商发布安装脚本。Linux 中的绝大多数软件是没有这种脚本的。

6.6 软件包的选择

至此，Linux 中的软件安装方式我们就讲完了，是不是比 Windows 中的软件安装要复杂一些？不过这也说明 Windows 下的病毒和木马是不能直接感染 Linux 的，因为它们的软件包是不一样的。

不过，在安装软件的时候，到底应该使用 RPM 包还是源码包，我们做一下总结和推荐，当然这是编者的个人经验，你也可以按照自己的意愿安装。

软件包安装注意事项：

（1）如果是 Linux 的底层模块和自带软件，则推荐使用 RPM 包安装，比如 gcc、图形界面、开发库等。另外，不需要手工定制功能的软件，都推荐使用 RPM 包安装，毕竟安装简单。

（2）如果是在服务器上应用的服务程序，则推荐使用源码包安装，比如 Apache、DNS、Mail 等服务程序。这样它们更适合你的服务器系统，性能更加优化，功能完全由你自己定义。

（3）如果要安装 RPM 包程序，那么既可以手工使用 RPM 包安装，也可以使用 yum 安装。但是如果要卸载程序，则最好不要使用 yum 卸载，因为容易在卸载某个软件依赖包的时候，把 Linux 系统依赖包也卸载掉，从而导致系统崩溃。

本章小结

本章重点

本章重点讲解了 Linux 系统软件包的安装管理方式，包括 RPM 包管理、yum 在线管理、源码包管理。

本章难点

本章学习过程中的难点包括：RPM 包验证和数字证书、SRPM 包管理、源码包升级、源码包、函数库管理。对于刚从 Windows 转到 Linux 的学习者来说，可能会不大适应，多练习、多使用、多摸索即可熟悉。

第7章　得人心者得天下：用户和用户组管理

学前导读

用户和用户组管理，顾名思义就是添加用户和用户组、更改密码和设定权限等操作。可能有很多人觉得用户管理没有意义，因为我们在使用个人计算机的时候，不管执行什么操作，都以管理员账户登录，而从来没有添加和使用过其他普通用户。这样做对个人计算机来讲问题不大，不过在服务器上是行不通的。大家想象一下，我们是一个管理团队，共同维护一组服务器，难道每个人都能够被赋予管理员权限吗？显然是不行的，因为不是所有的数据都可以对每位管理员公开，而且如果在运维团队中有某位管理员对Linux 不熟悉，那么赋予他管理员权限的后果可能是灾难性的。所以，越是对安全性要求高的服务器，越需要建立合理的用户权限等级制度和服务器操作规范。

本章内容

- 用户配置文件和管理相关文件
- 用户管理命令
- 用户组管理命令

7.1　用户配置文件和管理相关文件

我们已经知道 Linux 中的所有内容都是文件，所有内容如果想要永久生效，都需要保存到文件中，那么用户信息当然也要保存到文件中。我们需要先认识这些和用户管理相关的文件。

7.1.1　用户信息文件/etc/passwd

这个文件中保存的就是系统中所有的用户和用户的主要信息。我们打开这个文件来看看内容到底是什么。

```
[root@localhost ~]# vi /etc/passwd
#查看一下文件内容
root:x:0:0:root:/root:/bin/bash
bin:x:1:1:bin:/bin:/sbin/nologin
daemon:x:2:2:daemon:/sbin:/sbin/nologin
adm:x:3:4:adm:/var/adm:/sbin/nologin
…省略部分输出…
```

这个文件的内容非常规律，每行代表一个用户。大家可能会比较惊讶，Linux 系统中默认怎么会有这么多的用户？这些用户中的绝大多数是系统或服务正常运行所必需的用户，我们把这种用户称为系统用户或伪用户。系统用户是不能登录系统的，但是这些用户同样也不能被删除，因为一旦删除，依赖这些用户运行的服务或程序就不能正常执行，会导致系统出问题。

那么我们就把 root 用户这一行拿出来，看看这个文件中的内容具体代表的含义吧。我们会注意到，这个文件用“:”作为分隔符，划分为 7 个字段，我们逐个来看具体的含义。

1．用户名称

第一个字段中保存的是用户名称。不过大家需要注意，用户名称只是为了方便管理员记忆，Linux 系统是通过用户 ID（UID）来区分不同用户、分配用户权限的。而用户名称和 UID 的对应正是通过/etc/passwd 这个文件来定义的。

2．密码标志

“x”代表的是密码标志，而不是真正的密码，真正的密码是保存在/etc/shadow 文件中的。在早期的 UNIX 中，这里保存的就是真正的加密密码串，但是这个文件的权限是 644，查询命令如下：

```
[root@localhost ~]# ll /etc/passwd
-rw-r--r-- 1 root root 1648 12 月 29 00:17 /etc/passwd
```

所有用户都可以读取/etc/passwd 文件，这样非常容易导致密码的泄露。虽然密码是加密的，但是采用暴力破解的方式也是能够进行破解的。所以现在的 Linux 系统把真正的加密密码串放置在影子文件/etc/shadow 中，而影子文件的权限是 000，查询命令如下：

```
[root@localhost ~]# ll /etc/shadow
---------- 1 root root 1028 12 月 29 00:18 /etc/shadow
```

这个文件是没有任何权限的，但因为是 root 用户，所以读取权限不受限制。当然，用强制修改的方法也是可以手工修改这个文件的内容的。只有 root 用户可以浏览和操作这个文件，这样就最大限度地保证了密码的安全。

所以在/etc/passwd 中只有一个“x”代表用户是拥有密码的，我们把这个字段称作密码标志，具体的密码要去/etc/shadow 文件中查询。但是这个密码标志“x”也是不能被删除的，如果删除了密码标志“x”，那么系统会认为这个用户没有密码，从而导致只输入用户名而不用输入密码就可以登录（当然只能在本机上使用无密码登录，远程是不可以的），除非特殊情况（如破解用户密码），这当然是不可行的。

3．UID

第三个字段就是用户 ID（UID），我们已经知道系统是通过 UID 来识别不同的用户和分配用户权限的。这些 UID 是有使用限制和要求的，我们需要了解。

- 0：超级用户 UID。如果用户 UID 为 0，则代表这个账号是管理员账号。在 Linux 中如何把普通用户升级成管理员呢？把其他用户的 UID 修改为 0 就可以了，这一点和 Windows 是不同的。不过不建议建立多个管理员账号。
- 1～1000：系统用户（伪用户）UID。这些 UID 是保留给系统用户的 UID，也就是说 UID 是 1～1000 范围内的用户，是不能登录系统的，而是用来运行系统或服务的。其中，1～99 是系统保留的账号，系统自动创建；100～1000 是预留给用户创建系统账号的。

- 1001～60000：普通用户 UID。建立的普通用户 UID 从 1001 开始，最大到 60000。

这些用户足够使用了，但是如果不够也不用害怕，2.6.x 内核以后的 Linux 系统用户 UID 已经可以支持 2^{32} 个用户了。

4. GID

第四个字段就是用户的组 ID（GID），也就是这个用户的初始组的标志号。这里需要解释一下初始组和附加组的概念。

所谓初始组，指用户一登录就立刻拥有这个用户组的相关权限。每个用户的初始组只能有一个，一般就是将和这个用户的用户名相同的组名作为这个用户的初始组。举例来说，我们手工添加用户 lamp，在建立用户 lamp 的同时就会建立 lamp 组作为 lamp 用户的初始组。

所谓附加组，指用户可以加入多个其他的用户组，并拥有这些组的权限。每个用户只能有一个初始组，初始组把用户再加入其他的用户组，这些用户组就是这个用户的附加组。附加组可以有多个，而且用户可以有这些附加组的权限。举例来说，刚刚的 lamp 用户除属于初始组 lamp 外，又把它加入到了 users 组，那么 lamp 用户同时属于 lamp 组、users 组，其中 lamp 是初始组，users 是附加组。当然，初始组和附加组的身份是可以修改的，但是我们在工作中一般不修改初始组，只修改附加组，因为修改了初始组有时会让管理员逻辑混乱。

注意： 在/etc/passwd 文件的第四个字段中看到的 ID 是这个用户的初始组。

5. 用户说明

第五个字段是这个用户的简单说明，没有什么特殊作用，可以不写。

6. 家目录

第六个字段是这个用户的家目录，也就是用户登录后有操作权限的访问目录，我们把这个目录称为用户的家目录。超级用户的家目录是/root 目录，普通用户在/home 目录下建立和用户名相同的目录作为家目录，如 lamp 用户的家目录就是/home/lamp 目录。

7. 登录之后的 Shell

Shell 就是 Linux 的命令解释器。管理员输入的密码都是 ASCII 码，也就是类似 abcd 的英文。但是系统可以识别的编码是类似 0101 的机器语言。Shell 的作用就是把 ASCII 编码的命令翻译成系统可以识别的机器语言，同时把系统的执行结果翻译为用户可以识别的 ASCII 编码。Linux 的标准 Shell 就是/bin/bash。

在/etc/passwd 文件中，大家可以把这个字段理解为用户登录之后所拥有的权限。如果写入的是 Linux 的标准 Shell，/bin/bash 就代表这个用户拥有权限范围内的所有权限。例如：

```
[root@localhost ~]# vi /etc/passwd
lamp:x:1001:1001::/home/lamp:/bin/bash
```

我们手工添加了 lamp 用户，它的登录 Shell 是/bin/bash，那么这个用户就可以使用普通用户的所有权限。如果我们把 lamp 用户的 Shell 修改为/sbin/nologin，例如：

```
[root@localhost ~]# vi /etc/passwd
lamp:x:502:502::/home/lamp:/sbin/nologin
```

那么这个用户就不能登录了，因为/sbin/nologin 就是禁止登录的 Shell。如果我们在这里放入的是一个系统命令，如/usr/bin/passwd，例如：

```
[root@localhost ~]# vi /etc/passwd
lamp:x:502:502::/home/lamp:/usr/bin/passwd
```

那么这个用户可以登录，但是登录之后就只能修改自己的密码了。但是在这里不能随便写入和登录没有关系的命令，如 ls，否则系统不会识别这些命令，也就意味着这个用户不能登录。

7.1.2 影子文件/etc/shadow

这个文件中保存着用户的实际加密密码和密码有效期等参数。我们已经知道这个文件的权限是 000，所以保存的实际加密密码除 root 用户外，其他用户是不能查看的，这样做有效地保证了密码的安全。如果这个文件的权限发生了改变，则需要注意是否是恶意攻击。我们打开这个文件看看，例如：

```
[root@localhost ~]# vi /etc/shadow
root:$6$9w5Td6lg$bgpsy3olsq9WwWvS5Sst2W3ZiJpuCGDY.4w4MRk3ob/i85fI38RH15wzVoomff9is
V1PzdcXmixzhnMVhMxbv0:17973:0:99999:7:::
#上面为一行
bin:*:17632:0:99999:7:::
daemon:*:17632:0:99999:7:::
…省略部分输出…
```

这个文件的每行代表一个用户，同样使用“:”作为分隔符，划分为 9 个字段。我们以 root 行为例，这 9 个字段的作用如下。

1．用户名称

第一个字段中保存的是用户名称，和/etc/passwd 文件的用户名称相对应。

2．密码

第二个字段中保存的是真正加密的密码。目前 Linux 的密码采用的是 SHA512 散列加密算法，而原来采用的是 MD5 或 DES 加密算法。SHA512 散列加密算法的加密等级更高，也更加安全。注意：这串密码产生的乱码不能手工修改，如果手工修改，就会算不出原密码，导致密码失效。当然，我们也可以在密码前人为地加入“!”或“*”来改变加密值，让密码暂时失效，使这个用户无法登录，达到暂时禁止用户登录的效果。

注意：所有伪用户的密码都是“!!”或“*”，代表这些用户都没有密码，是不能登录的。当然，新创建的用户如果不设定密码，那么它的密码项也是“!!”，代表这个用户没有密码，不能登录。

3．密码最后一次修改日期

第三个字段是密码的修改日期，可是这里怎么是 17973？代表什么意思呢？其实

Linux 更加习惯使用时间戳代表时间，也就是说，以 1970 年 1 月 1 日作为标准时间，每过去一天时间戳加 1，那么 366 代表的就是 1971 年 1 月 1 日。我们这里的时间戳是 17973，也就是说，是在 1970 年 1 月 1 日之后的第 17973 天修改的 root 用户密码。那么，到底 17973 的时间戳代表的是哪一天呢？我们可以使用如下命令进行换算：

```
[root@localhost ~]# date -d "1970-01-01 17973 days"
2019 年 03 月 18 日 星期一 00:00:00 CST
```

用以上命令可以把时间戳换算为我们习惯的系统日期，那么我们可以把系统日期换算为时间戳吗？当然可以，命令如下：

```
[root@localhost ~]# echo $(($(date --date="2019/03/18" +%s)/86400+1))
17973
```

这里的 2019/03/18 是要计算的日期，+%s 是把当前日期换算成自 1970 年 1 月 1 日以来的总秒数，除以 86400（每天的秒数），最后加上 1 补齐 1970 年 1 月 1 日当天就能计算出时间戳了。其实不需要理解这里的命令，只要知道时间戳的概念就好，如果需要换算就套用命令。

4．密码的两次修改间隔时间（和第三个字段相比）

第四个字段是密码的两次修改间隔时间。这个字段要和第三个字段相比，也就是说密码被修改后多久不能再修改密码。如果是 0，则密码可以随时修改。如果是 10，则代表密码修改后 10 天之内不能再次修改这个密码。

5．密码的有效期（和第三个字段相比）

第五个字段是密码的有效期。这个字段也要和第三个字段相比，也就是说密码被修改后可以生效多少天。默认值是 99999，也就是 273 年，大家可以认为永久生效。如果改为 180，那么密码被修改 180 天之后就必须再次修改，否则该用户就不能登录了。我们在管理服务器的时候，可以通过这个字段强制用户定期修改密码。

6．密码修改到期前的警告天数（和第五个字段相比）

第六个字段是密码修改到期前的警告天数。这个字段要和第五个字段相比，就是密码到期前须提前几天修改。默认值是 7，也就是说从密码到期前的 7 天开始，每次登录系统都会警告该用户修改密码。

7．密码过期后的宽限天数（和第五个字段相比）

第七个字段是密码过期后的宽限天数。也就是密码过期后，用户如果还是没有修改密码，那么在宽限天数内用户还是可以登录系统的；如果过了宽限天数，那么用户就无法再使用该密码登录了。天数如果是 10，则代表密码过期 10 天后失效；如果是 0，则代表密码过期后立即失效；如果是−1，则代表密码永远不会失效。

8．账号失效时间

第八个字段是用户的账号失效时间。这里同样要写时间戳，也就是用 1970 年 1 月 1 日进行时间换算。如果超过了失效时间，就算密码没有过期，用户也就失效，无法使用了。

9．保留

这个字段目前没有使用。

小提示：在 Linux 中，如果遗忘了密码，可以启动进入单用户模式。这时既可以删除/etc/passwd 文件中的密码标识字段，也可以删除/etc/shadow 文件中的密码标识字段，都可以达到清空密码的目的。

7.1.3　组信息文件/etc/group

这个文件是记录组 ID（GID）和组名的对应文件。/etc/passwd 文件的第四个字段记录的是每个用户的初始组的 ID，那么这个 GID 的组名到底是什么呢？就要从/etc/group 文件中查找。这个文件的内容如下：

```
[root@localhost ~]# vi /etc/group
root :x :0 :
bin :x :1 :bin,daemon
daemon:x:2:bin,daemon
…省略部分输出…
lamp:x:502:
```

我们手工添加的用户 lamp 也会默认生成一个 lamp 用户组，GID 是 502，作为 lamp 用户的初始组。这个文件和上面两个文件一样，用“:”作为分隔符，划分为 4 个字段。我们同样以 root 行作为例子讲解，每个字段的具体含义如下。

1．组名

第一个字段是组名字段，也就是用户组的名称字段。

2．组密码标志

第二个字段是组密码标志字段。和/etc/passwd 文件一样，这里的“x”仅仅是密码标识，真正的加密之后的组密码保存在/etc/gshadow 文件中。不过，用户设置密码是为了验证用户的身份，但是用户组设置密码是用来做什么的呢？用户组密码主要是用来指定组管理员的，由于系统中的账号可能会非常多，root 用户可能没有时间进行用户组调整，这时可以给用户组指定组管理员，如果有用户需要加入或退出某用户组，则可以由该组的组管理员替代 root 进行管理。但是这项功能目前很少使用，我们也很少设置组密码。如果需要赋予某用户调整某个用户组的权限，则可以使用 sudo 命令代替（sudo 命令参见第 8.4 节）。

3．组 ID（GID）

第三个字段是用户组的 ID，和 UID 一样，Linux 系统是通过 GID 来区别不同的用户组的，组名只是为了便于管理员识别。所以，在/etc/group 文件中可以查看对应的组名和 GID。

4．组中的用户

第四个字段表示的就是这个用户组中到底包含了哪些用户。需要注意的是，如果该用户组是这个用户的初始组，则该用户不会写入这个字段。也就是说，写入这个字段的用户是这个用户组的附加用户。比如 lamp 组就是这样写的“lamp:x:502：”，并没有在第四个字段中写入 lamp 用户，因为 lamp 组是 lamp 用户的初始组。如果要查询这些用户的初始组，需要先到/etc/passwd 文件中查看 GID（第四个字段），然后到/etc/group 文件中比对组名。

每个用户都可以加入多个附加组，但是只能属于一个初始组。所以我们在实际工作中，如果需要把用户加入其他组，则需要添加附加组。一般情况下，用户的初始组就是在建立用户的同时建立和用户名相同的组。

注意：我们讲了三个用户配置文件/etc/passwd、/etc/shadow、/etc/group，它们之间的关系是这样的：先在/etc/group 文件中查询用户组的 GID 和组名；然后在/etc/passwd 文件中查找该 GID 是哪个用户的初始组，同时提取这个用户的用户名和 UID；最后通过 UID 到/etc/shadow 文件中提取和这个用户相匹配的密码。

7.1.4 组密码文件/etc/gshadow

这个文件就是保存组密码的文件。如果我们给用户组设定了组管理员，并给该用户组设定了组密码，那么组密码就保存在这个文件中，组管理员就可以利用这个密码管理这个用户组了。

该文件的内容如下：

```
[root@localhost ~]# vi /etc/gshadow
root:::
bin:::bin,daemon
daemon:::bin,daemon
…省略部分输出…
lamp:!::
```

这个文件同样使用“:”作为分隔符，把文件划分为 4 个字段，每个字段的含义如下。

1. 组名

第一个字段是这个用户的组名。

2. 组密码

第二个字段就是实际加密的组密码。大家已经注意到，对于大多数用户来说，这个字段不是空就是“!”，代表这个组没有合法的组密码。

3. 组管理员用户名

第三个字段表示这个组的管理员是哪个用户。

4. 组中的附加用户

第四个字段用于显示这个用户组中有哪些附加用户。

7.1.5 用户管理相关文件

上面介绍的 4 个文件是用户的配置文件，每个用户的信息、权限和密码都保存在这

4 个文件中。下面要介绍的几个文件虽然不是用户的配置文件，但也是在创建用户时自动建立或和用户创建相关的文件。

1. 用户的家目录

每个用户在登录 Linux 系统时，必须有一个默认的登录位置，该用户对这个目录应该拥有一定的权限，我们把这个目录称作用户的家目录。普通用户的家目录位于/home 下，目录名和用户名相同。例如，lamp 用户的家目录就是/home/lamp，这个目录的权限如下：

```
[root@localhost ~]# ll -d /home/lamp/
drwx------ 3 lamp lamp 4096 3 月  18 05:40 /home/lamp/
```

目录的属主是 lamp 用户，属组是 lamp 用户组，权限是 700，lamp 用户对/home/lamp 家目录拥有读、写和执行权限。

超级用户的家目录位于/下。例如，超级用户的家目录就是/root，这个目录的权限如下：

```
[root@localhost ~]# ll -d /root/
dr-xr-x--- 6 root root 4096 12 月 29 00:17 /root/
```

在 Linux 中，家目录用“~”表示，当前命令的提示符是“[root@localhost ~]#”，表示当前所在目录就是家目录。而当前是超级用户，所以家目录就是/root。

2. 用户邮箱目录

在建立每个用户的时候，系统会默认给每个用户建立一个邮箱。这个邮箱在/var/spool/mail 目录中，如 lamp 用户的邮箱就是/var/spool/mail/lamp。

3. 用户模板目录

刚刚我们说了每个用户都有一个家目录，比如 lamp 用户的家目录就是/home/lamp，我们进入这个目录，看看里面有什么内容。

```
[root@localhost ~]# cd /home/lamp/
[root@localhost lamp]# ls
[root@localhost lamp]#
```

这个用户因为是新建立的，所以家目录中没有保存任何文件，是空的。但真的是空的吗？有没有隐藏文件呢？我们再来看看。

```
[root@localhost lamp]# ls –a
.  ..  .bash_logout  .bash_profile  .bashrc
```

原来这个目录中还是有文件的，只不过这些文件都是隐藏文件。那么这些文件都是做什么的？是从哪里来的呢？这些文件都是当前用户 lamp 的环境变量配置文件，这里保存的都是该用户的环境变量参数。那么，什么是环境变量配置文件呢？举个例子，在 Windows 中虽然只有一台计算机，但是如果使用不同的用户登录，那么每个用户的操作环境（如桌面背景、分辨率、桌面图标）都是不同的。因为每个用户的操作习惯不同，所以 Windows 运行用户自行定义的操作环境。在 Linux 中可以吗？当然可以，只不过 Windows 是通过更直观的图形界面来进行设置和调整的，而 Linux 是通过文件来进行调整的。我们将这些根据用户习惯调整操作系统环境的配置文件称作环境变量配置文件。/home/lamp 目录中的这些环境变量配置文件所定义的操作环境只对 lamp 用户生效，其他每个用户的家目录中都有相应的环境变量配置文件。

那么，这些环境变量配置文件都是从哪里来的呢？其实有一个模板目录，这个模板目录就是/etc/skel 目录，每创建一个用户，系统会自动创建一个用户家目录，同时把模板目录/etc/skel 中的内容复制到用户家目录中。我们看看/etc/skel 目录中有一些什么内容。

```
[root@localhost ~]# cd /etc/skel/
[root@localhost skel]# ls -a
.  ..  .bash_logout  .bash_profile  .bashrc
```

是不是和/home/lamp 目录中的内容一致呢？我们做一个实验，在/etc/skel 目录中随意创建一个文件，我们看看新建立的用户的家目录中是否也会把这个文件复制过来。

```
[root@localhost ~]# cd /etc/skel/
#进入模板目录
[root@localhost skel]# touch test
#创建一个临时文件 test
[root@localhost skel]# ls -a
.  ..  .bash_logout  .bash_profile  .bashrc  .gnome2  test
#查看文件，除环境变量配置文件之外，多了一个 test 文件
[root@localhost skel]# useradd user1
#添加用户 user1
[root@localhost skel]# cd /home/user1/
#进入 user1 的家目录
[root@localhost user1]# ls -a
.  ..  .bash_logout  .bash_profile  .bashrc  .gnome2  test
#看到了吗？系统自动建立的家目录中也多出了 test 文件
```

这样大家就明白模板目录的作用了吧。如果需要让每个用户的家目录中都有某个目录或文件，就可以修改模板目录。

总结一下：Linux 系统中和用户相关的文件主要有 7 个。其中 4 个是用户配置文件，分别是/etc/passwd、/etc/shadow、/etc/group、/etc/gshadow。这几个文件主要定义了用户的相关参数，我们可以通过手工修改这几个文件来建立或修改用户的相关信息，当然也可以通过命令修改。还有 3 个文件是用户管理相关文件，分别是用户的家目录、用户邮箱目录和用户模板目录，这些目录在建立用户的时候都会起到相应的作用，一般不需要修改。

7.2　用户管理命令

前面我们讲了用户相关文件，如果要添加或删除用户，通过手工修改配置文件的方法也是可以的。但是这样做太麻烦了，Linux 系统为我们准备了完善的用户管理命令，下面来介绍一下这些命令。

7.2.1　添加用户：useradd

1. 命令格式

添加用户的命令是 useradd，命令格式如下：

```
[root@localhost ~]#useradd [选项] 用户名
选项：
    -u UID：手工指定用户的 UID，注意手工添加的用户的 UID 不要小于 500
    -d 家目录：手工指定用户的家目录。家目录必须写绝对路径，而且如果需要手工指定家
           目录，一定要注意权限
   -c 用户说明：手工指定用户说明。还记得/etc/passwd 文件的第五个字段吗？这里就是指定
           该字段内容的
    -g 组名：手工指定用户的初始组。一般以和用户名相同的组作为用户的初始组，在创建用户
           时会默认建立初始组。如果不想使用默认初始组，则可以用-g 手工指定。不建议
           手工修改
    -G 组名：指定用户的附加组。把用户加入其他组，一般都使用附加组
    -s shell：手工指定用户的登录 Shell，默认是/bin/bash
    -e 日期：指定用户的失效日期，格式为"YYYY-MM-DD"。也就是/etc/shadow 文件的第八
           个字段
      -o：允许创建的用户的 UID 相同。例如，执行"useradd –u 0 –o usertest"命令建立
           用户 usertest，它的 UID 和 root 用户的 UID 相同，都是 0
      -m：建立用户时强制建立用户的家目录。在建立系统用户时，该选项是默认的
```

2．添加默认用户

如果我们只创建用户，可以不使用任何选项，系统会按照默认值指定这些选项，只需要最简单的命令就可以了。

例子 1：添加用户

```
[root@localhost ~]# useradd lamp
```

那么，这条命令到底做了什么呢？我们依次来看看。

（1）在/etc/passwd 文件中按照文件格式添加 lamp 用户的行。

```
[root@localhost ~]# grep "lamp" /etc/passwd
lamp:x:1001:1001::/home/lamp:/bin/bash
```

注意：普通用户的 UID 是从 1001 开始计算的。同时默认指定了用户的家目录为/home/lamp，用户的登录 Shell 为/bin/bash。

（2）在/etc/shadow 文件中建立用户 lamp 的相关行。

```
[root@localhost ~]# grep "lamp" /etc/shadow
lamp:!!:17973:0:99999:7:::
```

当然，这个用户还没有设置密码，所以密码字段是"!!"，代表这个用户没有合理密码，不能正常登录。同时会按照默认值设定时间字段。

（3）在/etc/group 文件中建立和用户 lamp 相关的行。

```
[root@localhost ~]# grep "lamp" /etc/group
lamp:x:1001:
```

因为 lamp 组是 lamp 用户的初始组，所以 lamp 用户名不会写入第四个字段。

（4）在/etc/gshadow 文件中建立和用户 lamp 相关的行。

```
[root@localhost ~]# grep "lamp" /etc/gshadow
lamp:!::
```

当然，我们没有设定组密码，所以这里没有密码，也没有组管理员。

（5）默认建立用户的家目录和邮箱。

```
[root@localhost ~]# ll -d /home/lamp/
drwx------ 3 lamp lamp 4096 3 月    18 00:19 /home/lamp/
[root@localhost ~]# ll /var/spool/mail/lamp
-rw-rw---- 1 lamp mail 0 3 月    18 00:19 /var/spool/mail/lamp
```

注意这两个文件的权限，都要让 lamp 用户拥有相应的权限。

大家看到了吗？useradd 命令在添加用户的时候，其实就是修改了我们在前面介绍的 7 个文件或目录，那么我们可以通过手工修改这些文件来添加或删除用户吗？当然可以了，我们在后面会演示如何通过手工修改文件来删除用户。那什么时候需要手工建立用户呢？什么时候需要用命令建立用户呢？其实在任何情况下都不需要手工修改文件来建立用户，我们用命令来建立用户既简便又快捷。在这里只是为了说明 Linux 中的所有内容都是保存在文件中的。

3．手工指定选项添加用户

刚刚我们在添加用户的时候，全部采用的是默认值，那么我们使用选项来添加用户会有什么样的效果？

例子 2：

```
[root@localhost ~]# groupadd lamp1
#先手工添加 lamp1 用户组，因为一会儿要把 lamp1 用户的初始组指定过来，如果不事先建立，则会报告用户组不存在
[root@localhost ~]# useradd -u 1050 -g lamp1 -G root -d /home/lamp1  \
-c "test user" -s /bin/bash lamp1
#在建立用户 lamp1 的同时指定了 UID（1050）、初始组（lamp1）、附加组（root）、家目录（/home/lamp1）、用户说明（test user）和用户登录 Shell（/bin/bash）
[root@localhost ~]# grep "lamp1" /etc/passwd /etc/shadow /etc/group
#同时查看三个文件
/etc/passwd:lamp1:x:1050:1002:test user:/home/lamp1:/bin/bash
#用户的 UID、初始组、用户说明、家目录和登录 Shell 都和手工命令指定的一致
/etc/shadow:lamp1:!!:17973:0:99999:7:::
#lamp1 用户还没有设定密码
/etc/group:root:x:0:lamp1
#lamp1 用户加入了 root 组，root 组是 lamp1 用户的附加组
/etc/group:lamp1:x:1002:
#GID 为 502 的组是 lamp1 组
[root@localhost ~]# ll -d /home/lamp1/
drwx------ 3 lamp1 lamp1 4096 3 月    18 01:13 /home/lamp1/
#家目录也建立了，不需要手工建立
```

例子有点复杂，其实如果可以看懂还是很简单的，就是添加了用户，但是不再使用用户的默认值，而是手工指定了用户的 UID（是 550，而不再是 501）、初始组、附加组、家目录、用户说明和用户登录 Shell。这里还要注意一点，虽然手工指定了用户的家目录，但是家目录不需要手工建立，在添加用户的同时会自动建立家目录。如果手工建立了家目录，那么一定要修改目录的权限和从/etc/skel 模板目录中复制环境变量文件，反而更加麻烦。

4．useradd 命令的默认值设定

大家发现了吗？在添加用户时，其实不需要手工指定任何内容，都可以使用 useradd

命令默认创建，这些默认值已经可以满足我们的要求。但是 useradd 命令的这些默认值保存在哪里？能否手工修改呢？

useradd 命令在添加用户时参考的默认值文件主要有两个，分别是/etc/default/useradd 和/etc/login.defs。我们先看看/etc/default/useradd 文件的内容。

```
[root@localhost ~]# vi /etc/default/useradd
# useradd defaults file
GROUP=100
HOME=/home
INACTIVE=-1
EXPIRE=
SHELL=/bin/bash
SKEL=/etc/skel
CREATE_MAIL_SPOOL=yes
```

逐行解释一下。

- GROUP=100

这个选项用于建立用户的默认组，也就是说，在添加每个用户时，用户的初始组就是 GID 为 100 的这个用户组。但是我们已经知道 CentOS 并不是这样的，而是在添加用户时会自动建立和用户名相同的组作为这个用户的初始组。也就是说这个选项并没有生效，因为 Linux 中默认用户组有两种机制：一种是私有用户组机制，系统会创建一个和用户名相同的用户组作为用户的初始组；另一种是公共用户组机制，系统用 GID 是 100 的用户组作为所有新建用户的初始组。目前我们采用的是私有用户组机制。

- HOME=/home

这个选项是用户的家目录的默认位置，所以所有新建用户的家目录默认都在/home 下。

- INACTIVE=-1

这个选项是密码过期后的宽限天数，也就是/etc/shadow 文件的第七个字段。其作用是在密码过期后，如果用户还是没有修改密码，那么在宽限天数内用户还是可以登录系统的；如果过了宽限天数，那么用户就无法再使用该密码登录了。这里默认值是-1，代表所有新建立的用户密码永远不会失效。

- EXPIRE=

这个选项是密码失效时间，也就是/etc/shadow 文件的第八个字段。用户密码到达这个日期后就会直接失效。当然这里也是使用时间戳来表示日期的。默认值是空，代表所有新建用户没有失效时间，永久有效。

- SHELL=/bin/bash

这个选项是用户的默认 Shell。/bin/bash 是 Linux 的标准 Shell，代表所有新建立的用户默认 Shell 都是/bin/bash。

- SKEL=/etc/skel

这个选项用于定义用户的模板目录的位置，/etc/skel 目录中的文件都会复制到新建用户的家目录中。

- CREATE_MAIL_SPOOL=yes

这个选项定义是否给新建用户建立邮箱，默认是创建。也就是说，对于所有的新建用户，系统都会新建一个邮箱，放在/var/spool/mail 目录下，和用户名相同。

当然，这个文件也可以直接通过命令进行查看，结果是一样的。命令如下：

```
[root@localhost ~]# useradd –D
选项：
    -D：查看新建用户的默认值
GROUP=100
HOME=/home
INACTIVE=-1
EXPIRE=
SHELL=/bin/bash
SKEL=/etc/skel
CREATE_MAIL_SPOOL=yes
```

通过/etc/default/useradd 文件大家已经能够看到新建用户的部分默认值，但是还有一些内容并没有在这个文件中出现，比如用户的 UID 为什么默认从 500 开始计算，/etc/shadow 文件中除第一、二、三个字段不用设定默认值外，还有第四、五、六个字段没有指定默认值（第七、八个字段的默认值在/etc/default/useradd 文件中指定了）。那么，这些默认值就需要第二个默认值文件/etc/login.defs 了，这个文件的内容如下：

```
[root@localhost ~]# vi /etc/login.defs
#这个文件有一些注释，把注释删除，文件内容就变成下面这个样子了
MAIL_DIR        /var/spool/mail

PASS_MAX_DAYS   99999
PASS_MIN_DAYS   0
PASS_MIN_LEN    5
PASS_WARN_AGE   7

UID_MIN                  500
UID_MAX                60000

SYS_UID_MIN              201
SYS_UID_MAX              999

GID_MIN                  500
GID_MAX                60000

SYS_GID_MIN              201
SYS_GID_MAX              999

CREATE_HOME     yes

UMASK           077

USERGROUPS_ENAB yes

ENCRYPT_METHOD SHA512
```

我们解释一下文件内容。

- MAIL_DIR /var/spool/mail

这行指定了新建用户的默认邮箱位置。比如 lamp 用户的邮箱是/var/spool/mail/lamp。

- PASS_MAX_DAYS 99999

这行指定的是密码的有效期，也就是/etc/shadow 文件的第五个字段。代表多少天之后必须修改密码，默认值是 99999。

- PASS_MIN_DAYS 0

这行指定的是密码的两次修改间隔时间，也就是/etc/shadow 文件的第四个字段。代表第一次修改密码之后，几天后才能再次修改密码，默认值是 0。

- PASS_MIN_LEN 5

这行代表密码的最小长度，默认不小于 5 位。但是现在用户登录时验证已经被 PAM 模块取代，所以这个选项并不生效。

- PASS_WARN_AGE 7

这行代表密码修改到期前的警告天数，也就是/etc/shadow 文件的第六个字段。代表密码到达有效期前多少天开始进行警告提醒，默认值是 7 天。

- UID_MIN 1000
- UID_MAX 60000

这两行代表创建用户时最小 UID 和最大 UID 的范围。从 2.6.x 内核开始，Linux 用户的 UID 最大可以支持 2^{32}，但是真正使用时最大范围是 60000。还要注意，如果手工指定了一个用户的 UID 是 1050，那么下一个创建的用户的 UID 就会从 1051 开始，哪怕 1000～1049 之间的 UID 没有使用（小于 1000 的 UID 是给系统用户预留的）。

- SYS_UID_MIN 201
- SYS_UID_MAX 999

这两行是系统账号的 UID 范围，系统用户的 UID 可以从 201 到 999。

- GID_MIN 1000
- GID_MAX 60000

这两行指定了 GID 的最小值和最大值的范围。

- SYS_GID_MIN 201
- SYS_GID_MAX 999

这两行是系统组账户的 GID 范围，系统组用户的 GID 可以从 201 到 999。

- CREATE_HOME yes

这行指定建立用户时是否自动建立用户的家目录，默认是建立。

- UMASK 077

这行指定建立的用户家目录的默认权限，因为 UMASK 值是 077，所以新建的用户家目录的权限是 700。UMASK 的具体作用和修改方法可以参考第 8 章。

- USERGROUPS_ENAB yes

这行指定使用命令 userdel 删除用户时，是否删除用户的初始组，默认是删除。

- ENCRYPT_METHOD SHA512

这行指定 Linux 用户的密码使用 SHA512 散列模式加密。

我们现在已经知道了，系统在默认添加用户时，是靠/etc/default/useradd 和 /etc/login.defs 文件定义用户的默认值的。如果想要修改所有新建用户的某个默认值，就可以直接修改这两个文件，而不用每个用户单独修改了。

7.2.2　修改用户密码：passwd

1. 命令格式

我们在上一小节中介绍了添加用户的命令，但是新添加的用户如果不设定密码是不能够登录系统的，那么我们来介绍一下密码设置命令 passwd。

```
[root@localhost ~]#passwd [选项] 用户名
选项：
    -S：查询用户密码的状态，也就是/etc/shadow 文件中的内容。仅 root 用户可用
    -l：暂时锁定用户。仅 root 用户可用
    -u：解锁用户。仅 root 用户可用
    --stdin：可以将通过管道符输出的数据作为用户的密码。主要在批量添加用户时使用
[root@localhost ~]#passwd
#passwd 直接回车代表修改当前用户的密码
```

2. root 用户修改密码

下面举几个例子，我们给新用户 lamp 设定密码，让 lamp 用户可以登录系统。

例子 1：

```
[root@localhost ~]# passwd lamp
更改用户 lamp 的密码 。
新的 密码：                                    ←  输入新密码
无效的密码： 密码少于 8 个字符                  ←  有报错提示
重新输入新的 密码：
重新输入新的 密码：                             ←  第二次输入密码
passwd： 所有的身份验证令牌已经成功更新。
```

注意，要想给其他用户设定密码，只有两种用户可行：一种是 root 用户，另一种是 root 通过 sudo 命令赋予权限的普通用户。也就是说，普通用户只能修改自己的密码，而不能设定其他用户的密码。

还要注意一件事，设定用户密码时一定要遵守“复杂性、易记忆性、时效性”的密码规范。简单来讲就是密码要大于 8 位，包含大写字母、小写字母、数字和特殊符号中的 3 种，并且容易记忆和定期更换。但是 root 用户在设定密码时却可以不遵守这些规则，比如我们给 lamp 用户设定的密码是“123”，系统虽然会提示密码过短和过于简单，但是依然可以设置成功。不过普通用户在修改自己的密码时，一定要遵守密码规范。当然，在生产服务器上，就算是 root 身份，在设定密码时也要严格遵守密码规范，因为只有好的密码规范才是服务器安全的基础。

3. 普通用户修改密码

那么我们看看普通用户 lamp 是如何修改密码的。

例子 2：

```
[lamp@localhost ~]$ whoami
lamp
#先看看我的身份
[lamp@localhost ~]$ passwd lamp1
passwd: 只有根用户才能指定用户名称
#尝试修改 lamp1 用户的密码，系统提示普通用户不能修改其他用户的密码
[lamp@localhost ~]$ passwd lamp
passwd: 只有根用户才能指定用户名称。
#怎么修改自己的密码也报错呢？这里其实说得很清楚，要想指定用户名修改密码，只有管理员可以，哪怕是修改自己的密码。那么修改自己的密码就只能像下面这样了
[lamp@localhost ~]$ passwd
#使用 passwd 直接回车，就是修改自己的密码
更改用户 lamp 的密码
为 lamp 更改 STRESS 密码
（当前）UNIX 密码：                ← 注意，普通用户需要先输入自己的密码
新的 密码：
无效的密码：它基于字典单词          ← 又报错了，因为我输入的密码在字典中能够找到
新的 密码：                        ← 密码必须符合密码规范
重新输入新的 密码：
passwd: 所有的身份验证令牌已经成功更新。
```

大家发现了吗？对普通用户来讲，密码设定就严格得多了。首先，只能使用“passwd”来修改自己的密码，而不能使用“passwd 用户名”的方式。不过，如果你是 root 用户，则建议用“passwd 用户名”的方式来修改密码，因为这样不容易搞混。其次，在修改密码之前，需要先输入旧密码。最后，设定密码一定要严格遵守密码规范。

4．查看用户密码状态

例子 3：

```
[root@localhost ~]# passwd -S lamp
lamp PS 2019-03-18 0 99999 7 -1 (密码已设置，使用 SHA512 加密。)
#上面这行代码的意思是：
#用户名  密码设定时间（2019-03-18） 密码修改间隔时间（0）  密码有效期（99999）
#警告时间（7） 密码不失效（-1）
```

“-S”选项会显示出密码状态，这里的密码修改间隔时间、密码有效期、警告时间、密码不失效其实分别是/etc/shadow 文件的第四、五、六、七个字段的内容。当然，passwd 命令是可以通过命令选项修改这几个字段的值的，不过编者认为还是直接修改/etc/shadow 文件简单一些。再次提醒一下，CentOS 6.3 的加密方式已经从 MD5 加密更新到 SHA512 加密，我们不用了解具体的加密算法，只要知道这种加密算法更加可靠和先进就足够了。

5．锁定和解锁用户

使用 passwd 命令可以很方便地锁定和解锁某个用户，我们来试试。

例子 4：

```
[root@localhost ~]# passwd -l lamp
锁定用户 lamp 的密码 。
passwd: 操作成功
#锁定用户
[root@localhost ~]# passwd -S lamp
lamp LK 2019-03-18 0 99999 7 -1 (密码已被锁定。)
#用-S 选项查看状态，很清楚地提示密码已被锁定
[root@localhost ~]# grep "lamp" /etc/shadow
lamp:!!$6$ZTq7o/9o$ljO7iZObzW.D1zBa9CsY43dO4onskUCzjwiFMNt8PX4GXJoHX9zA1SC9.iYzh
9LZA4fEM2lg92hM9w/p6NS50.:17973:0:99999:7:::
#其实锁定就是在加密密码之前加入了“!!”，让密码失效而已
```

可以非常简单地实现用户的暂时锁定，这时 lamp 用户就不能登录系统了。那么解锁呢？也一样简单，我们来试试。

```
[root@localhost ~]# passwd -u lamp
解锁用户 lamp 的密码 。
passwd: 操作成功
#解锁用户
[root@localhost ~]# passwd -S lamp
lamp PS 2019-03-18 0 99999 7 -1 (密码已设置，使用 SHA512 加密。)
#锁定状态消失
[root@localhost ~]# grep "lamp" /etc/shadow
lamp:$6$ZTq7o/9o$ljO7iZObzW.D1zBa9CsY43dO4onskUCzjwiFMNt8PX4GXJoHX9zA1SC9.iYzh9
LZA4fEM2lg92hM9w/p6NS50.:17973:0:99999:7:::
#密码前面的“!!”删除了
```

6. 使用字符串作为用户的密码

这种做法主要是在批量添加用户时，给所有的用户设定一个初始密码。但是需要注意的是，这样设定的密码会把密码明文保存在历史命令中，会有安全隐患。所以，如果使用了这种方式修改密码，应该记住两件事情：第一，手工清除历史命令；第二，强制这些新添加的用户在第一次登录时必须修改密码（具体方法参考“chage”命令）。

例子 5：

```
[root@localhost ~]# echo "123" | passwd --stdin lamp
更改用户 lamp 的密码 。
passwd： 所有的身份验证令牌已经成功更新。
```

命令很简单，调用管道符，让 echo 的输出作为 passwd 命令的输入，就可以把 lamp 用户的密码设定为“123”了。

7.2.3 修改用户信息：usermod

在添加了用户之后，如果不小心添加错了用户的信息，那么是否可以修改呢？当然可以了，我们可以直接使用编辑器修改用户相关文件，也可以使用 usermod 命令进行修改。我们来介绍一下 usermod 命令。该命令的格式如下：

```
[root@localhost ~]#usermod [选项] 用户名
```

```
选项：
    -u UID：修改用户的 UID
    -d 家目录：修改用户的家目录。家目录必须写绝对路径
    -c 用户说明：修改用户的说明信息，就是/etc/passwd 文件的第五个字段
    -g 组名：修改用户的初始组，就是/etc/passwd 文件的第四个字段
    -G 组名：修改用户的附加组，其实就是把用户加入其他用户组
    -s shell：修改用户的登录 Shell。默认是/bin/bash
    -e 日期：修改用户的失效日期，格式为"YYYY-MM-DD"。也就是/etc/shadow 文件的
          第八个字段
    -L：临时锁定用户（Lock）
    -U：解锁用户（Unlock）
```

可以看到，usermod 和 useradd 命令的选项非常类似，因为它们都是用于定义用户信息的。不过需要注意的是，useradd 命令用于在添加新用户时指定用户信息，而 usermod 命令用于修改已经存在的用户的用户信息，千万不要搞混。

usermod 命令多出了几个选项，其中，-L 可以临时锁定用户，不让这个用户登录。其实锁定的方法就是在/etc/shadow 文件的密码字段前加入"！"。大家已经知道密码项是加密换算的，所以加入任何字符都会导致密码失效，所以这个用户就会被禁止登录。而解锁（-U）其实就是把密码字段前的"！"取消。举个例子：

例子 1：

```
[root@localhost ~]# usermod -L lamp
#锁定用户
[root@localhost ~]# grep "lamp" /etc/shadow
lamp:!$6$YrPj8g0w$ChRVASybEncU24hkYFqxREH3NnzhAVDJSQLwRwTSbcA2N8UbPD9bBKVQ
SkyxIaMGs/Eg5AQwO.UokOnKqaHFa/:17973:0:99999:7:::
#查看发现锁定就是在密码字段前加入"!"，这时 lamp 用户就暂时不能登录了
[root@localhost ~]# usermod -U lamp
#解锁用户
[root@localhost ~]# grep "lamp" /etc/shadow
lamp:$6$YrPj8g0w$ChRVASybEncU24hkYFqxREH3NnzhAVDJSQLwRwTSbcA2N8UbPD9bBKVQ
SkyxIaMGs/Eg5AQwO.UokOnKqaHFa/:17973:0:99999:7:::
#取消了密码字段前的"!"
```

例子 2：

```
[root@localhost ~]# usermod -G root lamp
#把 lamp 用户加入 root 组
[root@localhost ~]# grep "lamp" /etc/group
root:x:0:lamp
lamp:x:1001:
#lamp 用户已经加入了 root 组
```

例子 3：

```
[root@localhost ~]# usermod -c "test user" lamp
#修改用户说明
[root@localhost ~]# grep "lamp" /etc/passwd
lamp:x:1001:1001:test user:/home/lamp:/bin/bash
#查看一下，用户说明已经被修改了
```

7.2.4 修改用户密码状态：chage

通过 chage 命令可以查看和修改/etc/shadow 文件的第三个字段到第八个字段的密码状态。编者建议直接修改/etc/shadow 文件更加直观和简单，那么为什么还要讲解 chage 命令呢？因为 chage 命令有一种很好的用法，就是强制用户在第一次登录时必须修改密码。chage 命令的格式如下：

```
[root@localhost ~]#chage [选项] 用户名
选项：
    -l：列出用户的详细密码状态
    -d 日期：密码最后一次修改日期（/etc/shadow 文件的第三个字段），格式为 YYYY-MM-DD
    -m 天数：密码的两次修改间隔时间（第四个字段）
    -M 天数：密码的有效期（第五个字段）
    -W 天数：密码修改到期前的警告天数（第六个字段）
    -I 天数：密码过期后的宽限天数（第七个字段）
    -E 日期：账号失效时间（第八个字段），格式为 YYYY-MM-DD
```

例子 1：

```
[root@localhost ~]# chage -l lamp
#查看一下用户密码状态
Last password change                                    : Mar 18, 2019
Password expires                                        : never
Password inactive                                       : never
Account expires                                         : never
Minimum number of days between password change          : 0
Maximum number of days between password change          : 99999
Number of days of warning before password expires       : 7
```

我们强制 lamp 用户在第一次登录时必须修改密码。

例子 2：

```
[root@localhost ~]# chage -d 0 lamp
#这个命令其实是把密码修改日期归零了，这样用户一登录就要修改密码
```

然后我们以 lamp 用户登录一下系统。

```
localhost login：lamp
Password：
#输入密码登录
You are required to change your password immediately (root enforced)
changing password for lamp.
#有一些提示，就是说明 root 强制用户登录后修改密码
(current) UNIX password:
#输入旧密码
New password：
Retype new password:
#输入两次新密码
```

这项功能在进行批量用户管理时还是非常有用的。

7.2.5　删除用户：userdel

这个命令比较简单，就是删除用户。命令格式如下：

```
[root@localhost ~]# userdel [-r] 用户名
选项：
	-r：在删除用户的同时删除用户的家目录
```

例如：

```
[root@localhost ~]# userdel –r lamp
```

在删除用户的同时如果不删除用户的家目录，那么家目录就会变成没有属主和属组的目录，也就是垃圾文件。

前面我们说过，可以手工修改用户的相关文件来建立用户，但在实际工作中，这样做没有实际的意义，因为用户管理命令可以更简单地完成这项工作。在学习时，手工添加用户是有助于加深对用户相关文件的理解的。不过手工添加用户还是比较麻烦的，变通一下，手工删除用户，原理是一样的，能够手工删除当然也可以手工建立。

例如：

```
[root@localhost ~]# useradd lamp
[root@localhost ~]# passwd lamp
#重新建立 lamp 用户
[root@localhost ~]# vi /etc/passwd
lamp:x:501:501::/home/lamp:/bin/bash                              ← 删除此行
#修改用户信息文件，删除 lamp 用户行
[root@localhost ~]# vi /etc/shadow
lamp:$6$KoOYtc0J$56Xk9vp3D2vMRBxibNOn.21cVJ9onbW8lHx4WrOx6qBqfGa9U3mjMsGjqYnjL
/4t3zt3YxElce2X8rbb12x4a0:17973:0:99999:7:::                      ← 删除此行
#修改影子文件，删除 lamp 用户行。注意：这个文件的权限是 000，所以要强制保存
[root@localhost ~]# vi /etc/group
lamp:x:501:                                                       ← 删除此行
#修改组信息文件，删除 lamp 组的行
[root@localhost ~]# vi /etc/gshadow
lamp:!::                                                          ← 删除此行
#修改组影子文件，删除 lamp 组的行。同样注意需要强制保存
[root@localhost ~]# rm -rf /var/spool/mail/lamp
#删除用户邮箱
[root@localhost ~]# rm -rf /home/lamp/
#删除用户的家目录
#至此，用户彻底删除，再新建用户 lamp。如果可以正常建立，则说明我们手工删除干净了
[root@localhost ~]# useradd lamp
[root@localhost ~]# passwd lamp
#重新建立同名用户，没有报错，说明前面的手工删除是可以完全删除用户的
```

这个实验很有趣，不过命令比较多，大家通过这个实验应该可以清楚地了解到这几个用户相关文件的作用。

7.2.6 查看用户的 UID 和 GID：id

id 命令可以查询用户的 UID、GID 和附加组的信息。命令比较简单，格式如下：

```
[root@localhost ~]# id 用户名
```

例子 1：

```
[root@localhost ~]# id lamp
uid=1001(lamp) gid=1001(lamp) groups=1001(lamp)
#能看到 UID(用户 ID)、GID（初始组 ID），groups 是用户所在组，这里既可以看到初始组，如果有附加组，也能看到附加组
```

例子 2：

```
[root@localhost ~]# usermod -G root lamp
#把用户加入 root 组
[root@localhost ~]# id lamp
uid=1001(lamp) gid=1001(lamp) groups=1001(lamp),0(root)
#大家发现 root 组中加入了 lamp 用户的附加组信息
```

7.2.7 切换用户身份：su

su 命令可以切换不同的用户身份，命令格式如下：

```
[root@localhost ~]# su [选项] 用户名
选项：
    -：选项只使用“-”代表连带用户的环境变量一起切换
    -c 命令：仅执行一次命令，而不切换用户身份
```

“-”不能省略，它代表切换用户身份时，用户的环境变量也要切换成新用户的环境变量。环境变量是用来定义用户的操作环境的，如果环境变量没有随用户身份切换，那么很多操作将无法正确执行。比如普通用户 lamp 切换成超级用户 root，但是没有加入“-”，那么虽然是 root 用户，但是$PATH 环境变量还是 lamp 用户的，不包含/sbin、/usr/sbin 等超级用户命令保存路径，所以无法使用管理员命令；而且 root 用户在接收邮件时，还会发现收到的是 lamp 用户的邮件，因为环境变量$MAIL 没有切换过来。

例子 1：

```
[lamp@localhost ~]$ whoami
lamp
#查询用户身份，我是 lamp
[lamp@localhost ~]$ su root
密码：                                                    ← 输入 root 密码
#切换到 root，但是没有切换环境变量。注意：普通用户切换到 root 需要密码
[root@localhost ~]# env | grep lamp
#查看环境变量，提取包含 lamp 的行
USER=lamp
#用户名还是 lamp，而不是 root
PATH=/usr/lib/qt-3.3/bin:/usr/local/bin:/bin:/usr/bin:/usr/local/sbin:/usr/sbin:/sbin:/home/lamp/bin
#命令查找的路径不包含超级用户路径
```

```
MAIL=/var/spool/mail/lamp
PWD=/home/lamp
LOGNAME=lamp
#邮箱、家目录、目前用户名还是 lamp
```

通过例子 1 我们已经注意到，切换用户时如果没有加入“-”，那么切换是不完全的。要想完整切换，可以使用如下命令。

例子 2：

```
[lamp@localhost ~]$ su - root
密码：
# “-” 代表连带环境变量一起切换，不能省略
```

有些系统命令只有 root 可以执行，比如添加用户的命令 useradd，所以需要使用 root 身份执行。如果只想执行一次，而不想切换身份，可以做到吗？当然可以，命令如下。

例子 3：

```
[lamp@localhost ~]$ whoami
lamp
#当前我是 lamp
[lamp@localhost ~]$ su - root -c "useradd user1"
密码：
#不切换成 root，但是执行 useradd 命令添加 user1 用户
[lamp@localhost ~]$ whoami
lamp
#我还是 lamp
[lamp@localhost ~]$ grep "user1" /etc/passwd
user1:x:502:504::/home/user1:/bin/bash
#user1 用户已经添加了
```

总之，切换用户时“-”代表连带环境变量一起切换，不能省略，否则用户身份切换不完全。

7.3 用户组管理命令

7.3.1 添加用户组：groupadd

添加用户组的命令是 groupadd，命令格式如下：

```
[root@localhost ~]# groupadd [选项] 组名
选项：
    -g GID：指定组 ID
```

添加用户组的命令比较简单，举个例子：

```
[root@localhost ~]# groupadd group1
#添加 group1 组
[root@localhost ~]# grep "group1" /etc/group
group1:x:1002:
```

7.3.2　修改用户组：groupmod

groupmod 命令用于修改用户组的相关信息，命令格式如下：

```
[root@localhost ~]# groupmod [选项] 组名
选项：
    -g GID：修改组 ID
    -n 新组名：修改组名
```

例子：

```
[root@localhost ~]# groupmod -n testgrp group1
#把组名 group1 修改为 testgrp
[root@localhost ~]# grep "testgrp" /etc/group
testgrp:x:1002:
#注意 GID 还是 1002，但是组名已经改变
```

不过大家还是要注意，用户名不要随意修改，组名和 GID 也不要随意修改，因为非常容易导致管理员逻辑混乱。如果非要修改用户名或组名，建议先删除旧的，再建立新的。

7.3.3　删除用户组：groupdel

groupdel 命令用于删除用户组，命令格式如下：

```
[root@localhost ~]#groupdel 组名
```

例子：

```
[root@localhost ~]#groupdel testgrp
#删除 testgrp 组
```

不过大家要注意，要删除的组不能是其他用户的初始组，也就是说这个组中没有初始用户才可以删除。如果组中有附加用户，删除组时不受影响。

7.3.4　把用户添加进组或从组中删除：gpasswd

其实 gpasswd 命令是用来设定组密码并指定组管理员的，不过我们在前面已经说了，组密码和组管理员功能很少使用，而且完全可以被 sudo 命令取代，所以 gpasswd 命令现在主要用于把用户添加进组或从组中删除。命令格式如下：

```
[root@localhost ~]# gpasswd [选项] 组名
选项：
    -a 用户名：把用户加入组
    -d 用户名：把用户从组中删除
```

举个例子：

```
[root@localhost ~]# groupadd grouptest
#添加 grouptest 组
 [root@localhost ~]# gpasswd -a lamp grouptest
Adding user lamp to group grouptest
#把用户 lamp 加入 grouptest 组
```

```
[root@localhost ~]# grep "lamp" /etc/group
lamp:x:1001:
grouptest:x:1005:lamp
#查看一下，lamp 用户已经作为附加用户加入 grouptest 组
[root@localhost ~]# gpasswd -d lamp grouptest
Removing user lamp from group grouptest
#把用户 lamp 从组中删除
[root@localhost ~]# grep "grouptest" /etc/group
grouptest:x:1005:
#组中没有 lamp 用户了
```

大家注意，也可以使用 usermod 命令把用户加入某个组，不过 usermod 命令的操作对象是用户，命令是“usermod -G grouptest lamp”，把用户名作为参数放在最后；而 gpasswd 命令的操作对象是组，命令是“gpasswd -a lamp grouptest”，把组名作为参数放在最后。

推荐大家使用 gpasswd 命令，因为这个命令不仅可以把用户加入用户组，也可以把用户从用户组中删除。

7.3.5 改变有效组：newgrp

每个用户可以属于一个初始组（用户是这个组的初始用户），也可以属于多个附加组（用户是这个组的附加用户）。既然用户可以属于这么多用户组，那么用户在创建文件后，默认生效的组身份是哪个呢？当然是初始用户组的组身份生效了，因为初始组是用户一旦登录就直接获得的组身份。也就是说，用户在创建文件后，文件的属组是用户的初始组，因为用户的有效组默认是初始组。既然用户属于多个用户组，那么能不能改变用户的有效组呢？使用命令 newgrp 就可以切换用户的有效组。命令格式如下：

```
[root@localhost ~]# newgrp 组名
```

举个例子，我们已经有了普通用户 lamp，默认会建立 lamp 用户组，lamp 组是 lamp 用户的初始组。我们再把 lamp 用户加入 group1 组，那么 group1 组就是 lamp 用户的附加组。当 lamp 用户创建文件 test1 时，test1 文件的属组是 lamp 组，因为 lamp 组是 lamp 用户的有效组。通过 newgrp 命令就可以把 lamp 用户的有效组变成 group1 组，当 lamp 用户创建文件 test2 时，就会发现 test2 文件的属组就是 group1 组。命令如下：

```
[root@localhost ~]# groupadd group1
#添加 group1 组
[root@localhost ~]# gpasswd -a lamp group1
Adding user lamp to group group1
#把 lamp 用户加入 group1 组
[root@localhost ~]# grep "lamp" /etc/group
lamp:x:1001:
group1:x:1003:lamp
#lamp 用户既属于 lamp 组，也属于 group1 组
[root@localhost ~]# su – lamp
#切换成 lamp 身份，超级用户切换成普通用户不用密码
[lamp@localhost ~]$ touch test1
#创建文件 test1
```

```
[lamp@localhost ~]$ ll test1
-rw-rw-r-- 1 lamp lamp 0 1 月   14 05:43 test1
#test1 文件的默认属组是 lamp 组
[lamp@localhost ~]$ newgrp group1
#切换 lamp 用户的有效组为 group1 组
[lamp@localhost ~]$ touch test2
#创建文件 test2
[lamp@localhost ~]$ ll test2
-rw-r--r-- 1 lamp group1 0 1 月   14 05:44 test2
#test2 文件的默认属组是 group1 组
```

通过这个例子明白有效组的作用了吗？其实就是当用户属于多个组时，在创建文件时哪个组身份生效。使用 newgrp 命令可以在多个组身份之间进行切换。

本章小结

本章重点

- 用户配置文件和用户相关文件
- 用户管理命令
- 用户组管理命令

本章难点

- 用户配置文件的理解
- 用户管理命令的用法
- 初始组和附加组的区别
- 有效组的作用

第 8 章　坚如磐石的防护之道：权限管理

学前导读

第 4 章中我们学习了文件的基本权限和 UMASK 默认权限，本章将集中讲解一下 Linux 的其他权限。如果读者对文件的基本权限和 UMASK 默认权限还有疑问，则可以先复习一下第 4 章中的权限管理命令部分，这里我们只介绍 Linux 的其他权限。

很多初学 Linux 的人都会有一些疑惑：权限有什么作用呢？为什么需要配置和修改权限呢？因为绝大多数初学者使用的都是个人计算机，个人计算机主要使用管理员身份登录，而且不会有多个用户同时存在。但是在服务器上，需要 root 和普通用户同时存在、同时登录服务器，所以合理的权限分配是保证服务器安全与稳定的前提。

Linux 中的权限类别较多，功能较为复杂，下面我们就开始介绍这些权限。

本章内容

- ACL 权限
- 文件特殊权限——SetUID、SetGID、Sticky BIT
- 文件系统属性 chattr 权限
- 系统命令 sudo 权限

8.1 ACL 权限

在普通权限中，用户对文件只有三种身份，就是所有者、属组和其他人；每种用户身份拥有读（read）、写（write）和执行（execute）三种权限。但是在实际工作中，这三种身份实在是不够用，我们举个例子来看。先看示意图，如图 8-1 所示。

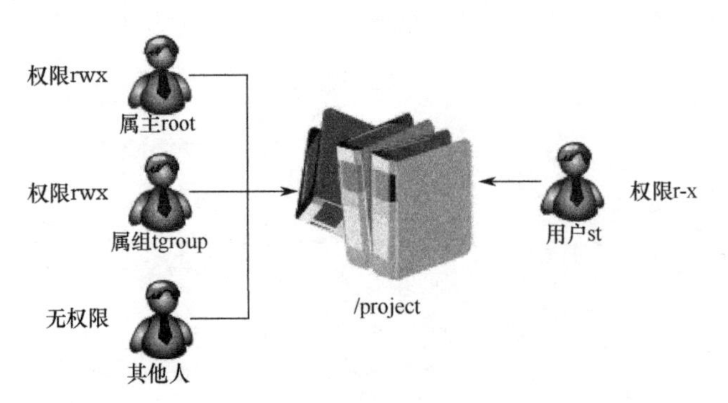

图 8-1　ACL 权限简介

在根目录中有一个/project 目录，这是我们班级的项目目录。班级中的每个学员都可以访问和修改这个目录，教师也需要对这个目录拥有访问和修改权限，其他班级的学员当然不能访问这个目录。需要怎样规划这个目录的权限呢？应该这样：教师使用 root 用户，作为这个目录的所有者，权限为 rwx；班级所有的学员都加入 tgroup 组，使 tgroup 组作为/project 目录的属组，权限是 rwx；其他人的权限设定为 0。这样，这个目录的权限就可以符合我们的项目开发要求了。

有一天，我们班来了一位试听的学员 st，她必须能够访问/project 目录，所以必须对这个目录拥有 r 和 x 权限；但是她又没有学习过以前的课程，所以不能赋予她 w 权限，怕她改错了目录中的内容，所以学员 st 的权限就是 r-x。可是如何分配她的身份呢？变为所有者？当然不行，要不 root 该放哪里？加入 tgroup 组？也不行，因为 tgroup 组的权限是 rwx，而我们要求学员 st 的权限是 r-x。如果把其他人的权限改为 r-x 呢？这样一来，其他班级的所有学员都可以访问/project 目录了。

当出现这种情况时，普通权限中的三种身份就不够用了。ACL 权限就是解决这个问题的。在使用 ACL 权限给用户 st 赋予权限时，st 既不是/project 目录的所有者，也不是属组，仅仅赋予用户 st 针对此目录的 r-x 权限。这有些类似于 Windows 系统中分配权限的方式，单独指定用户并单独分配权限，这样就解决了用户身份不足的问题。

ACL 是 Access Control List（访问控制列表）的缩写，不过在 Linux 系统中，ACL 用于设定用户针对文件的权限，而不是在交换机和路由器中用来控制数据访问的功能（类似于防火墙）。

8.1.1　开启 ACL 权限

在 CentOS 7.x 系统中 ACL 权限默认是开启的，不需要手工开启。在 CentOS 7.x 中，默认使用的是 XFS 文件系统，而 dumpe2fs 命令是查询 Ext 文件系统信息的命令，已经无法用于查询 CentOS 7.x 中的文件系统信息了。而查询 XFS 文件系统的命令 xfs_info 无法看到 ACL 权限的信息。如果一定要看看 XFS 文件系统是否支持 ACL 权限，可以执行如下命令：

```
[root@localhost ~]# dmesg | grep ACL
[    1.156245] systemd[1]: systemd 219 running in system mode. (+PAM +AUDIT +SELINUX +IMA
-APPARMOR +SMACK +SYSVINIT +UTMP +LIBCRYPTSETUP +GCRYPT +GNUTLS +ACL +XZ
+LZ4 -SECCOMP +BLKID +ELFUTILS +KMOD +IDN)
[    3.048275] SGI XFS with ACLs, security attributes, no debug enabled
#可以确定 XFS 文件系统是支持 ACL 权限的
```

那万一你的系统默认不支持 ACL 权限，可以手工挂载吗？当然可以，只要执行如下命令：

```
[root@localhost ~]# mount -o remount,acl /
#重新挂载根分区，并加入 ACL 权限
```

使用 mount 命令重新挂载，并加入 ACL 权限。不过使用此命令是临时生效的。要想永久生效，需要修改/etc/fstab 文件，命令如下：

```
[root@localhost ~]# vi /etc/fstab
UUID=c2ca6f57-b15c-43ea-bca0-f239083d8bd2   /     ext4     defaults,acl         1  1
```

```
#加入 ACL 权限
[root@localhost ~]# mount -o remount /
#重新挂载文件系统或重启系统，使修改生效
```

在你需要开启 ACL 权限的分区行上（也就是说 ACL 权限针对的是分区），手工在 defaults 后面加入“,acl”即可永久在此分区中开启 ACL 权限。

8.1.2 ACL 权限设置

1. ACL 权限管理命令

我们知道了 ACL 权限的作用，也知道了如何开启 ACL 权限，接下来学习如何查看和设定 ACL 权限。命令如下：

```
[root@localhost ~]# getfacl 文件名
#查看 ACL 权限

[root@localhost ~]# setfacl [选项] 文件名
#设定 ACL 权限
选项：
    -m: 设定 ACL 权限。如果是给予用户 ACL 权限，则使用“u:用户名:权限”格式赋予；如果
        是给予组 ACL 权限，则使用“g:组名:权限”格式赋予
    -x: 删除指定的 ACL 权限
    -b: 删除所有的 ACL 权限
    -d: 设定默认 ACL 权限。只对目录生效，指目录中新建立的文件拥有此默认权限
    -k: 删除默认 ACL 权限
    -R: 递归设定 ACL 权限。指设定的 ACL 权限会对目录下的所有子文件生效
```

2. 给用户和用户组添加 ACL 权限

举个例子，来看看图 8-1 中的权限怎么分配。我们要求 root 是/project 目录的所有者，权限是 rwx；tgroup 是此目录的属组，tgroup 组中拥有班级学员 zhangsan 和 lisi，权限是 rwx；其他人的权限是 0。这时，试听学员 st 来了，她的权限是 r-x。我们来看看具体的命令分配。

例子 1：设定用户 ACL 权限

```
[root@localhost ~]# useradd zhangsan
[root@localhost ~]# useradd lisi
[root@localhost ~]# useradd st
[root@localhost ~]# groupadd tgroup
#添加需要实验的用户和用户组，省略设定密码的过程
[root@localhost ~]# mkdir /project
#建立需要分配权限的目录
[root@localhost ~]# chown root:tgroup /project/
#改变/project 目录的所有者和属组
[root@localhost ~]# chmod 770 /project/
#指定/project 目录的权限
[root@localhost ~]# ll -d /project/
drwxrwx--- 2 root tgroup 4096 1 月   19 04:21 /project/
```

```
#查看一下权限，已经符合要求了
#这时 st 学员来试听了，如何给她分配权限
[root@localhost ~]# setfacl -m u:st:rx /project/
#给用户 st 赋予 r-x 权限，使用“u:用户名:权限”格式
[root@localhost /]# cd /
[root@localhost /]# ll -d project/
drwxrwx---+ 3 root tgroup 4096 1 月  19 05:20 project/
#使用 ls –l 查询时会发现，在权限位后面多了一个“+”，表示此目录拥有 ACL 权限
[root@localhost /]# getfacl project
#查看/project 目录的 ACL 权限
# file: project                    ←  文件名
# owner: root                      ←  文件的所有者
# group: tgroup                    ←  文件的属组
user::rwx                          ←  用户名栏是空的，说明是所有者的权限
user:st:r-x                        ←  用户 st 的权限
group::rwx                         ←  组名栏是空的，说明是属组的权限
mask::rwx                          ←  mask 权限
other::---                         ←  其他人的权限
```

大家可以看到，st 用户既不是/project 目录的所有者、属组，也不是其他人，我们单独给 st 用户分配了 r-x 权限。这样分配权限太方便了，完全不用辛苦地规划用户身份了。

给用户组赋予 ACL 权限可以吗？当然可以，命令如下：

例子 2：设定用户组 ACL 权限

```
[root@localhost /]# groupadd tgroup2
#添加测试组
[root@localhost /]# setfacl -m g:tgroup2:rwx project/
#为组 tgroup2 分配 ACL 权限，使用“g:组名:权限”格式
[root@localhost /]# ll -d project/
drwxrwx---+ 2 root tgroup 4096 1 月  19 04:21 project/
#属组并没有更改
[root@localhost /]# getfacl project/
# file: project/
# owner: root
# group: tgroup
user::rwx
user:st:r-x
group::rwx
group:tgroup2:rwx              ←  用户组 tgroup2 拥有了 rwx 权限
mask::rwx
other::---
```

3. 最大有效权限 mask

mask 是用来指定最大有效权限的。mask 的默认权限是 rwx，如果给 st 用户赋予了 r-x 的 ACL 权限，mj 需要和 mask 的 rwx 权限“相与”才能得到 st 的真正权限，也就是 r-x“相与”rwxtj 出的值是 r-x，所以 st 用户拥有 r-x 权限。如果把 mask 的权限改为 r--，和 st 用户的权限相与，也就是 r--“相与”r-x 得出的值是 r--，st 用户的权限就会变为只

读。大家可以这么理解：用户和用户组所设定的权限必须在 mask 权限设定的范围之内才能生效，mask 权限就是最大有效权限。

不过我们一般不更改 mask 权限，只要给予 mask 最大权限 rwx，那么任何权限和 mask 权限相与，得出的值都是权限本身。也就是说，我们通过给用户和用户组直接赋予权限，就可以生效，这样做更直观。

补充：逻辑与运算的运算符是“and”。可以理解为生活中所说的“并且”。也就是相与的两个值都为真，结果才为真；有一个值为假，与的结果就为假。比如 A 相与 B，结果如表 8-1 所示。

表 8-1　逻辑与运算

A	B	and
真	真	真
真	假	假
假	真	假
假	假	假

那么两个权限相与和上面的结果类似，我们以读(r)权限为例，结果如表 8-2 所示。

表 8-2　读权限相与

A	B	and
r	r	r
r	-	-
-	r	-
-	-	-

所以，“rwx”相与“r-x”，结果是“r-x”；“r--”相与“r-x”，结果是“r--”。

修改最大有效权限的命令如下。

例子 3：修改 mask 权限

```
[root@localhost /]# setfacl -m m:rx project/
#设定 mask 权限为 r-x，使用“m:权限”格式
[root@localhost /]# getfacl project/
# file: project/
# owner: root
# group: tgroup
user::rwx
group::rwx                    #effective:r-x
mask::r-x
#mask 权限变为 r-x
other::---
```

4．默认 ACL 权限和递归 ACL 权限

我们已经给/project 目录设定了 ACL 权限，那么，在这个目录中新建一些子文件和子目录，这些文件是否会继承父目录的 ACL 权限呢？我们试试吧。

例子 4：子文件不会直接继承父目录的 ACL 权限

```
[root@localhost /]# cd /project/
[root@localhost project]# touch abc
[root@localhost project]# mkdir d1
#在/project 目录中新建了 abc 文件和 d1 目录
[root@localhost project]# ll
总用量 4
-rw-r--r-- 1 root root        0 1 月    19 05:20 abc
drwxr-xr-x 2 root root 4096 1 月    19 05:20 d1
#这两个新建立的文件权限位后面并没有“+”，表示它们没有继承 ACL 权限
```

子文件 abc 和子目录 d1 因为是后建立的，所以并没有继承父目录的 ACL 权限。当然，我们可以手工给这两个文件分配 ACL 权限，但是如果在目录中再新建文件，都要手工指定，则显得过于麻烦。这时就需要用到默认 ACL 权限。

默认 ACL 权限的作用是：如果给父目录设定了默认 ACL 权限，那么父目录中所有新建的子文件都会继承父目录的 ACL 权限。默认 ACL 权限只对目录生效。命令如下。

例子 5：默认 ACL 权限

```
[root@localhost /]# setfacl -m d:u:st:rx /project/
#使用“d:u:用户名:权限”格式设定默认 ACL 权限
[root@localhost project]# getfacl project/
# file: project/
# owner: root
# group: tgroup
user::rwx
user:st:r-x
group::rwx
group:tgroup2:rwx
mask::rwx
other::---
default:user::rwx                    ←    多出了 default 字段
default:user:st:r-x
default:group::rwx
default:mask::rwx
default:other::---

[root@localhost /]# cd project/
[root@localhost project]# touch bcd
[root@localhost project]# mkdir d2
#新建子文件和子目录
[root@localhost project]# ll
总用量 8
-rw-r--r--    1 root root        0 1 月    19 05:20 abc
-rw-rw----+ 1 root root        0 1 月    19 05:33 bcd
drwxr-xr-x    2 root root 4096 1 月    19 05:20 d1
drwxrwx---+ 2 root root 4096 1 月    19 05:33 d2
#新建的 bcd 和 d2 已经继承了父目录的 ACL 权限
```

你发现了吗？原先的 abc 和 d1 还是没有 ACL 权限，因为默认 ACL 权限是针对新建立的文件生效的。

再说说递归 ACL 权限。递归是指父目录在设定 ACL 权限时，所有的子文件和子目录也拥有相同的 ACL 权限。

例子 6：递归 ACL 权限

```
[root@localhost project]# setfacl -m u:st:rx -R /project/
#-R 递归
[root@localhost project]# ll
总用量 8
-rw-r-xr--+ 1 root root       0 1 月   19 05:20 abc
-rw-rwx---+ 1 root root       0 1 月   19 05:33 bcd
drwxr-xr-x+ 2 root root 4096 1 月   19 05:20 d1
drwxrwx---+ 2 root root 4096 1 月   19 05:33 d2
#abc 和 d1 也拥有了 ACL 权限
```

总结一下：默认 ACL 权限指的是针对父目录中新建立的文件和目录会继承父目录的 ACL 权限，格式是“setfacl -m d:u:用户名:权限 文件名”；递归 ACL 权限指的是针对父目录中已经存在的所有子文件和子目录继承父目录的 ACL 权限，格式是“setfacl -m u:用户名:权限 -R 文件名”。

5. 删除 ACL 权限

我们来看看怎样删除 ACL 权限，命令如下：

例子 7：删除指定的 ACL 权限

```
[root@localhost /]# setfacl -x u:st /project/
#删除指定用户和用户组的 ACL 权限
[root@localhost /]# getfacl project/
# file: project/
# owner: root
# group: tgroup
user::rwx
group::rwx
group:tgroup2:rwx
mask::rwx
other::---
#st 用户的权限已被删除
```

例子 8：删除所有 ACL 权限

```
[root@localhost /]# setfacl -b project/
#会删除文件的所有 ACL 权限
[root@localhost /]# getfacl project/
# file: project/
# owner: root
# group: tgroup
user::rwx
group::rwx
other::---
#所有 ACL 权限已被删除
```

8.2　文件特殊权限——SetUID、SetGID、Sticky BIT

8.2.1　文件特殊权限之 SetUID

1．什么是 SetUID

在 Linux 系统中我们已经介绍过 r（读）、w（写）、x（执行）这三种文件普通权限，但是在查询系统文件权限时会发现出现了一些其他权限字母，比如：

```
[root@localhost ~]# ll /usr/bin/passwd
-rwsr-xr-x. 1 root root 25980 2 月　22 2012 /usr/bin/passwd
```

大家发现了吗？在所有者本来应该写 x（执行）权限的位置出现了一个小写 s，这是什么权限呢？我们把这种权限称作 SetUID 权限，也称作 SUID 的特殊权限。这种权限有什么作用呢？我们知道，在 Linux 系统中，每个普通用户都可以更改自己的密码，这是合理的设置。问题是，普通用户的信息保存在/etc/passwd 文件中，用户的密码实际保存在/ etc/shadow 文件中，也就是说，普通用户在更改自己的密码时修改了/etc/shadow 文件中的加密密码，但是，看下面的代码：

```
[root@localhost ~]# ll /etc/passwd
-rw-r--r--. 1 root root 1728 1 月　19 04:20 /etc/passwd
[root@localhost ~]# ll /etc/shadow
----------. 1 root root 1373 1 月　19 04:21 /etc/shadow
```

/etc/passwd 文件的权限是 644，意味着只有超级用户 root 可以读/写，普通用户只有只读权限。/etc/shadow 文件的权限是 000，也就是没有任何权限。这意味着只有超级用户可以读取文件内容，并且可以强制修改文件内容；而普通用户没有任何针对/etc/shadow 文件的权限。也就是说，普通用户对这两个文件其实都是没有写权限的，那为什么普通用户可以修改自己的密码呢？

其实，普通用户可以修改自己的密码的秘密不在于/etc/passwd 和/etc/shadow 这两个文件，而在于 passwd 命令。我们再来看看 passwd 命令的权限：

```
[root@localhost ~]# ll /usr/bin/passwd
-rwsr-xr-x. 1 root root 25980 2 月　22 2012 /usr/bin/passwd
```

passwd 命令拥有特殊权限 SetUID，也就是在所有者的权限位的执行权限上是 s。可以这样来理解它：当一个具有执行权限的文件设置 SetUID 权限后，用户在执行这个文件时将以文件所有者的身份来执行。passwd 命令拥有 SetUID 权限，所有者为 root（Linux 中的命令默认所有者都是 root），也就是说，当普通用户使用 passwd 命令更改自己的密码的时候，实际上是在用 passwd 命令所有者 root 的身份在执行 passwd 命令，root 当然可以将密码写入/etc/shadow 文件，所以普通用户也可以修改/etc/shadow 文件，命令执行完成后，该身份也随之消失。

SetUID 的功能可以这样理解：

- 只有可以执行的二进制程序才能设定 SetUID 权限。
- 命令执行者要对该程序拥有 x（执行）权限。

- 命令执行者在执行该程序时获得该程序文件所有者的身份（在执行程序的过程中变为文件的所有者）。
- SetUID 权限只在该程序执行过程中有效，也就是说身份改变只在程序执行过程中有效。

举个例子，有一个用户 lamp，她可以修改自己的权限，因为 passwd 命令拥有 SetUID 权限；但是她不能查看/etc/shadow 文件的内容，因为查看文件的命令（如 cat）没有 SetUID 权限。命令如下：

```
[root@localhost ~]# su - lamp
[lamp@localhost ~]$ passwd
更改用户 lamp 的密码 。
为 lamp 更改 STRESS 密码。
（当前）UNIX 密码：                        ← 输入旧密码
新的密码：                                 ← 输入新密码
重新输入新的密码：
passwd： 所有的身份验证令牌已经成功更新
#lamp 可以修改自己的密码
[lamp@localhost ~]$ cat /etc/shadow
cat: /etc/shadow: 权限不够
#但是不能查看/etc/shadow 文件的内容
```

我们画一张示意图来理解上述过程，如图 8-2 所示。

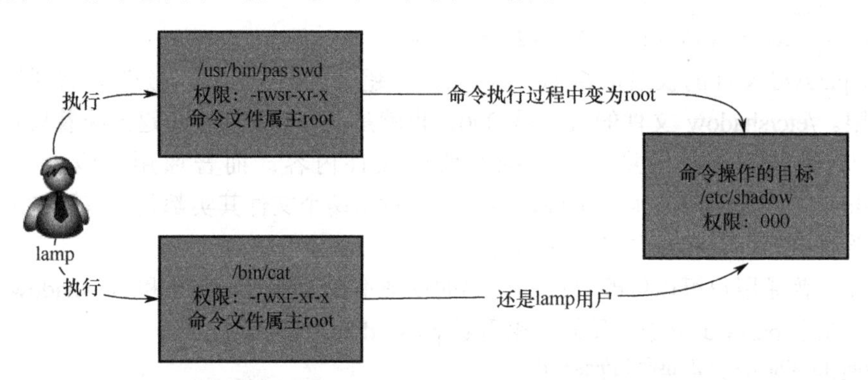

图 8-2 SetUID 示意图

从图 8-2 中可以知道：

- passwd 是系统命令，可以执行，所以可以赋予 SetUID 权限。
- lamp 用户对 passwd 命令拥有 x（执行）权限。
- lamp 用户在执行 passwd 命令的过程中，会暂时切换为 root 身份，所以可以修改/etc/shadow 文件。
- 命令结束，lamp 用户切换回自己的身份。

cat 命令没有 SetUID 权限，所以就使用 lamp 用户身份去访问/etc/shadow 文件，当然没有相应权限了。

如果把/usr/bin/passwd 命令的 SetUID 权限取消，普通用户是不是就不能修改自己的密码了呢？试试吧：

```
[root@localhost ~]# chmod u-s /usr/bin/passwd
#所有者取消 SetUID 权限
[root@localhost ~]# ll /usr/bin/passwd
-rwxr-xr-x. 1 root root 25980 2 月   22 2012 /usr/bin/passwd
[root@localhost ~]# su - lamp
[lamp@localhost ~]$ passwd
更改用户 lamp 的密码
为 lamp 更改 STRESS 密码
（当前）UNIX 密码：                    ← 看起来没有什么问题
新的密码：
重新输入新的密码：
passwd: 鉴定令牌操作错误               ← 但是最后密码没有生效
```

这个实验可以说明 SetUID 的作用，不过记得一定要把/usr/bin/passwd 命令的 SetUID 权限加回来。

2. 危险的 SetUID

我们刚刚的实验是把系统命令本身拥有的 SetUID 权限取消，这样会导致命令本身可以执行的功能失效。但是如果我们给默认没有 SetUID 权限的系统命令赋予了 SetUID 权限，那又会出现什么情况呢？那样的话系统就会出现重大安全隐患，这种操作一定不要随意执行。

手工赋予 SetUID 权限真有这么恐怖吗？我们试试给常见的命令 vim 赋予 SetUID 权限，看看会发生什么事情。

```
[root@localhost ~]# chmod u+s /usr/bin/vim
[root@localhost ~]# ll /usr/bin/vim
-rwsr-xr-x 1 root root 1847752 4 月     5 2012 /usr/bin/vim
```

当 vim 命令拥有了 SetUID 权限后，任何普通用户在使用 vim 命令时，都会暂时获得 root 的身份和权限，那么很多普通用户本身不能查看和修改的文件马上就可以查看了，包括/etc/passwd 和/etc/shadow 这两个重要的用户信息文件，这样就可以轻易地把自己的 UID 改为 0，升级为超级用户了。如果修改了系统重要的启动文件，比如/etc/inittab 或/etc/fstab，就可以轻易地导致系统瘫痪。

其实任何只有管理员可以执行的命令，如果被赋予了 SetUID 权限，那么后果都是灾难性的。大家可以想象普通用户可以随时重启服务器、随时关闭服务、随时添加其他普通用户的服务器是什么样子的吗？

所以，SetUID 权限不能随便设置，同时要防止黑客的恶意修改。怎样避免 SetUID 的不安全影响？有几点建议：

- 关键目录应严格控制写权限，比如“/”“/usr”等。
- 用户的密码设置要严格遵守密码规范。
- 对系统中默认应该拥有 SetUID 权限的文件制作一张列表，定时检查有没有列表之外的文件被设置了 SetUID 权限。

其他几点都很好理解，可是应该如何建立 SetUID 权限文件列表，并定时检查呢？

我们来写写这个脚本，大家可以作为参考。

首先，在服务器第一次安装完成后，马上查找系统中所有拥有 SetUID 和 SetGID 权限的文件，把它们记录下来，作为扫描的参考模板。如果某次扫描的结果和本次保存下来的模板不一致，就说明有文件被修改了 SetUID 和 SetGID 权限。命令如下：

```
[root@localhost ~]# find / -perm -4000 -o -perm -2000 > /root/suid.list
# -perm  安装权限查找。-4000 对应的是 SetUID 权限，-2000 对应的是 SetGID 权限
# -o 是逻辑或“or”的意思，并把命令搜索的结果放在/root/suid.list 文件中
```

接下来，只要定时扫描系统，然后和模板文件比对就可以了。脚本如下：

```
[root@localhost ~]# vi suidcheck.sh
#!/bin/bash
# Author: liming  （E-mail: liming@atguigu.com）

find / -perm -4000 -o -perm -2000 > /tmp/setuid.check
#搜索系统中所有拥有 SetUID 和 SetGID 权限的文件，并保存到临时目录中
for i in $(cat /tmp/setuid.check)
#循环，每次循环都取出临时文件中的文件名
do
        grep $i /root/suid.list > /dev/null
          #比对这个文件名是否在模板文件中
                if [ "$?" != "0" ]
                    #检测上一条命令的返回值，如果不为 0，则证明上一条命令报错
                    then
                          echo "$i isn't in listfile! " >> /root/suid_log_$(date +%F)
                          #如果文件名不在模板文件中，则输出错误信息，并把报错写入日志中
                fi
done
rm -rf /tmp/setuid.check
#删除临时文件

[root@localhost ~]# chmod u+s /bin/vi
#手工给 vi 加入 SetUID 权限
[root@localhost ~]# ./suidcheck.sh
#执行检测脚本
[root@localhost ~]# cat suid_log_2013-01-20
/bin/vi isn't in listfile!
#报错了，vi 不在模板文件中。代表 vi 被修改了 SetUID 权限
```

这个脚本成功的关键在于模板文件是否正常。所以一定要安装完系统就马上建立模板文件，并保证模板文件的安全。

注意：除非特殊情况，否则不要手工修改 SetUID 和 SetGID 权限，这样做非常不安全。而且就算我们做实验修改了 SetUID 和 SetGID 权限，也要马上修改回来，以免造成安全隐患。

8.2.2　文件特殊权限之 SetGID

我们在讲 SetUID 的时候，也提到了 SetGID，那什么是 SetGID 呢？当 s 标志在所有者的 x 位置时是 SetUID，那么 s 标志在属组的 x 位置时是 SetGID，简称 SGID。比如：

```
[root@localhost ~]# ll /usr/bin/locate
-rwx--s—x. 1 root slocate 35612 8 月    24 2010 /usr/bin/locate
```

注意：在 CentOS 7.x 中，locate 命令默认没有安装，需要执行“yum -y install mlocate”进行安装之后，才能进行以上的实验。

1．SetGID 针对文件的作用

SetGID 既可以针对文件生效，也可以针对目录生效，这和 SetUID 明显不同。如果针对文件，那么 SetGID 的含义如下：

- 只有可执行的二进制程序才能设置 SetGID 权限。
- 命令执行者要对该程序拥有 x（执行）权限。
- 命令执行者在执行程序的时候，组身份升级为该程序文件的属组。
- SetGID 权限同样只在该程序执行过程中有效，也就是说，组身份改变只在程序执行过程中有效。

和 passwd 命令类似，普通用户在执行 locate 命令的时候，会获取 locate 属组的组身份。locate 命令是在系统中按照文件名查找符合条件的文件的，不过它不直接搜索系统，而搜索/var/lib/mlocate/mlocate.db 这个数据库。我们来看看这个数据库的权限。

```
[root@localhost ~]# ll /var/lib/mlocate/mlocate.db
-rw-r-----. 1 root slocate 1838850 1 月    20 04:29 /var/lib/mlocate/mlocate.db
```

大家会发现，所有者权限是 r、w，属组权限是 r，其他人的权限是 0。那是不是意味着普通用户不能使用 locate 命令呢？再看看 locate 命令的权限。

```
[root@localhost ~]# ll /usr/bin/locate
-rwx--s—x. 1 root slocate 35612 8 月    24 2010 /usr/bin/locate
```

当普通用户 lamp 执行 locate 命令时，会发生如下事情：

- /usr/bin/locate 是可执行二进制程序，可以被赋予 SetGID 权限。
- 执行用户 lamp 对 locate 命令拥有执行权限。
- 执行 locate 命令时，组身份会升级为 slocate 组，而 slocate 组对/var/lib/mlocate/mlocate.db 数据库拥有 r 权限，所以普通用户可以使用 locate 命令查询 mlocate.db 数据库。
- 命令结束，lamp 用户的组身份返回为 lamp 组。

2．SetGID 针对目录的作用

如果 SetGID 针对目录设置，则其含义如下：

- 普通用户必须对此目录拥有 r 和 x 权限，才能进入此目录。
- 普通用户在此目录中的有效组会变成此目录的属组。
- 若普通用户对此目录拥有 w 权限，则此目录内所新建的文件（或子目录）的默认属组是这个目录的属组。

举个例子：

```
[root@localhost ~]# cd /tmp/
#进入临时目录做此实验。因为只有临时目录才允许普通用户修改
[root@localhost tmp]# mkdir dtest
#建立测试目录
[root@localhost tmp]# chmod g+s dtest
#给测试目录赋予 SetGID 权限
[root@localhost tmp]# ll -d dtest/
drwxr-sr-x 2 root root 4096 1 月   20 06:04 dtest/
#SetGID 权限已经生效
[root@localhost tmp]# chmod 777 dtest/
#给测试目录赋予 777 权限，让普通用户可以写
[root@localhost tmp]# su - lamp
#切换成普通用户 lamp
[lamp@localhost ~]$ cd /tmp/dtest/
#普通用户进入测试目录
[lamp@localhost dtest]$ touch abc
#普通用户建立 abc 文件
[lamp@localhost dtest]$ ll
总用量 0
-rw-rw-r-- 1 lamp root 0 1 月   20 06:07 abc
#abc 文件的默认属组不再是 lamp 用户组，而变成了 dtest 组的属组 root
```

8.2.3　文件特殊权限之 Sticky BIT

Sticky BIT 意为粘滞位，简称 SBIT。它的作用如下：

- 粘滞位目前只对目录有效。
- 普通用户对该目录拥有 w 和 x 权限，即普通用户可以在此目录中拥有写入权限。
- 如果没有粘滞位，那么，因为普通用户拥有 w 权限，所以可以删除此目录下的所有文件，包括其他用户建立的文件。一旦被赋予了粘滞位，除了 root 可以删除所有文件，普通用户就算拥有 w 权限，也只能删除自己建立的文件，而不能删除其他用户建立的文件。

举个例子，默认系统中/tmp 目录拥有 SBIT 权限。

```
[root@localhost ~]# ll -d /tmp/
drwxrwxrwt. 4 root root 4096 1 月   20 06:17 /tmp/
```

在其他人的 x 权限位被 t 符号占用了，代表/tmp 目录拥有 SBIT 权限。我们使用 lamp 用户在/tmp 目录中建立测试文件 ftest，然后使用 lamp1 用户尝试删除。如果没有 SBIT 权限，而/tmp 目录的权限是 777，那么 lamp1 用户应该可以删除 ftest 文件。但是拥有了 SBIT 权限，会是什么情况？我们来看看：

```
[root@localhost ~]# useradd lamp
[root@localhost ~]# useradd lamp1
#建立测试用户 lamp 和 lamp1，省略设置密码过程
[root@localhost ~]# su - lamp
```

```
#切换为 lamp 用户
[lamp@localhost ~]$ cd /tmp/
[lamp@localhost tmp]$ touch ftest
#建立测试文件
[lamp@localhost tmp]$ ll ftest
-rw-rw-r-- 1 lamp lamp 0 1 月  20 06:36 ftest
[lamp@localhost tmp]$ su - lamp1
密码：                                            ← 输入 lamp1 用户的密码
#切换成 lamp1 用户
[lamp1@localhost ~]$ cd /tmp/
[lamp1@localhost tmp]$ rm -rf ftest
rm: 无法删除 " ftest "：不允许的操作
#虽然/tmp 目录的权限是 777，但是拥有 SBIT 权限，所以 lamp1 用户不能删除其他用户建立的文件
```

8.2.4　特殊权限设置

说了这么多，到底该如何设置特殊权限呢？其实还是依赖 chmod 命令，只不过文件的普通权限只有三个数字，例如，“755”代表所有者拥有读、写、执行权限，属组拥有读、执行权限，其他人拥有读、执行权限。如果把特殊权限也考虑在内，那么权限就应该写成“4755”，其中“4”就是特殊权限 SetUID 了，“755”还是代表所有者、属组和其他人的权限。这几个特殊权限这样来表示：

- 4 代表 SetUID。
- 2 代表 SetGID。
- 1 代表 SBIT。

举个例子，我们手工赋予一下特殊权限。

```
[root@localhost ~]# touch ftest
[root@localhost ~]# chmod 4755 ftest
#赋予 SetUID 权限
[root@localhost ~]# ll ftest
-rwsr-xr-x 1 root root 0 1 月  20 23:54 ftest
#查看一下，所有者的 x 位变成了 s
[root@localhost ~]# chmod 2755 ftest
#赋予 SetGID 权限
[root@localhost ~]# ll ftest
-rwxr-sr-x 1 root root 0 1 月  20 23:54 ftest
#查看一下，属组的 x 位变成了 s
[root@localhost ~]# mkdir dtest
[root@localhost ~]# chmod 1755 dtest/
#SBIT 只对目录有效，所以建立测试目录，并赋予 SBIT 权限
[root@localhost ~]# ll -d dtest/
drwxr-xr-t 2 root root 4096 1 月  20 23:56 dtest/
#查看一下，其他人的 x 位变成了 t
```

我们可以把特殊权限设置为“7777”吗？命令执行是没有问题的，这样会把 SetUID、SetGID、SBIT 权限都赋予一个文件，命令如下：

```
[root@localhost ~]# chmod 7777 ftest
#一次赋予 SetUID、SetGID 和 SBIT 权限
[root@localhost ~]# ll ftest
-rwsrwsrwt 1 root root 0 1 月   20 23:54 ftest
[root@localhost ~]# chmod 0755 ftest
#取消特殊权限
[root@localhost ~]# ll ftest
-rwxr-xr-x 1 root root 0 1 月   20 23:54 ftest
```

但是这样做没有任何意义，因为这几个特殊权限操作的对象不同，SetUID 只对二进制程序文件有效，SetGID 可以对二进制程序文件和目录有效，但是 SBIT 只对目录有效。所以，如果设置特殊权限，则还是需要分开设定的。

我们讲过，在赋予权限的时候可以采用字母的方式，这对特殊权限来讲是同样适用的。比如我们可以通过“u+s”赋予 SetUID 权限，通过“g+s”赋予 SetGID 权限，通过“o+t”赋予 SBIT 权限。命令如下：

```
[root@localhost ~]# chmod u+s,g+s,o+t ftest
#设置特殊权限
[root@localhost ~]# ll ftest
-rwsr-sr-t 1 root root 0 1 月   20 23:54 ftest

[root@localhost ~]# chmod u-s,g-s,o-t ftest
#取消特殊权限
[root@localhost ~]# ll ftest
-rwxr-xr-x 1 root root 0 1 月   20 23:54 ftest
```

最后，还有一个大家要注意的问题，特殊权限只针对具有可执行权限的文件有效，不具有 x 权限的文件被赋予了 SetUID 和 SetGID 权限会被标记为 S，SBIT 权限会被标记为 T，仔细想一下，如果没有可执行权限，则设置特殊权限无任何意义。命令如下：

```
[root@localhost ~]# chmod 7666 ftest
[root@localhost ~]# ll ftest
-rwSrwSrwT 1 root root 0 1 月   20 23:54 ftest
```

大家也可以这样理解：S 和 T 代表“空的”，没有任何意义。

8.3 文件系统属性 chattr 权限

8.3.1 设定文件系统属性：chattr

chatrr 只有 root 用户可以使用，用来修改文件系统的权限属性，建立凌驾于 rwx 基础权限之上的授权。命令格式如下：

```
[root@localhost ~]# chattr [+-=] [选项] 文件或目录名
选项：
    +:  增加权限
    -:  删除权限
    =:  等于某权限
```

i: 如果对文件设置 i 属性，那么不允许对文件进行删除、改名，也不能添加和修改数据；如果对目录设置 i 属性，那么只能修改目录下文件中的数据，但不允许建立和删除文件

a: 如果对文件设置 a 属性，那么只能在文件中增加数据，但是不能删除和修改数据；如果对目录设置 a 属性，那么只允许在目录中建立和修改文件，但是不允许删除文件

e: Linux 中的绝大多数文件都默认拥有 e 属性，表示该文件是使用 Ext 文件系统进行存储的，而且不能使用“chattr -e”命令取消 e 属性

例子 1：

```
#给文件赋予 i 属性
[root@localhost ~]# touch ftest
#建立测试文件
[root@localhost ~]# chattr +i ftest
[root@localhost ~]# rm -rf ftest
rm: 无法删除 " ftest " : 不允许的操作
#赋予 i 属性后，root 也不能删除
[root@localhost ~]# echo 111 >> ftest
-bash: ftest: 权限不够
#也不能修改文件中的数据
#给目录赋予 i 属性
[root@localhost ~]# mkdir dtest
#建立测试目录
[root@localhost dtest]# touch dtest/abc
#再建立一个测试文件 abc
[root@localhost ~]# chattr +i dtest/
#给目录赋予 i 属性
[root@localhost ~]# cd dtest/
[root@localhost dtest]# touch bcd
touch: 无法创建 " bcd " : 权限不够
#dtest 目录不能新建文件
[root@localhost dtest]# echo 11 >> abc
[root@localhost dtest]# cat abc
11
#但是可以修改文件内容
[root@localhost dtest]# rm -rf abc
rm: 无法删除 " abc " : 权限不够
#不能删除
```

此时，ftest 文件和 dtest 目录都变得非常“强悍”，即便你是 root 用户，也无法删除和修改它们。若要更改或删除文件，必须先去掉 i 属性才可以。命令如下：

```
[root@localhost ~]# chattr -i ftest
[root@localhost ~]# chattr -i dtest/
```

再举个例子，演示一下 a 属性。假设有这样一种应用，我们每天自动实现把服务器的日志备份到指定目录，备份目录可设置 a 属性，变为只可创建文件而不可删除。命令如下：

例子 2：

```
[root@localhost ~]# mkdir -p /back/log
#建立备份目录
```

```
[root@localhost ~]# chattr +a /back/log/
#赋予 a 属性
[root@localhost ~]# cp /var/log/messages /back/log/
#可以复制文件和新建文件到指定目录中
[root@localhost ~]# rm -rf /back/log/messages
rm: 无法删除 " /back/log/messages " : 不允许的操作
#但是不允许删除
```

chattr 命令不宜对目录/、/dev、/tmp、/var 等进行设置，否则会导致系统无法启动。

8.3.2 查看文件系统属性：lsattr

lsattr 命令比较简单，命令格式如下：

```
[root@localhost ~]# lsattr [选项] 文件名
选项：
        -a: 显示所有文件和目录
        -d: 如果目标是目录，则仅列出目录本身的属性，而不会列出文件的属性

[root@localhost ~]# lsattr -d /back/log/
-----a------e- /back/log/
#查看/back/log 目录，其拥有 a 和 e 属性
```

8.4 系统命令 sudo 权限

8.4.1 sudo 用法

管理员作为特权用户，很容易误操作造成不必要的损失。再者，都由 root 管理也很麻烦。所以健康的管理方法是在 Linux 服务器搭建好后，可授权普通用户协助完成日常管理。现在较为流行的工具是 sudo，几乎所有 Linux 都已默认安装。还要注意一点，我们在前面介绍的所有权限，比如普通权限、默认权限、ACL 权限、特殊权限、文件系统属性权限等操作的对象都是文件和目录，但是 sudo 的操作对象是系统命令，也就是 root 把本来只能由超级用户执行的命令赋予普通用户执行。

sudo 使用简单，管理员 root 使用 visudo 命令即可编辑其配置文件/etc/sudoers 进行授权。命令如下：

```
[root@localhost ~]# visudo
…省略部分输出…
root        ALL=(ALL)            ALL
# %wheel            ALL=(ALL)            ALL      ←  此行是注释掉的，没有生效
#这两行是系统为我们提供的模板，我们参照它写自己的就可以了
…省略部分输出…
```

解释一下文件的格式。

```
root        ALL=(ALL)            ALL
#用户名   被管理主机的地址=(可使用的身份)        授权命令（绝对路径）
```

```
# %wheel          ALL=(ALL)         ALL
#%组名   被管理主机的地址=（可使用的身份）     授权命令（绝对路径）
```

4 个参数的具体含义如下。

- 用户名/组名：代表 root 给哪个用户或用户组赋予命令，注意组名前加“%”。
- 用户可以用指定的命令管理指定 IP 地址的服务器。如果写 ALL，则代表用户可以管理任何主机；如果写固定 IP，则代表用户可以管理指定的服务器。如果我们在这里写本机的 IP 地址，则不代表只允许本机的用户使用指定命令，而代表指定的用户可以从任何 IP 地址来管理当前服务器。如果我们的 Linux 中没有搭建 NIS 这样的账户集中管理服务，那么写 ALL 和本机 IP 地址的作用就是一致的。
- 可使用的身份：就是把来源用户切换成什么身份使用，ALL 代表可以切换成任意身份。这个字段可以省略。
- 授权命令：代表 root 把什么命令授权给普通用户。默认是 ALL，代表任何命令，这当然不行。如果需要给哪个命令授权，写入命令名即可。不过需要注意，一定要写绝对路径。

8.4.2　sudo 举例

例子 1：

授权用户 lamp 可以重启服务器，则由 root 用户添加如下命令。

```
[root@localhost ~]# visudo
lamp        ALL= /sbin/shutdown -r now
```

指定组名用百分号标记，如%admgroup，多个授权命令之间用逗号分隔。用户 lamp 可以使用 sudo -l 查看授权的命令列表。

```
[root@localhost ~]# su - lamp
#切换成 lamp 用户
[lamp@localhost ~]$ sudo -l
[sudo] password for lamp:                    ←   需要输入 lamp 用户的密码
User lamp may run the following commands on this host:
(root) /sbin/shutdown -r now
#可以看到 lamp 用户拥有了 shutdown -r now 的权限
```

提示输入密码为 lamp 普通用户的密码，是为了验证操作服务器的用户是不是 lamp 用户本人。lamp 用户需要执行时，只需要使用如下命令：

```
[lamp@localhost ~]$ sudo /sbin/shutdown -r now
```

lamp 用户可以重启服务器。注意：命令写绝对路径，或者把/sbin 路径导入普通用户 PATH 路径中，否则无法执行。

例子 2：

授权一个用户管理你的 Web 服务器。

先来分析一下授权用户管理 Apache 至少要实现哪些基本授权。

（1）可以使用 Apache 管理脚本。

（2）可以修改 Apache 配置文件。

（3）可以更新网页内容。

假设 Apache 管理脚本程序为/etc/rc.d/init.d/httpd。

为满足条件（1），用 visudo 命令进行授权。

```
[root@localhost ~]# visudo
lamp        192.168.0.156=/etc/rc.d/init.d/httpd reload,\
/etc/rc.d/init.d/httpd configtest
```

授权用户 lamp 可以连接 192.168.0.156 上的 Apache 服务器，通过 Apache 管理脚本重新读取配置文件让更改的设置生效（reload）和可以检测 Apache 配置文件的语法错误（configtest），但不允许其执行关闭（stop）、重启（restart）等操作命令（“\”的意思是一行没有完成，下面的内容和上一行是同一行）。

为满足条件（2），同样使用 visudo 命令进行授权。

```
[root@localhost ~]# visudo
lamp        192.168.0.156=/bin/vi /etc/httpd/conf/httpd.conf
```

授权用户 lamp 可以用 root 身份使用 vi 编辑 Apache 配置文件。如果不用 sudo 授权，那么 lamp 用户只能以其他人的身份访问/etc/httpd/conf/httpd.conf 文件，lamp 用户将只有“读”权限，是无法修改的。

以上两种 sudo 的设置要特别注意，很多人使用 sudo 会犯两类错误：第一，授权命令没有细化到选项和参数；第二，认为只能授权管理员执行的命令。

条件（3）则比较简单，假设网页存放目录为/var/www/html，则只需要授权 lamp 用户对此目录具有写权限，或者更改目录所有者为 lamp 即可。如果需要，还可以设置 lamp 用户可以通过 FTP 等文件共享服务更新网页。

注意：用 sudo 给普通用户赋予 vi 命令权限的时候，一定要在 vi 命令之后加上文件名。如果不加文件名，代表普通用户可以用 root 身份，通过 vi 命令修改任意文件，这会出现给 vi 命令赋予 SetUID 权限同样的效果，极其危险。

例子 3：

授权普通用户 user1 可以添加其他普通用户，并可以修改密码。

这个需求乍看非常简单，我们只要执行以下命令好像就可以了：

```
[root@localhost ~]# visudo
user1     ALL=/usr/sbin/useradd
user1     ALL=/usr/bin/passwd
```

我们说 sudo 的特征是：赋予的权限越简单，得到的权限越大；赋予的权限越详细，得到的权限就越小。

上面这两个权限赋予，表面上看是没有问题的，当然也可以修改普通用户的密码。但是这样赋予权限之后，user1 用户是否可以修改 root 用户的密码呢？我们试试：

```
[user1@localhost ~]$ sudo /usr/bin/passwd root
更改用户 root 的密码 。
新的密码：
无效的密码：密码少于 8 个字符
重新输入新的密码：
passwd：所有的身份验证令牌已经成功更新。
```

```
#看到了吗？root 密码成功被修改了
```

可怕吗？你以为只是让 user1 可以修改普通用户的密码，谁知连 root 密码都拱手送人了。那怎么办呢？我们可以这样做：

```
[root@localhost ~]# visudo
user1    ALL=/usr/sbin/useradd
user1  ALL=/usr/bin/passwd [A-Za-z]*, !/usr/bin/passwd  " " , !/usr/bin/passwd root
```

解释一下这个命令：

- /usr/bin/passwd [A-Za-z]*：这里[A-Za-z]*是正则表达式，代表任意字母重复任意多次。也就是 passwd 命令后面可以加任意用户名。
- !/usr/bin/passwd " "："!"是取反的意思，也就是除了"空字符"，passwd 后不加用户名，代表修改当前用户的密码。而在 sudo 中，user1 的身份会变成 root，所以当前用户就是 root 用户，需要被排除在外。
- !/usr/bin/passwd root：代表排除"/usr/bin/passwd root"命令，也就是不能修改 root 的密码。

这样写之后，user1 用户就只能修改普通用户的密码，而不能修改超级用户的密码了。

至此，本章内容就结束了，我们介绍了 Linux 系统中的常见权限。最后请切记系统安全的基本原则：在能完成任务的前提下，赋予用户最小的权限。

本章小结

本章重点

- 回顾了文件的基本权限和 UMASK 默认权限
- 文件 ACL 权限
- 文件特殊权限 SetUID、SetGID、Sticky BIT
- 文件系统属性 chattr 权限
- 系统命令 sudo 权限

本章难点

- 对 ACL 权限的理解与设置
- SetUID、SetGID 和 Sticky BIT 权限的含义与作用
- chattr 权限的使用
- sudo 权限的使用

第9章 牵一发而动全身：文件系统管理

学前导读

我们在第 2 章中已经对 Linux 的分区方法和文件系统进行了介绍。不过那种分区方法是在安装的同时使用图形界面进行分区，如果添加了一块硬盘，那么当然要有不重新安装系统就可以分区的方法。本章我们会介绍硬盘的基本结构、Linux 中常见的文件系统、fdisk 命令分区和 swap 分区的手工分配等内容。

文件系统这个名词大家都很陌生，不过如果说成分区，大家就比较容易理解了。原先每个分区只能格式化为一个文件系统，所以我们可以认为文件系统就是指分区。不过随着技术的进步，现在一个文件系统可以由几个分区组成，或者一个分区可以格式化为几个不同的文件系统，所以我们已经不能把文件系统和分区等同对待了。不过，为了便于理解，大家可以把文件系统想象成分区。

本章内容

- 硬盘结构
- Linux 中常见的文件系统
- 回顾硬盘分区
- 文件系统常用命令
- fdisk 命令分区
- /etc/fstab 文件修复
- gdisk 命令分区
- parted 命令分区
- 分配 swap 分区

9.1 硬盘结构

硬盘是计算机的主要外部存储设备。计算机中的存储设备种类非常多，常见的主要有软盘、硬盘、光盘、U 盘等，甚至还有网络存储设备 SAN、NAS 等，不过我们使用最多的还是硬盘。如果从存储数据的介质上来区分，那么硬盘可以分为机械硬盘（Hard Disk Drive，HDD）和固态硬盘（Solid State Disk，SSD），机械硬盘采用磁性碟片来存储数据，而固态硬盘是通过闪存颗粒来存储数据的。

9.1.1　机械硬盘（HDD）

1. 机械硬盘的物理结构

我们先来看看最常见的机械硬盘。机械硬盘的外观大家可能都见过，机械硬盘拆开后的样子如图 9-1 所示。

图 9-1　机械硬盘结构

机械硬盘主要由磁盘盘片、磁头、主轴与传动轴等组成，我们的数据就存放在磁盘盘片中。大家见过老式的留声机吗？留声机上使用的唱片和我们的磁盘盘片非常相似，只不过留声机只有一个磁头，而硬盘是上下双磁头，盘片在两个磁头中间高速旋转，如图 9-2 所示。

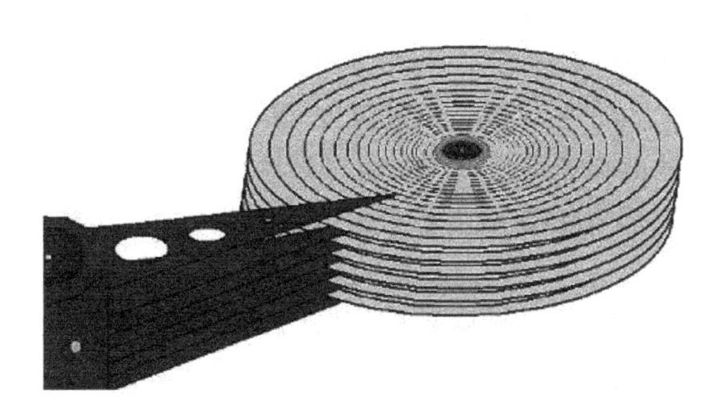

图 9-2　磁盘盘片

也就是说，机械硬盘是上/下盘面同时进行数据读取的。而且机械硬盘的旋转速度要远高于唱片（目前机械硬盘的常见转速是 7200 r/min），所以机械硬盘在读取或写入数据时，非常害怕晃动和磕碰。另外，因为机械硬盘的超高转速，如果内部有灰尘，则会造成磁头或盘片的损坏，所以机械硬盘内部是封闭的，如果不是在无尘环境下，禁止拆开机械硬盘。

2. 机械硬盘的逻辑结构

我们已经知道数据是写入磁盘盘片的，那么数据是按照什么结构写入的呢？机械硬盘的逻辑结构主要分为磁道、扇区和柱面，如图 9-3 所示。

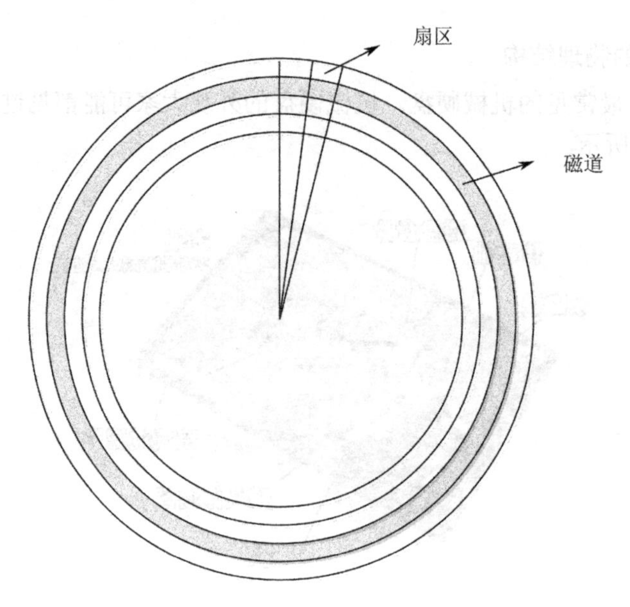

图 9-3　磁道和扇区

什么是磁道呢？每个盘片都在逻辑上拥有很多的同心圆，最外面的同心圆就是 0 磁道。我们将每个同心圆称作磁道（注意，磁道只是逻辑结构，在盘面上并没有真正的同心圆）。硬盘的磁道密度非常高，通常一面就有上千个磁道。但是相邻的磁道之间并不是紧挨着的，这是因为磁化单元相隔太近会相互产生影响。

那扇区又是什么呢？扇区其实是很形象的，大家都见过折叠的纸扇吧，纸扇打开后是半圆形或扇形的，不过这个扇形是由每个扇骨组合形成的。在磁盘上每个同心圆是磁道，从圆心向外呈放射状地产生分割线（扇骨），将每个磁道等分为若干弧段，每个弧段就是一个扇区。每个扇区的大小是固定的，为 512B。扇区也是磁盘的最小存储单位。

那柱面又是什么呢？如果硬盘是由多个盘片组成的，每个盘面都被划分为数目相等的磁道，那么所有盘片都会从外向内进行磁道编号，最外侧的就是 0 磁道。具有相同编号的磁道会形成一个圆柱，这个圆柱就被称作磁盘的柱面，如图 9-4 所示。

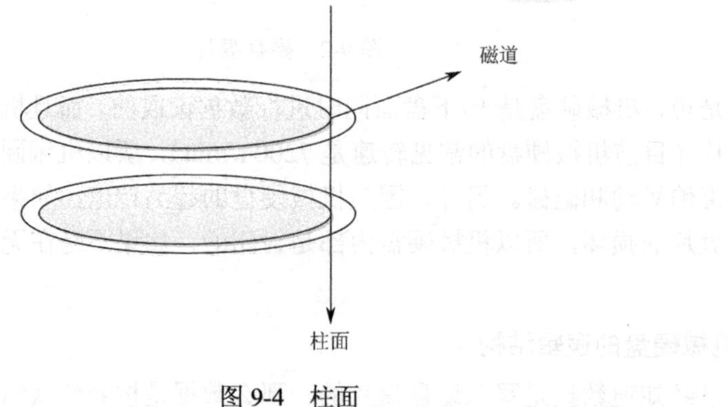

图 9-4　柱面

硬盘的大小是使用“磁头数×柱面数×扇区数×每个扇区的大小”这样的公式来计算的。其中，磁头数（Heads）表示硬盘共有几个磁头，也可以理解为硬盘有几个盘面，然后乘以 2；柱面数（Cylinders）表示硬盘每面盘片有几条磁道；扇区数（Sectors）表示每条磁道上有几个扇区；每个扇区的大小一般是 512B。

3. 硬盘的接口

机械硬盘通过接口与计算机主板进行连接。硬盘的读取和写入速度与接口有很大关系。大家都见过大礼堂吧，大礼堂中可以容纳很多人，但是如果只有一扇很小的门，那么人是很难进入或出来的，这样会造成拥堵，甚至会出现事故。机械硬盘的读取和写入也是一样的，如果接口的性能很差，则同样会影响机械硬盘的性能。目前我们常见的机械硬盘接口有以下几种。

- IDE 硬盘接口（Integrated Drive Electronics，并口，即电子集成驱动器）也称“ATA 硬盘”或“PATA 硬盘”，是早期机械硬盘的主要接口，ATA133 硬盘的理论传输速率可以达到 133MB/s（此速度为理论平均值），IDE 硬盘接口如图 9-5 所示。

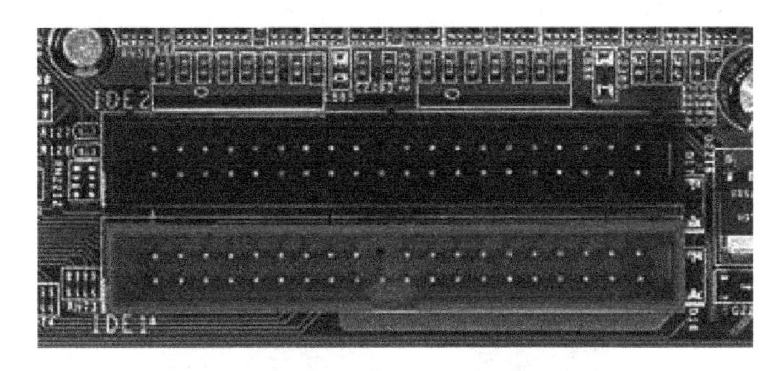

图 9-5　IDE 硬盘接口

- SATA 接口（Serial ATA，串口）是速率更高的硬盘标准，具备了更高的传输速率，并具备了更强的纠错能力。目前已经是 SATA 三代，理论传输速率达到 600MB/s（此速度为理论平均值），如图 9-6 所示。

图 9-6　SATA 硬盘接口

- SCSI 接口（Small Computer System Interface，小型计算机系统接口）广泛应用在服务器上，具有应用范围广、多任务、带宽大、CPU 占用率低及支持热插拔等优点，理论传输速率达到 320MB/s，如图 9-7 所示。

图 9-7　SCSI 硬盘接口

9.1.2　固态硬盘（SSD）

固态硬盘和传统的机械硬盘最大的区别就是不再采用盘片进行数据存储，而采用存储芯片进行数据存储。固态硬盘的存储芯片主要分为两种：一种是采用闪存作为存储介质的，另一种是采用 DRAM 作为存储介质的。目前使用较多的是采用闪存作为存储介质的固态硬盘，如图 9-8 所示。

图 9-8　固态硬盘

固态硬盘和机械硬盘对比主要有以下一些特点，如表 9-1 所示。

表 9-1　固态硬盘和机械硬盘对比

对 比 项 目	固 态 硬 盘	机 械 硬 盘
容量	较小	大
读/写速率	极高	一般
写入次数	5000～100000 次	没有限制
工作噪声	极低	有
工作温度	极低	较高
防振	很好	怕振动
重量	低	高
价格	高	低

大家可以发现，固态硬盘因为丢弃了机械硬盘的物理结构，所以相比机械硬盘具有了低能耗、无噪声、抗振动、低散热、体积小和速度快的优势；不过价格相比机械硬盘更高，而且使用寿命有限。

9.2　Linux 中常见的文件系统

硬盘是用来存储数据的，我们可以将其想象成柜子，只不过柜子是用来存储衣物的。分区就是把一个大柜子按照要求分割成几个小柜子（组合衣柜）；格式化就是在每个小柜子中打入隔断，决定每个隔断的大小和位置，然后在柜门上贴上标签，标签中写清楚每件衣服保存的隔断的位置和这件衣服的一些特性（比如衣服是谁的，衣服的颜色、大小等）。很多人认为格式化的目的就是清空数据，其实格式化是为了写入文件系统（就是在硬盘中打入隔断并贴上标签）。

9.2.1　文件系统的特性

我们已经知道，格式化是为了规划和写入文件系统。那么，Linux 中的文件系统到底是什么？它是什么样子的呢？在 CentOS 6.x 系统中默认的文件系统是 Ext4，而在 CentOS 7.x 中默认文件系统已经升级成 XFS 文件系统了。XFS 是一种高性能的日志文件系统，于 2000 年左右移植到 Linux 内核当中。XFS 特别擅长处理大文件，同时提供平滑的数据传输。XFS 最大支持 18EB 的文件系统和 9EB 的单个文件。

那么，文件系统到底是如何运作的呢？我们在讲解 ln 命令的时候，已经介绍过了，这里我们简单复习一下。

1. Ext4 文件系统原理

我们先来看看 Ext4 文件系统的原理。如果用一张示意图来描述 Ext4 文件系统，则可以参考图 9-9。

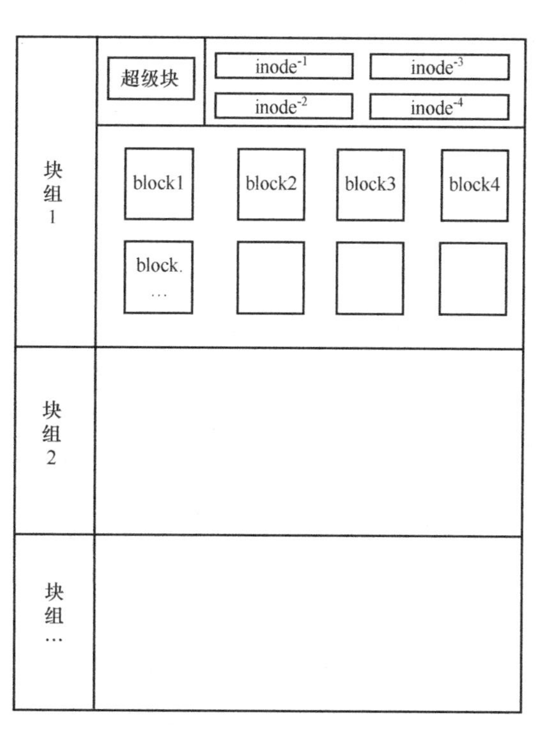

图 9-9　Ext4 文件系统示意图

Ext4 文件系统会把整块硬盘分成多个块组（block group），在块组中主要分出以下三部分。

- 超级块（super block）：记录整个文件系统的信息，包括 block 与 inode 的总量，已经使用的 inode 和 block 的数量，未使用的 inode 和 block 的数量，block 与 inode 的大小，文件系统的挂载时间，最近一次的写入时间，最近一次的磁盘检验时间等。

- i 节点表（inode table）：inode 的默认大小为 128 字节（在 CentOS 7.x 中已经增加了 inode 的大小，可以是 256 字节或 512 字节），用来记录文件的权限（r、w、x）、文件的所有者和属组、文件的大小、文件的状态改变时间（ctime）、文件的最近一次读取时间（atime）、文件的最近一次修改时间（mtime）、文件的特殊权限（如 SUID、SGID 等）、文件的数据真正保存的 block 编号。每个文件需要占用一个 inode。大家如果仔细查看，就会发现 inode 中是不记录文件名的，那是因为文件名是记录在文件上级目录的 block 中的。
- 数据块（block）：block 的大小可以是 1KB、2KB、4KB，默认为 4KB。block 用于实际的数据存储，如果一个 block 放不下数据，则可以占用多个 block。例如，有一个 10KB 的文件需要存储，则会占用 3 个 block，虽然最后一个 block 不能占满，但也不能再放入其他文件的数据。这 3 个 block 有可能是连续的，也有可能是分散的。

2. XFS 文件系统原理

大家可能会比较奇怪，我们不是在讲 CentOS 7.x 系统吗？在 CentOS 7.x 中，默认文件系统不是 XFS 吗？我们怎么还在讲解 Ext4 文件系统？那是由于 XFS 文件系统的基本原理和 Ext4 非常相似，如果了解了 Ext4 文件系统，那么 XFS 文件系统也比较容易理解。

XFS 文件系统是一种高性能的日志文件系统，在格式化速度上远超 Ext4 文件系统，现在的硬盘越来越大，格式化的时候速度越来越慢，使得 Ext4 文件系统的使用受到了限制（其实在运行速度上来讲，XFS 对比 Ext4 并没有明显的优势，只是在格式化的时候，速度差别明显）。而且 XFS 理论上可以支持最大 18EB 的单个分区，9EB 的最大单个文件，这都远远超过 Ext4 文件系统。

XFS 文件系统主要分为了三部分。

- 数据区（Data section）：在数据区中，可以划分多个分配区群组（Allocation Groups），这个分配区群组大家就可以看成 Ext4 文件系统中的块组了。在分配区群组中也划分为超级块、i 节点、数据块，数据的存储方式也和 Ext4 类似。所以，了解了 Ext4 文件系统的原理，XFS 文件系统基本是类似的。
- 文件系统活动登录区（Log section）：在文件系统活动登录区中，文件的改变会在这里记录下来，直到相关的变化记录在硬盘分区中之后，这个记录才会被结束。那么如果文件系统由于特殊原因损坏，可以依赖文件系统活动登录区中的数据修复文件系统。
- 实时运行区（Realtime section）：这个文件系统不建议大家做更改，否则有可能会影响硬盘的性能。

9.2.2 Linux 支持的常见文件系统

Linux 系统能够支持的文件系统非常多，除 Linux 默认文件系统 Ext2、Ext3、Ext4

和 XFS 之外，还能支持 FAT16、FAT32、NTFS（需要重新编译内核）等 Windows 文件系统。也就是说，Linux 可以通过挂载的方式使用 Windows 文件系统中的数据。Linux 能够支持的文件系统在“/usr/src/kernels/当前系统版本/fs”目录中（需要在安装时选择），该目录中的每个子目录都是一个可以识别的文件系统。常见的 Linux 支持的文件系统如表 9-2 所示。

表 9-2　常见的 Linux 支持的文件系统

文件系统	描　述
Ext	Linux 中最早的文件系统，由于在性能和兼容性上具有很多缺陷，现在已经很少使用
Ext2	是 Ext 文件系统的升级版本，Red Hat Linux 7.2 版本以前的系统默认都是 Ext2 文件系统，于 1993 年发布，支持最大 16TB 的分区和最大 2TB 的文件（1TB=1024GB=1024×1024KB）
Ext3	是 Ext2 文件系统的升级版本，最大的区别就是带日志功能，以便在系统突然停止时提高文件系统的可靠性，支持最大 16TB 的分区和最大 2TB 的文件
Ext4	是 Ext3 文件系统的升级版。Ext4 在性能、伸缩性和可靠性方面进行了大量改进。Ext4 的变化可以说是翻天覆地的，比如向下兼容 Ext3、最大 1EB 分区和 16TB 文件、无限数量子目录、Extents 连续数据块概念、多块分配、延迟分配、持久预分配、快速 FSCK、日志校验、无日志模式、在线碎片整理、inode 增强、默认启用 barrier 等。它是 CentOS 7.x 的默认文件系统
BTRFS	通常念成 Butter FS，是 2007 年 Oracle 发布的文件系统，支持最大 16EB 的文件系统（分区），最大文件大小也是 16EB。拥有强大的扩展性、数据一致性、支持快照和克隆等一系列先进技术。可是很遗憾，BTRFS 读写速率非常低，甚至连 Ext4 或 XFS 文件系统的一半都达不到，这使得 BTRFS 的实用性大大降低。目前 CentOS 7.x 虽然支持 BTRFS 文件系统，但是并不推荐大家使用
XFS	一种高性能的日志文件系统，于 2000 年左右移植到 Linux 内核当中。XFS 特别擅长处理大文件，同时提供平滑的数据传输。XFS 最大支持 18EB 的文件系统和 9EB 的单个文件。这是 CentOS 7.x 的默认文件系统
swap	swap 是 Linux 中用于交换分区的文件系统（类似于 Windows 中的虚拟内存），当内存不够用时，使用交换分区暂时替代内存。一般大小为内存的 2 倍，但是不要超过 2GB。它是 Linux 的必需分区
NFS	NFS 是网络文件系统（Network File System），是用来实现不同主机之间文件共享的一种网络服务，本地主机可以通过挂载的方式使用远程共享的资源
ISO9660	光盘的标准文件系统。Linux 要想使用光盘，必须支持 ISO9660 文件系统
FAT	就是 Windows 下的 FAT16 文件系统，在 Linux 中识别为 FAT
VFAT	就是 Windows 下的 FAT32 文件系统，在 Linux 中识别为 VFAT，支持最大 32GB 的分区和最大 4GB 的文件
NTFS	就是 Windows 下的 NTFS 文件系统，不过 Linux 默认是不能识别 NTFS 文件系统的，如果需要识别，则需要重新编译内核才能支持。它比 FAT32 文件系统更加安全，速度更快，支持最大 2TB 的分区和最大 64GB 的文件
UFS	Sun 公司的操作系统 Solaris 和 SunOS 所采用的文件系统
proc	Linux 中基于内存的虚拟文件系统，用来管理内存存储目录/proc
sysfs	和 proc 一样，也是基于内存的虚拟文件系统，用来管理内存存储目录/sysfs
tmpfs	也是一种基于内存的虚拟文件系统，不过也可以使用 swap 交换分区

本小节的内容不是很好理解。如果大家实在看不明白，也没有关系，这一小节的内

容并不影响对 Linux 的操作和使用，也不影响后面的学习。

9.3 回顾硬盘分区

关于 Linux 的分区，我们在第 2 章中已经介绍过了，不过这部分内容比较重要，再简单地回顾一下是非常必要的。

9.3.1 硬盘分区的类型

不管是 Windows 系统还是 Linux 系统，如果采用的是 MBR 分区表，可以识别的分区类型就是以下三种，如图 9-10 所示。

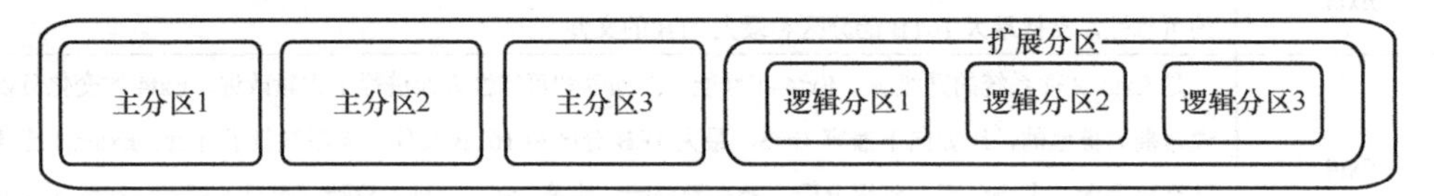

图 9-10 分区示意图 1

- 主分区：最多只能分为 4 个。
- 扩展分区：只能有一个，也算作主分区的一种，也就是说主分区加扩展分区最多有 4 个。但是扩展分区不能存储数据和进行格式化，必须再划分成逻辑分区才能使用。
- 逻辑分区：逻辑分区是在扩展分区中划分的。如果是 IDE 硬盘，那么 Linux 最多支持 59 个逻辑分区；如果是 SCSI 硬盘，那么 Linux 最多支持 11 个逻辑分区。

9.3.2 Linux 中硬盘与分区的表示方式

我们知道，在 Linux 系统中，所有内容都是以文件方式保存的。硬盘和分区也是一样的。我们使用“sd”代表 SCSI 或 SATA 硬盘，使用“hd”代表 IDE 硬盘。使用“1～4”代表主分区或扩展分区，使用“5～59”代表逻辑分区。

也就是说，如果按照图 9-9 所示的方式来分区，那么分区的设备文件名如表 9-3 所示。

表 9-3 分区的设备文件名 1

分　区	设备文件名
主分区 1	/dev/sda1
主分区 2	/dev/sda2
主分区 3	/dev/sda3
扩展分区	/dev/sda4
逻辑分区 1	/dev/sda5
逻辑分区 2	/dev/sda6
逻辑分区 3	/dev/sda7

如果采用如图 9-11 所示的方式来分区，那么分区的设备文件名如表 9-4 所示。

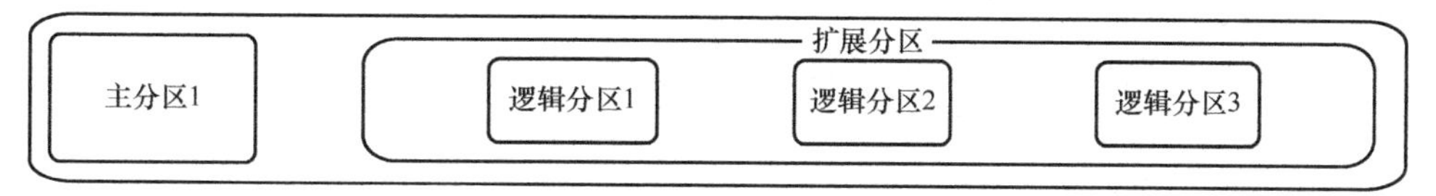

图 9-11　分区示意图 2

表 9-4　分区的设备文件名 2

分　区	设备文件名
主分区 1	/dev/sda1
扩展分区	/dev/sda2
逻辑分区 1	/dev/sda5
逻辑分区 2	/dev/sda6
逻辑分区 3	/dev/sda7

对于第二种分区方式，虽然主分区和扩展分区加起来只有两个，但是分区号 3 和分区号 4 就算空着也不能被逻辑分区占用。也就是说，不管怎么分区，逻辑分区一定是从/dev/sda5 开始计算的。

9.4　文件系统常用命令

我们先来介绍一下文件系统相关的常用命令，只有知道了这些命令，才能有效地管理文件系统。

9.4.1　文件系统查看命令：df

通过 df 命令可以查看已经挂载的文件系统的信息，包括设备文件名、文件系统总大小、已经使用的大小、剩余大小、使用率和挂载点等。命令格式如下：

```
[root@localhost ~]# df  [选项] [挂载点或分区设备文件名]
选项:
        -a:   显示所有文件系统信息，包括特殊文件系统，如/proc、/sysfs
        -h:   使用习惯单位显示容量，如 KB、MB 或 GB 等
        -T:   显示文件系统类型
        -m:   以 MB 为单位显示容量
        -k:   以 KB 为单位显示容量。默认以 KB 为单位
```

例子 1：显示系统内的文件系统信息

```
[root@localhost ~]# df
文件系统                1K-块      已用      可用     已用%    挂载点
/dev/sda3            28744836   2243516  25041148     9%      /
tmpfs                  515396         0    515396     0%    /dev/shm
#内存虚拟出来的磁盘空间
/dev/sda1              198337     26333    161764    14%    /boot
```

说明一下命令的输出结果。

- 第一列：设备文件名。
- 第二列：文件系统总大小，默认以 KB 为单位。
- 第三列：已用空间大小。
- 第四列：未用空间大小。
- 第五列：空间使用百分比。
- 第六列：文件系统的挂载点。

例子 2：

```
[root@localhost ~]# df –ahT
#-a  显示特殊文件系统，这些文件系统几乎都是保存在内存中的，如/proc。因为是挂载在内存中的，#所以占用量都是 0
#-h 单位不再只用 KB，而是换算成习惯单位
#-T  多出了类型一列
文件系统        类型        容量    已用    可用    已用%    挂载点
/dev/sda3       ext4        28G     2.2G    24G      9%      /
proc            proc          0       0       0      -       /proc
sysfs           sysfs         0       0       0      -       /sys
devpts          devpts        0       0       0      -       /dev/pts
tmpfs           tmpfs       504M      0     504M     0%      /dev/shm
/dev/sda1       ext4        194M     26M    158M     14%     /boot
none       binfmt_misc        0       0       0      -       /proc/sys/fs/binfmt_misc
sunrpc      rpc_pipefs        0       0       0      -       /var/lib/nfs/rpc_pipefs
/dev/sr0      iso9660       3.5G    3.5G      0     100%     /mnt/cdrom
```

9.4.2 统计目录或文件所占磁盘空间大小命令：du

1. du 命令

du 是统计目录或文件所占磁盘空间大小的命令，需要注意的是，使用“ls -l”命令是可以看到文件的大小的。但是大家会发现，在使用“ls -l”命令查看目录大小时，目录的大小多数是 4KB，这是因为目录下的子目录名和子文件名是保存到父目录的 block（默认大小为 4KB）中的，如果父目录下的子目录和子文件并不多，一个 block 就能放下，那么这个父目录就只占用了一个 block 大小。大家可以将其想象成图书馆的书籍目录和实际书籍。如果我们用“ls -l”命令查看，则只能看到这些书籍占用了 1 页纸的书籍目录，但是实际书籍到底有多少是看不到的，哪怕它堆满了几个房间。

但是我们在统计目录时，不是想看父目录下的子目录名和子文件名到底占用了多少空间，而是想看父目录下的子目录和子文件的总磁盘占用量大小，这时就需要使用 du 命令才能统计目录的真正磁盘占用量大小。du 命令的格式如下：

```
[root@localhost ~]# du [选项] [目录或文件名]
选项：
      -a: 显示每个子文件的磁盘占用量。默认只统计子目录的磁盘占用量
      -h: 使用习惯单位显示磁盘占用量，如 KB、MB 或 GB 等
      -s: 统计总磁盘占用量，而不列出子目录和子文件的磁盘占用量
```

例子 1：

```
[root@localhost ~]# du
#统计当前目录的总磁盘占用量大小，同时会统计当前目录下所有子目录的磁盘占用量大小，不统
计子文件
#磁盘占用量的大小。默认单位为 KB
20      ./.gnupg             ←  统计每个子目录的大小
24      ./yum.bak
8       ./dtest
28      ./sh
188     .                    ←  统计当前目录总大小
```

例子 2：

```
[root@localhost ~]# du   -a
#统计当前目录的总大小，同时会统计当前目录下所有子文件和子目录磁盘占用量的大小。默认单
位为 KB
4       ./.bash_logout
36      ./install.log
4       ./.bash_profile
4       ./.cshrc
…省略部分输出…
188     .
```

例子 3：

```
[root@localhost ~]# du –sh
#只统计磁盘占用量总的大小，同时使用习惯单位显示
188K    .
```

2. du 命令和 df 命令的区别

有时我们会发现，使用 du 命令和 df 命令去统计分区的使用情况时，得到的数据是不一样的。这是因为 df 命令是从文件系统的角度考虑的，通过文件系统中未分配的空间来确定文件系统中已经分配的空间大小。也就是说，在使用 df 命令统计分区时，不仅要考虑文件占用的空间，还要统计被命令或程序占用的空间（最常见的就是文件已经删除，但是程序并没有释放空间）。而 du 命令是面向文件的，只会计算文件或目录占用的磁盘空间。也就是说，df 命令统计的分区更准确，是真正的空闲空间。du 统计的文件大小是准确的，是实际文件的容量。

9.4.3　挂载命令 mount 和卸载命令 umount

Linux 中所有的存储设备都必须在挂载之后才能使用，包括硬盘、U 盘和光盘（swap 分区是系统直接调用的，所以不需要挂载）。不过，硬盘分区在安装时就已经挂载了，而且会在每次系统启动时自动挂载，所以不需要手工参与。但是在 Linux 系统中要想使用光盘和 U 盘，就需要学一些挂载命令。

我们还需要复习一下，挂载是指把硬盘分区（如分区/dev/sdb1，其实指的是文件系统）和挂载点（已经建立的空目录）联系起来的过程。这里需要注意，挂载点必须是目录，而且原则上应该使用空目录作为挂载点。

如果不使用空目录作为挂载点，而使用已经有数据的目录（如/etc 目录）作为挂载点，则会出现什么情况呢？很简单，原先/etc 目录下的数据就查找不到了，在/etc 目录中只能看到新的分区中的数据。这是因为/etc 目录原先并不是单独的分区，而是/分区的子目录，所以/etc 目录中的数据实际上保存在/分区的 block 中。但是现在给/etc 目录单独分区了，再向/etc 目录中保存数据，就会保存在/etc 目录的新分区的 block 中，那么原始数据当然就不能看到了。但是原始数据并没有被删除，如果还想访问原始数据，则只能把新分区卸载掉，让/etc 目录再变成/分区的子目录。

1. mount 命令的基本格式

mount 命令的具体格式如下：

```
[root@localhost ~]# mount [-l]
#查询系统中已经挂载的设备，-l 会显示卷标名称
[root@localhost ~]# mount -a
#依据配置文件/etc/fstab 的内容自动挂载
[root@localhost ~]# mount [-t 文件系统] [-L 卷标名] [-o 特殊选项] \
设备文件名 挂载点
#\代表这一行没有写完，换行
选项：
    -t 文件系统：加入文件系统类型来指定挂载的类型，可以是 Ext3、Ext4、ISO9660 等文件
                系统，具体可以参考表 9-2
    -L 卷标名：挂载指定卷标的分区，而不是安装设备文件名挂载
    -o 特殊选项：可以指定挂载的额外选项，比如读写权限、同步/异步等，如果不指定，则
                默认值生效。具体的特殊选项如表 9-5 所示
```

表 9-5　mount 命令挂载特殊选项

选　项	说　明
atime/noatime	更新访问时间/不更新访问时间。在访问分区文件时，是否更新文件的访问时间，默认为更新
async/sync	异步/同步，默认为异步
auto/noauto	自动/手动。如 mount -a 命令执行时，是否会自动安装/etc/fstab 文件内容挂载，默认为自动
defaults	定义默认值，相当于 rw、suid、dev、exec、auto、nouser、async 这 7 个选项
dev/nodev	允许/不允许读取分区中字符设备和块设备。默认是允许读取，在服务器中禁止此选项，可以提高分区的安全性
exec/noexec	执行/不执行。设定是否允许在文件系统中执行可执行文件，默认是执行
remount	重新挂载已经挂载的文件系统，一般用于指定修改特殊权限
rw/ro	读写/只读。文件系统挂载时，是否拥有读写权限，默认是 rw
suid/nosuid	具有/不具有 SetUID 权限。设定文件系统是否拥有 SetUID 和 SetGID 权限，默认是拥有
user/nouser	允许/不允许普通用户挂载。设定文件系统是否允许普通用户挂载，默认是不允许，只有 root 可以挂载分区
usrquota	写入代表文件系统支持用户磁盘配额，默认不支持
grpquota	写入代表文件系统支持组磁盘配额，默认不支持

例子 1：

```
[root@localhost ~]# mount
```

```
#查看系统中已经挂载的文件系统，注意有虚拟文件系统
/dev/sda3 on / type ext4 (rw)
proc on /proc type proc (rw)
sysfs on /sys type sysfs (rw)
devpts on /dev/pts type devpts (rw,gid=5,mode=620)
tmpfs on /dev/shm type tmpfs (rw)
/dev/sda1 on /boot type ext4 (rw)
none on /proc/sys/fs/binfmt_misc type binfmt_misc (rw)
sunrpc on /var/lib/nfs/rpc_pipefs type rpc_pipefs (rw)
#命令结果表示：将/dev/sda3 分区挂载到/目录，文件系统是 Ext4，权限是读写
```

例子 2：修改特殊权限

```
[root@localhost ~]# mount
#我们查看到/boot 分区已经被挂载了，而且采用的是 defaults 选项，那么我们重新挂载分区，并采用
#noexec 权限禁止执行文件执行，看看会出现什么情况（注意不要用/分区做实验，否则系统命令
#也就不能执行了）
…省略部分输出…
/dev/sda1 on /boot type ext4 (rw)
…省略部分输出…
[root@localhost ~]# mount -o remount,noexec /boot
#重新挂载/boot 分区，并使用 noexec 权限
[root@localhost sh]# cd /boot/
[root@localhost boot]# vi hello.sh
#写一个 Shell
#!/bin/bash
echo  " hello!! "
[root@localhost boot]# chmod 755 hello.sh
[root@localhost boot]# ./hello.sh
-bash: ./hello.sh: 权限不够
#虽然赋予了 hello.sh 执行权限，但是仍然无法执行
[root@localhost boot]# mount -o remount,exec /boot
#记得改回来，否则会影响系统启动
```

如果我们做实验修改了特殊选项，那一定要记住，否则非常容易出现系统问题，而且还找不到问题的根源。

例子 3：挂载分区

```
[root@localhost ~]# mkdir /mnt/disk1
#建立挂载点目录
[root@localhost ~]# mount /dev/sdb1 /mnt/disk1
#挂载分区
```

/dev/sdb1 分区还没有被划分。我们在这里只看看挂载分区的方式，非常简单，甚至不需要使用“-t ext4”命令指定文件系统，因为系统是可以自动检测的。

2. 挂载光盘

在 Windows 中如果想要使用光盘，把光盘放入光驱，单击使用即可。但是在 Linux 中要把光盘放入光驱，而且必须在挂载之后才能正确使用。还要记得用完光盘后，也不能像 Windows 一样，直接弹出光驱取出光盘，必须先卸载才能取出光盘（确实不如

Windows 方便，不过这也只是一个操作习惯，习惯了就好）。挂载命令如下（当然要记得在 Linux 中放入光盘）：

```
[root@localhost ~]# mkdir /mnt/cdrom/
#建立挂载点
[root@localhost ~]# mount -t iso9660 /dev/cdrom /mnt/cdrom/
#挂载光盘
```

光盘的文件系统是 ISO9660，不过这个文件系统可以省略不写，系统会自动检测，命令如下：

```
[root@localhost ~]# mount /dev/cdrom /mnt/cdrom/
#挂载光盘。两个挂载光盘的命令使用一个就可以了
[root@localhost ~]# mount
#查看已经挂载的设备
…省略部分输出…
/dev/sr0 on /mnt/cdrom type iso9660 (ro)
#光盘已经挂载了，但是挂载的设备文件名是/dev/sr0
```

我们已经知道挂载就是把光驱的设备文件和挂载点连接起来。挂载点/mnt/cdrom 是我们手工建立的空目录，我个人习惯把挂载点建立在/mnt 目录中，因为在学习 Linux 的时候是没有/media 目录的，大家要是愿意也可以建立/media/cdrom 作为挂载点，只要是已经建立的空目录都可以作为挂载点。那么/dev/cdrom 就是光驱的设备文件名，不过注意/dev/cdrom 只是一个软链接。命令如下：

```
[root@localhost ~]# ll /dev/cdrom
lrwxrwxrwx 1 root root 3 1 月   31 01:13 /dev/cdrom -> sr0
```

/dev/cdrom 的源文件是/dev/sr0。/dev/sr0 是光驱的真正设备文件名，代表 SCSI 接口或 SATA 接口的光驱，所以刚刚查询挂载时看到的光驱设备文件命令是/dev/sr0。也就是说，挂载命令也可以写成这样：

```
[root@localhost ~]# mount /dev/sr0 /mnt/cdrom/
```

其实光驱的真正设备文件名是保存在/proc/sys/dev/cdrom/info 文件中的，所以可以通过查看这个文件来查询光盘的真正设备文件名，命令如下：

```
[root@localhost ~]# cat /proc/sys/dev/cdrom/info
CD-ROM information, Id: cdrom.c 3.20 2003/12/17
drive name:                sr0
…省略部分输出…
```

3．挂载 U 盘

其实挂载 U 盘和挂载光盘的方式是一样的，只不过光盘的设备文件名是固定的（/dev/sr0 或/dev/cdrom），而 U 盘的设备文件名是在插入 U 盘后系统自动分配的。因为 U 盘使用的是硬盘的设备文件名，而每台服务器上插入的硬盘数量和分区方式都是不一样的，所以 U 盘的设备号需要单独检测与分配，以免和硬盘的设备文件名产生冲突。U 盘的设备文件名是系统自动分配的，只要查找出来然后挂载就可以了。

首先把 U 盘插入 Linux 系统中（注意：如果是虚拟机，则需要先用鼠标单击虚拟机再插入 U 盘），然后就可以使用 fdisk 命令查看 U 盘的设备文件名了。命令如下：

```
[root@localhost ~]# fdisk -l
```

```
Disk /dev/sda: 21.5 GB, 21474836480 bytes
#系统硬盘
…省略部分输出…

Disk /dev/sdb: 8022 MB, 8022654976 bytes
#这就是识别的U盘，大小为8GB
94 heads, 14 sectors/track, 11906 cylinders
Units = cylinders of 1316 * 512 = 673792 bytes
Sector size (logical/physical): 512 bytes / 512 bytes
I/O size (minimum/optimal): 512 bytes / 512 bytes
Disk identifier: 0x00000000

   Device Boot      Start         End      Blocks   Id  System
/dev/sdb1               1       11907     7834608    b  W95 FAT32
#系统给U盘分配的设备文件名
```

查看到U盘的设备文件名，接下来就要创建挂载点了。命令如下：

```
[root@localhost ~]# mkdir /mnt/usb
```

然后就是挂载了，挂载命令如下：

```
[root@localhost ~]# mount -t vfat /dev/sdb1 /mnt/usb/
#挂载U盘。因为是Windows分区，所以是VFAT文件系统格式
[root@localhost ~]# cd /mnt/usb/
#去挂载点访问U盘数据
[root@localhost usb]# ls
??      ??????      ????(5).xls                  DSC_6843.jpg      ??VCR(?).mp4
?? 1111111????????.xls   ???????.BD??1280??????.rmvb   J02   ????.wps
#之所以出现乱码，是因为编码格式不同
```

之所以出现乱码，是因为Windows中的中文编码格式和Linux中的不一致，只需要在挂载的时候，指定正确的编码格式就可以解决乱码问题，命令如下：

```
[root@localhost ~]# mount -t vfat -o iocharset=utf8 /dev/sdb1 /mnt/usb/
#挂载U盘，指定中文编码格式为UTF-8
[root@localhost ~]# cd /mnt/usb/
[root@localhost usb]# ls
1111111年度总结及计划表.xls    Zsyq1HL7osKSPBoGshZBr6.mp4      协议书
12月21日.doc                   恭喜发财（定）.mp4      新年VCR(定).mp4
#可以正确地查看中文了
```

因为我们的Linux在安装时采用的是UTF-8编码格式，所以要让U盘在挂载时也指定为UTF-8编码格式，才能正确显示。

```
[root@localhost ~]# echo $LANG
zh_CN.UTF-8
#查看一下Linux默认的编码格式
```

注意：Linux默认是不支持NTFS文件系统的，所以默认是不能挂载NTFS格式的移动硬盘的。

要想让Linux支持移动硬盘，主要有三种方法：一是重新编译内核，加入ntfs模块，然后安装ntfs模块即可；二是不自己编译内核，而是下载已经编译好的内核，直接

安装即可；三是安装 NTFS 文件系统的第三方插件（如 ntfs-3g），也可以支持 NTFS 文件系统。

4．卸载命令

光盘和 U 盘使用完成后，在取出之前都要卸载。不过，硬盘分区是否需要卸载取决于下次是否还需要使用，一般硬盘分区不用卸载。卸载命令如下：

```
[root@localhost ~]# umount 设备文件名或挂载点

[root@localhost ~]# umount /mnt/usb
#卸载 U 盘
[root@localhost ~]# umount /mnt/cdrom
#卸载光盘
[root@localhost ~]# umount /dev/sr0
#命令加设备文件名同样是可以卸载的
```

卸载命令后面既可以加设备文件名也可以加挂载点，不过只能加一个，如果加了两个，如“umount /dev/sr0 /mnt/cdrom”，就会对光驱卸载两次，当然卸载第二次的时候就会报错。另外，我们在卸载时有可能会出现以下情况：

```
[root@localhost ~]# mount /dev/sr0 /mnt/cdrom/
#挂载光盘
[root@localhost ~]# cd /mnt/cdrom/
#进入光盘挂载点
[root@localhost cdrom]# umount /mnt/cdrom/
umount: /mnt/cdrom: device is busy.
#报错，设备正忙
```

这种报错是因为我们已经进入了挂载点，这时如果要卸载，那么登录用户应该放在什么位置呢？卸载时必须退出挂载目录。

9.4.4 文件系统检测与修复命令：xfs_repair

计算机系统难免会因为人为的误操作或系统的原因而出现死机或突然断电的情况，这种情况下非常容易造成文件系统的崩溃，严重时甚至会造成硬件损坏。这也是我们一直在强调的服务器一定要先关闭服务再进行重启的原因所在。

在 CentOS 6.x 中默认文件系统是 Ext4，所以检测与修复文件系统的命令是 fsck，而在 CentOS 7.x 中，默认文件系统已经是 XFS 了，之前的 fsck 命令已经无法使用，需要使用 xfs_repair 命令来进行检测与修复，命令格式如下：

```
[root@localhost ~]# xfs_repair [选项] 分区设备文件名
选项：
    -d: 针对根目录（/）进行检查与修复，需要在单用户模式下执行，有损坏数据的风险，谨慎
        使用
    -n: 仅检测，不修复
```

如果想要修复某个分区，则执行如下命令：

```
[root@localhost ~]# xfs_repair /dev/sdb1
```

```
#自动修复
```

注意：首先，修复硬盘数据时，分区不能是被挂载状态，需要卸载之后才能检测与扫描。其次，扫描与修复都是在分区出现问题，无法正常使用的情况之下执行的，而且有一定的风险导致分区数据损坏，正常情况不建议使用此命令。

9.4.5　显示磁盘状态命令：xfs_info

这个命令也是 CentOS 7.x 中新出现的命令，之前的 dumpe2fs 命令是查询 Ext 文件系统的命令，在 CentOS 7.x 中已经无法使用了。如果想要查看 XFS 文件系统的详细信息，可以使用如下命令：

```
[root@localhost ~]# xfs_info /dev/sda1
meta-data=/dev/sda1          isize=512       agcount=4, agsize=32000 blks
                             #inode 大小      分配区群组      数据块个数
         =                   sectsz=512      attr=2, projid32bit=1
                             #扇区大小
         =                   crc=1           finobt=0 spinodes=0
data     =                   bsize=4096      blocks=128000, imaxpct=25
                             #数据块大小      数据块总数
         =                   sunit=0         swidth=0 blks
naming   =version 2          bsize=4096      ascii-ci=0 ftype=1
log      =internal           bsize=4096      blocks=855, version=2
         =                   sectsz=512      sunit=0 blks, lazy-count=1
realtime =none               extsz=4096      blocks=0, rtextents=0
```

9.4.6　显示分区信息：blkid

blkid 命令可以显示文件系统的硬件设备名、卷标、UUID（唯一识别符）、文件系统类型等信息。这个命令结果如下：

```
[root@localhost ~]# blkid
/dev/sda1: UUID= " ab12e752-f53f-4864-93dc-d388c2c44d0a "  TYPE= " xfs "
/dev/sda2: UUID= " 88109070-9554-4ad8-a680-6d7c15110de8 "  TYPE= " swap "
/dev/sda3: UUID= " 2a99897c-1d9d-446e-8b1a-1caf257b2eea "  TYPE= " xfs "
/dev/sr0:  UUID= " 2018-05-03-20-55-23-00 "  LABEL= " CentOS 7 x86_64 "  TYPE= " iso9660 "
PTTYPE= " dos "
#硬件设备名    UUID（唯一识别符）                卷标（如果有）    文件系统类型
```

9.4.7　列出系统中所有磁盘：lsblk

用这个命令查询磁盘信息，看到的内容会更整齐一些。命令结果如下：

```
[root@localhost ~]# lsblk
NAME     MAJ:MIN     RM     SIZE    RO    TYPE MOUNTPOINT
fd0      2:0         1      4K      0     disk
sda      8:0         0      20G     0     disk
```

```
├─sda1      8:1           0          500M    0        part /boot
├─sda2      8:2           0          500M    0        part [SWAP]
└─sda3      8:3           0          19G     0        part /
sr0         11:0          1          4.2G    0        rom  /mnt/cdrom
#设备文件名  主要:次要设备代码  是否可卸载  大小    是否只读  类型 挂载点
```

其实 mount、blkid、lsblk 这几个命令都是查看系统中已经挂载的存储设备的命令，区别只是查看的具体信息不同，大家可以挑一个熟悉的命令使用。

9.5 fdisk 命令分区

我们在安装操作系统的过程中已经对系统硬盘进行了分区，但是如果新添加了一块硬盘，想要正确使用，当然需要分区和格式化，难道需要重新安装操作系统才可以分区吗？当然不是，在 Linux 中有专门的分区命令 fdisk、gdisk 和 parted 来进行手工分区。

在介绍这些命令的区别之前，我们先看看分区表的区别。在 Linux 系统中有两种常见的分区表：MBR 分区表（主引导记录分区表）和 GPT 分区表（GUID 分区表）（全局唯一标识分区表）。

- MBR 分区表：支持的最大分区是 2.1TB（1TB=1024GB）；最多支持 4 个主分区，或 3 个主分区及 1 个扩展分区。
- GPT 分区表：支持最大 9.4ZB 的分区（1ZB=1024EB=1024×1024PB=1024×1024×1024TB），目前系统可以支持最多 128 个分区（应该是足够使用了）。

知道了分区表的区别，这三个分区命令可以应用于不同的场合：fdisk 命令主要是用于 MBR 分区表的分区；gdisk 命令用于 GPT 分区表的分区；parted 既可以用于 MBR 分区表，也可以用于 GPT 分区表，但是这个命令本身有点小问题（自身格式化只能格式为 Ext2 文件系统）。

我们先来介绍 fdisk 命令，此命令只能识别 MBR 分区表，不支持大于 2.1TB 的分区；如果需要支持大于 2.1TB 的分区，则需要使用 gdisk 和 parted 命令，当然 gdisk 和 parted 命令也能分配较小的分区。我们先来看看如何使用 fdisk 命令进行分区吧。分区共需要以下几个步骤：

- 添加新硬盘。
- 创建分区。
- 格式化分区。
- 建立挂载点并挂载。
- 实现开机后自动挂载。

下面我们一步一步来完成。由于 fdisk 命令只能识别较小的硬盘，所以我们使用旧版的 Ext4 文件系统进行介绍，在 gdisk 命令中，我们再使用 XFS 文件系统。

9.5.1 添加新硬盘

对于真实的服务器来说，需要先去买一块硬盘，然后拆开机箱安装硬盘。而虚拟机的好处就是这些都是通过虚拟机软件来模拟的。这时只要关闭虚拟机电源（在真实的服务器上安装新硬盘当然也要断电，VMware 10 以后的版本不需要断电就可以添加新硬盘），然后选择“虚拟机”→“设置”命令，如图 9-12 所示，就会打开“虚拟机设置”对话框，如图 9-13 所示。

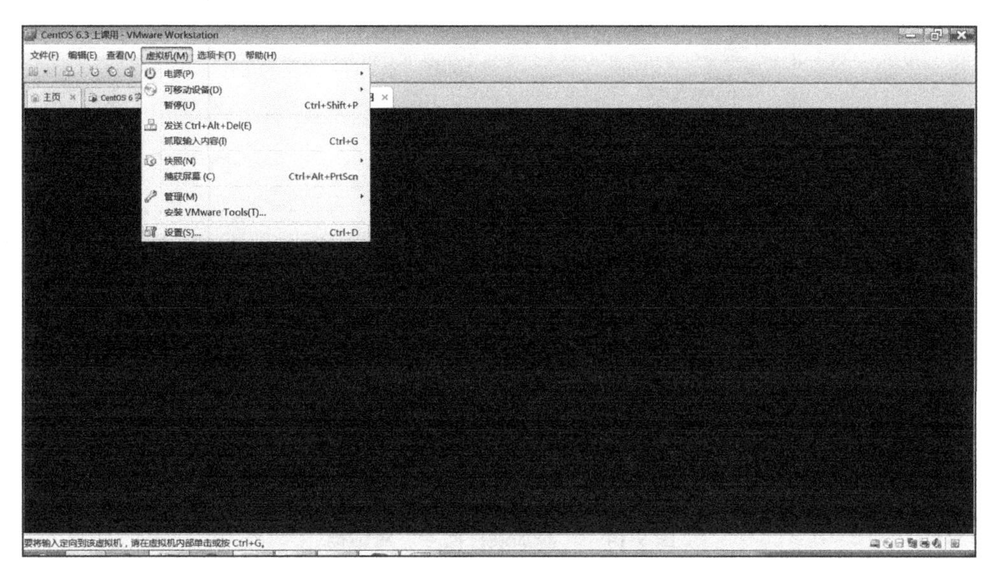

图 9-12　打开虚拟机设置

图 9-13　“虚拟机设置”对话框

单击“添加”按钮，进入“添加硬件向导”对话框，如图 9-14 所示。

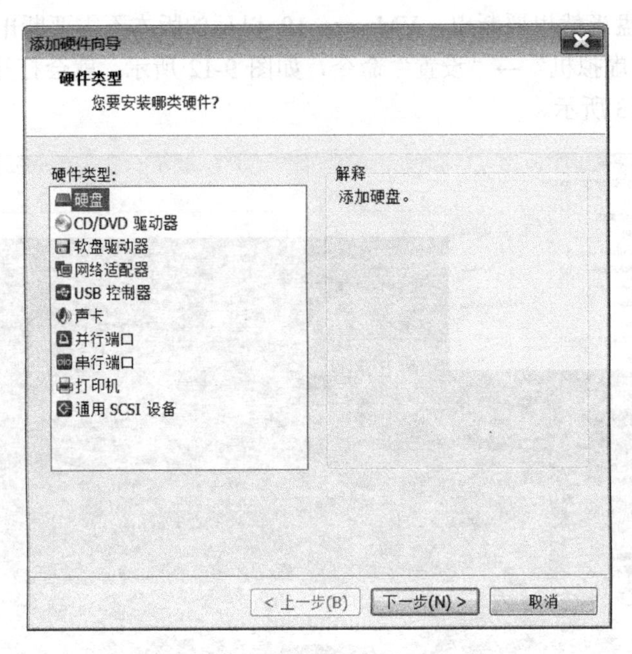

图 9-14　“添加硬件向导”对话框

在这里选择“硬盘”，然后单击“下一步”按钮，出现“选择硬盘”界面，如图 9-15 所示。

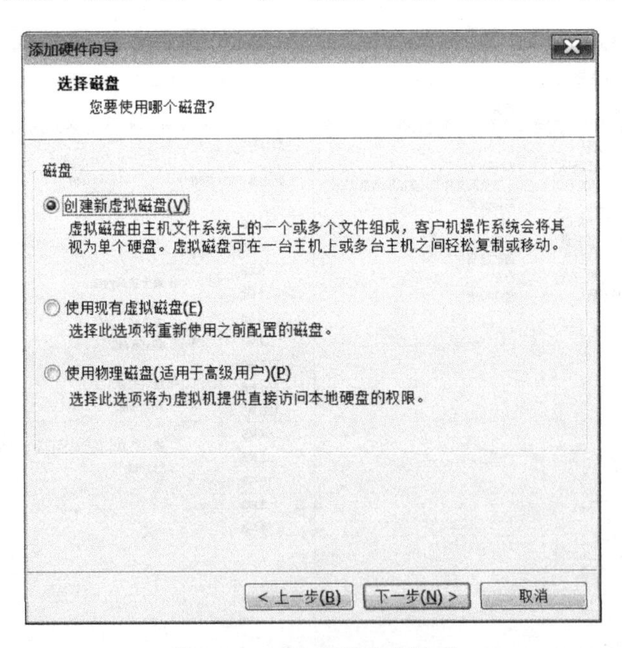

图 9-15　“选择硬盘”界面

这时选择“创建新虚拟磁盘”单选按钮，后续步骤全部选择默认选项，单击“下一步”按钮即可。最后单击“完成”按钮，就会看到新的硬盘添加完成，如图 9-16 所示。

图 9-16　新硬盘添加完成

好了，我们可以重新启动虚拟机准备分区了。

9.5.2　创建分区

1．fdisk 命令

fdisk 命令的格式如下：

```
[root@localhost ~]# fdisk –l
#列出系统分区
[root@localhost ~]# fdisk 设备文件名
#给硬盘分区
```

例如：

```
[root@localhost ~]# fdisk -l
#查询一下本机可以识别的硬盘和分区
Disk /dev/sda: 32.2 GB, 32212254720 bytes
#硬盘设备文件名和硬盘大小
255 heads, 63 sectors/track, 3916 cylinders
#有 255 个磁头、63 个扇区和 3916 个柱面
Units = cylinders of 16065 * 512 = 8225280 bytes
#每个柱面的大小
Sector size (logical/physical): 512 bytes / 512 bytes
#每个扇区的大小
I/O size (minimum/optimal): 512 bytes / 512 bytes
Disk identifier: 0x0009e098
```

```
   Device Boot      Start         End      Blocks   Id  System
/dev/sda1   *           1          26      204800   83  Linux
Partition 1 does not end on cylinder boundary.← 分区 1 没有占满硬盘
/dev/sda2              26         281     2048000   82  Linux swap / Solaris
Partition 2 does not end on cylinder boundary.← 分区 2 没有占满硬盘
/dev/sda3             281        3917    29203456   83  Linux
#设备文件名   启动分区  起始柱面   终止柱面  容量        ID    系统

Disk /dev/sdb: 21.5 GB, 21474836480 bytes
#第二个硬盘识别，这个硬盘的大小
255 heads, 63 sectors/track, 2610 cylinders
Units = cylinders of 16065 * 512 = 8225280 bytes
Sector size (logical/physical): 512 bytes / 512 bytes
I/O size (minimum/optimal): 512 bytes / 512 bytes
Disk identifier: 0x00000000
```

使用“fdisk -l”查看分区信息，能够看到我们添加的两块硬盘（/dev/sda 和/dev/sdb）的信息。我们解释一下这些信息。信息的上半部分是硬盘的整体状态，/dev/sda 硬盘的总大小是 32.2GB，共有 3916 个柱面，每个柱面有 255 个磁头读/写数据，每个磁头管理 63 个扇区。每个柱面的大小是 8225280B，每个扇区的大小是 512B。

信息的下半部分是分区的信息，共 7 列，含义如下。

- Device：分区的设备文件名。
- Boot：是否为启动分区，在这里/dev/sda1 为启动引导分区。
- Start：起始柱面，代表分区从哪里开始。
- End：终止柱面，代表分区到哪里结束。
- Blocks：分区的大小，单位是 KB。
- Id：分区内文件系统的 ID。在 fdisk 命令中，可以使用“l”查看。
- System：分区内安装的系统是什么。

如果这个分区并没有占满整块硬盘，就会提示“Partition 1 does not end on cylinder boundary”，表示第一个分区没有到硬盘的结束柱面。大家发现了吗？/dev/sda 已经分配完了分区，没有空闲空间了。而第二块硬盘/dev/sdb 已经可以被识别了，但是没有任何分区。我们以硬盘/dev/sdb 为例来做练习，命令如下：

```
[root@localhost ~]# fdisk /dev/sdb
#给/dev/sdb 分区
Device contains neither a valid DOS partition table, nor Sun, SGI or OSF disklabel
Building a new DOS disklabel with disk identifier 0xed7e8bc7.
Changes will remain in memory only, until you decide to write them.
After that, of course, the previous content won't be recoverable.

Warning: invalid flag 0x0000 of partition table 4 will be corrected by w(rite)

WARNING: DOS-compatible mode is deprecated. It's strongly recommended to
         switch off the mode (command 'c') and change display units to
         sectors (command 'u').
```

```
Command (m for help):m          ←fdisk 交互界面的等待输入指令的位置，输入 m 得到帮助
Command action                  ←可用指令
   a   toggle a bootable flag
   b   edit bsd disklabel
   c   toggle the dos compatibility flag
   d   delete a partition
   l   list known partition types
   m   print this menu
   n   add a new partition
   o   create a new empty DOS partition table
   p   print the partition table
   q   quit without saving changes
   s   create a new empty Sun disklabel
   t   change a partition's system id
   u   change display/entry units
   v   verify the partition table
   w   write table to disk and exit
   x   extra functionality (experts only)
```

注意这里的分区命令是“fdisk /dev/sdb”，这是因为我们的硬盘现在并没有分区，使用 fdisk 命令的目的就是建立分区，所以“1～59”这些数字还不存在。

在 fdisk 交互界面中输入 m 可以得到帮助，帮助里列出了 fdisk 可以识别的交互命令，我们来解释一下这些命令，如表 9-6 所示。

表 9-6　fdisk 交互命令

命　令	说　　明
a	设置可引导标记
b	编辑 bsd 磁盘标签
c	设置 DOS 操作系统兼容标记
d	删除一个分区
l	显示已知的文件系统类型。82 为 Linux swap 分区，83 为 Linux 分区
m	显示帮助菜单
n	新建分区
o	建立空白 DOS 分区表
p	显示分区列表
q	不保存退出
s	新建空白 Sun 磁盘标签
t	改变一个分区的系统 ID
u	改变显示记录单位
v	验证分区表
w	保存退出
x	附加功能（仅专家）

2. 新建主分区

下面我们实际建立一个主分区，看看过程是什么样子的。命令如下：

```
[root@localhost ~]# fdisk /dev/sdb
…省略部分输出…
Command (m for help): p
#显示当前硬盘的分区列表
Disk /dev/sdb: 21.5 GB, 21474836480 bytes
255 heads, 63 sectors/track, 2610 cylinders
Units = cylinders of 16065 * 512 = 8225280 bytes
Sector size (logical/physical): 512 bytes / 512 bytes
I/O size (minimum/optimal): 512 bytes / 512 bytes
Disk identifier: 0xb4b0720c

   Device Boot      Start         End      Blocks   Id  System
#目前一个分区都没有
Command (m for help): n
#那么我们新建一个分区
Command action                          ←指定分区类型
   e   extended                         ←扩展分区
   p   primary partition (1-4)          ←主分区
p
#这里选择 p，建立一个主分区
Partition number (1-4): 1
#选择分区号，范围为 1～4。这里选择 1
First cylinder (1-2610, default 1):
#分区的起始柱面，默认从 1 开始。因为要从硬盘头开始分区，所以直接回车
Using default value 1                   ←提示使用的是默认值 1
Last cylinder, +cylinders or +size{K,M,G} (1-2610, default 2610): +5G
#指定硬盘大小。可以按照柱面指定（1～2610）。我们对柱面不熟悉，那么可以使用
#+size{K,M,G}的方式指定硬盘大小。这里指定+5G，建立一个 5GB 大小的分区
Command (m for help):
#主分区就建立了，又回到了 fdisk 交互界面的提示符

Command (m for help): p
#查询一下新建立的分区
Disk /dev/sdb: 21.5 GB, 21474836480 bytes
255 heads, 63 sectors/track, 2610 cylinders
Units = cylinders of 16065 * 512 = 8225280 bytes
Sector size (logical/physical): 512 bytes / 512 bytes
I/O size (minimum/optimal): 512 bytes / 512 bytes
Disk identifier: 0xb4b0720c

   Device Boot      Start         End      Blocks   Id  System
/dev/sdb1               1         654     5253223+  83  Linux
#/dev/sdb1 已经建立了
```

建立主分区的过程就是这样的，总结一下就是“fdisk 硬盘名→n（新建）→p（建立主分区）→1（指定分区号）→回车（默认从 1 柱面开始建立分区）→+5G（指定分区大小）”。当然，我们的分区还没有格式化和挂载，所以还不能使用。

3. 新建扩展分区

这次我们建立一个扩展分区。还记得吗？主分区和扩展分区加起来最多只能建立 4 个，而扩展分区最多只能建立 1 个。扩展分区的建立命令如下：

```
Command (m for help): n
#新建分区
Command action
    e    extended
    p    primary partition (1-4)
e
#这次建立扩展分区
Partition number (1-4): 2
#给扩展分区指定分区号 2
First cylinder (655-2610, default 655):
#扩展分区的起始柱面。刚刚建立的主分区 1 已经占用了 1~654 个柱面，所以我们从 655 开始建立
#注意：如果没有特殊要求，则不要跳开柱面建立分区，应该紧挨着建立分区
Using default value 655                    ←    提示使用的是默认值 655
Last cylinder, +cylinders or +size{K,M,G} (655-2610, default 2610):
#这里把整块硬盘的剩余空间都建立为扩展分区
Using default value 2610                   ←    提示使用的是默认值 2610
```

这里把/dev/sdb 硬盘的所有剩余空间都建立为扩展分区，打算按照分区图 9-11 来建立分区，也就是建立一个主分区，剩余空间都建立成扩展分区，再在扩展分区中建立逻辑分区。

4. 新建逻辑分区

扩展分区是不能被格式化和直接使用的，所以还要在扩展分区内部再建立逻辑分区。我们来看看逻辑分区的建立过程，命令如下：

```
Command (m for help): n
#建立新分区
Command action
    l    logical (5 or over)          ←    因为扩展分区已经建立，所以这里变成了 l
    p    primary partition (1-4)
l
#建立逻辑分区
First cylinder (655-2610, default 655):
#不用指定分区号，默认会从 5 开始分配，所以直接选择起始柱面
#注意：逻辑分区是在扩展分区内部再划分的，所以柱面是和扩展分区重叠的
Using default value 655
Last cylinder, +cylinders or +size{K,M,G} (655-2610, default 2610): +2G
#分配 2GB 大小

Command (m for help): n
#再建立一个逻辑分区
Command action
    l    logical (5 or over)
    p    primary partition (1-4)
```

```
l
First cylinder (917-2610, default 917):
Using default value 917
Last cylinder, +cylinders or +size{K,M,G} (917-2610, default 2610): +2G

Command (m for help): p
#查看一下已经建立的分区
Disk /dev/sdb: 21.5 GB, 21474836480 bytes
255 heads, 63 sectors/track, 2610 cylinders
Units = cylinders of 16065 * 512 = 8225280 bytes
Sector size (logical/physical): 512 bytes / 512 bytes
I/O size (minimum/optimal): 512 bytes / 512 bytes
Disk identifier: 0xb4b0720c

   Device Boot      Start         End      Blocks   Id  System
/dev/sdb1               1         654     5253223+  83  Linux          ←主分区
/dev/sdb2             655        2610    15711570    5  Extended       ←扩展分区
/dev/sdb5             655         916     2104483+  83  Linux          ←逻辑分区 1
/dev/sdb6             917        1178     2104483+  83  Linux          ←逻辑分区 2

Command (m for help): w
#保存并退出
The partition table has been altered!

Calling ioctl() to re-read partition table.
Syncing disks.
[root@localhost ~]#
#退回到提示符界面
```

所有的分区在建立过程中如果不保存退出是不会生效的，所以建立错了也没有关系，使用 q 命令不保存退出即可。如果使用了 w 命令，就会保存退出。有时因为系统的分区表正忙，所以需要重新启动系统才能使新的分区表生效。命令如下：

```
Command (m for help): w                    ←保存并退出
The partition table has been altered!

Calling ioctl() to re-read partition table.

WARNING: Re-reading the partition table failed with error 16:


Device or resource busy.
The kernel still uses the old table.
The new table will be used at the next reboot.        ←要求重新启动，才能格式化
Syncing disks.
```

看到了吗？必须重新启动！可是重新启动很浪费时间。如果不想重新启动，则可以使用 partprobe 命令。这个命令的作用是让系统内核重新读取分区表信息，这样就可以不重新启动了。命令如下：

```
[root@localhost ~]# partprobe
```

如果这个命令不存在，则请安装 parted-2.1-18.el6.i686 这个软件包。partprobe 命令不是必需的，如果没有提示重启系统，则直接格式化即可。

9.5.3 格式化分区

分区完成后，如果不格式化写入文件系统，是不能正常使用的。所以我们需要使用 mkfs 命令进行格式化，我们先格式化成 Ext4 分区。命令格式如下：

```
[root@localhost ~]# mkfs [选项] 分区设备文件名
选项：
    -t 文件系统：指定格式化的文件系统，如 Ext3、Ext4、XFS 等
```

我们刚刚建立了/dev/sdb1（主分区）、/dev/sdb2（扩展分区）、/dev/sdb5（逻辑分区）和/dev/sdb6（逻辑分区）这几个分区，其中/dev/sdb2 不能被格式化。剩余的三个分区都需要格式化之后使用，这里我们格式化一个分区/dev/sdb6 作为演示，其余分区的格式化方法一样。命令如下：

```
[root@localhost ~]# mkfs -t ext4 /dev/sdb6
mke2fs 1.41.12 (17-May-2010)
文件系统标签=                              ←这里指的是卷标名，我们没有设置卷标
操作系统:Linux
块大小=4096 (log=2)
分块大小=4096 (log=2)
Stride=0 blocks, Stripe width=0 blocks
131648 inodes, 526120 blocks
26306 blocks (5.00%) reserved for the super user
第一个数据块=0
Maximum filesystem blocks=541065216
17 block groups
32768 blocks per group, 32768 fragments per group
7744 inodes per group
Superblock backups stored on blocks:
        32768, 98304, 163840, 229376, 294912

正在写入 inodes 表：完成
Creating journal (16384 blocks): 完成
Writing superblocks and filesystem accounting information: 完成

This filesystem will be automatically checked every 39 mounts or
180 days, whichever comes first.  Use tune2fs -c or -i to override.

[root@localhost ~]# mkfs -t ext4 /dev/sdb5
#把/dev/sdb5 也格式化
```

mkfs 命令非常简单易用，不过是不能调整分区的默认参数的（比如块大小是 4096 Bytes），这些默认参数除非特殊情况，否则不需要调整。如果想要调整，就需要使用 mke2fs 命令重新格式化。命令格式如下：

```
[root@localhost ~]# mke2fs [选项] 分区设备文件名
选项：
    -t 文件系统：指定格式化成哪个文件系统，如 Ext2、Ext3、Ext4
    -b 字节：指定 block 的大小
    -i 字节：指定“字节/inode”的比例，也就是多少字节分配一个 inode
    -j：建立带有 Ext3 日志功能的文件系统
    -L 卷标名：给文件系统设置卷标名，就不使用 e2label 命令设定了
```

例如：

```
[root@localhost ~]# mke2fs -t ext4   -b 2048   /dev/sdb6
#格式化分区，并指定 block 的大小为 2048 Bytes
mke2fs 1.41.12 (17-May-2010)
文件系统标签=
操作系统:Linux
块大小=2048 (log=1)                          ←block 的大小不再是 4096 Bytes 了
分块大小=2048 (log=1)
Stride=0 blocks, Stripe width=0 blocks
131560 inodes, 1052240 blocks
52612 blocks (5.00%) reserved for the super user
第一个数据块=0
Maximum filesystem blocks=538968064
65 block groups
16384 blocks per group, 16384 fragments per group
2024 inodes per group
Superblock backups stored on blocks:
        16384, 49152, 81920, 114688, 147456, 409600, 442368, 802816

正在写入 inode 表：完成
Creating journal (32768 blocks)：完成
Writing superblocks and filesystem accounting information：完成

This filesystem will be automatically checked every 38 mounts or
180 days, whichever comes first.   Use tune2fs -c or -i to override.
```

如果没有特殊需要，那么还是 mkfs 命令简单易用。

9.5.4 建立挂载点并挂载

硬盘已经准备完毕，接下来就是和光盘、U 盘一样的步骤，建立挂载点并挂载使用了。命令如下：

```
[root@localhost ~]# mkdir /disk5
[root@localhost ~]# mkdir /disk6
#建立两个目录，作为/dev/sdb5 和/dev/sdb6 两个分区的挂载点

[root@localhost ~]# mount /dev/sdb5 /disk5/
[root@localhost ~]# mount /dev/sdb6 /disk6/
#挂载两个分区，文件系统 Linux 会自动查找
```

```
[root@localhost ~]# mount
#查看一下
/dev/sda3 on / type ext4 (rw)
proc on /proc type proc (rw)
sysfs on /sys type sysfs (rw)
devpts on /dev/pts type devpts (rw,gid=5,mode=620)
tmpfs on /dev/shm type tmpfs (rw,rootcontext= " system_u:object_r:tmpfs_t:s0 " )
/dev/sda1 on /boot type ext4 (rw)
none on /proc/sys/fs/binfmt_misc type binfmt_misc (rw)
sunrpc on /var/lib/nfs/rpc_pipefs type rpc_pipefs (rw)
/dev/sdb5 on /disk5 type ext4 (rw)                    ←两个分区已经挂载上了
/dev/sdb6 on /disk6 type ext4 (rw)
```

挂载非常简单，不过注意这种挂载只是临时挂载，重启系统后还需要手工挂载。

9.5.5 实现开机后自动挂载

如果要实现开机后自动挂载，就需要修改系统的自动挂载文件/etc/fstab。不过要小心，这个文件会影响系统的启动，因为系统就是依赖这个文件决定启动时加载的文件系统的。我们打开这个文件看看。

```
[root@localhost ~]# vi /etc/fstab
UUID=c2ca6f57-b15c-43ea-bca0-f239083d8bd2  /        ext4     defaults          1 1
UUID=0b23d315-33a7-48a4-bd37-9248e5c44345  /boot    ext4     defaults          1 2
UUID=4021be19-2751-4dd2-98cc-383368c39edb  swap     swap     defaults          0 0
#只有这三个是真正的硬盘分区，下面的都是虚拟文件系统或交换分区
Tmpfs                    /dev/shm         tmpfs    defaults          0 0
Devpts                   /dev/pts         devpts   gid=5,mode=620    0 0
Sysfs                    /sys             sysfs    defaults          0 0
Proc                     /proc            proc     defaults          0 0
```

这个文件共有 6 个字段，我们一一说明。

（1）第一个字段：分区设备文件名或 UUID（硬盘通用唯一识别码，可以理解为硬盘的 ID）。

- 这个字段在 CentOS 5.5 系统中是写入分区的卷标名或分区设备文件名的，现在变成了硬盘的 UUID。这样做的好处是当硬盘增加了新的分区，或者分区的顺序改变，或者内核升级后，仍然能够保证分区能够正确地加载，而不至于造成启动障碍。
- 那么，每个分区的 UUID 到底是什么呢？用 dumpe2fs 命令是可以查看的，命令如下：

```
[root@localhost ~]# dumpe2fs /dev/sdb5
dumpe2fs 1.41.12 (17-May-2010)
Filesystem volume name:   test_label
Last mounted on:          <not available>
Filesystem UUID:          63f238f0-a715-4821-8ed1-b3d18756a3ef     ←UUID
```

```
…省略部分输出…
```

- 也可以通过查看每个硬盘的 UUID 的链接文件名来确定 UUID，命令如下：

```
[root@localhost ~]# ls -l /dev/disk/by-uuid/
总用量 0
lrwxrwxrwx. 1 root root 10 4 月   11 00:17 0b23d315-33a7-48a4-bd37-9248e5c44345 -> ../../sda1
lrwxrwxrwx. 1 root root 10 4 月   11 00:17 4021be19-2751-4dd2-98cc-383368c39edb -> ../../sda2
lrwxrwxrwx. 1 root root 10 4 月   11 00:17 63f238f0-a715-4821-8ed1-b3d18756a3ef  -> ../../sdb5
lrwxrwxrwx. 1 root root 10 4 月   11 00:17 6858b440-ad9e-45cb-b411-963c5419e0e8 -> ../../sdb6
lrwxrwxrwx. 1 root root 10 4 月   11 00:17 c2ca6f57-b15c-43ea-bca0-f239083d8bd2  -> ../../sda3
```

（2）第二个字段：挂载点。再强调一下，挂载点应该是已经建立的空目录。

（3）第三个字段：文件系统名称，CentOS 7.x 的默认文件系统是 Ext4。

（4）第四个字段：挂载参数，这个参数和 mount 命令的挂载参数一致，可以参考表 9-5。

（5）第五个字段：指定分区是否被 dump 备份，0 代表不备份，1 代表每天备份，2 代表不定期备份。

（6）第六个字段：指定分区是否被 fsck 检测，0 代表不检测，其他数字代表检测的优先级，1 的优先级比 2 高。所以先检测优先级为 1 的分区，再检测优先级为 2 的分区。一般根分区的优先级是 1，其他分区的优先级是 2。

我们把/dev/sdb5 和/dev/sdb6 两个分区加入/etc/fstab 文件，命令如下：

```
[root@localhost ~]# vi /etc/fstab
UUID=c2ca6f57-b15c-43ea-bca0-f239083d8bd2  /         ext4     defaults          1 1
UUID=0b23d315-33a7-48a4-bd37-9248e5c44345  /boot     ext4     defaults          1 2
UUID=4021be19-2751-4dd2-98cc-383368c39edb  swap      swap     defaults          0 0
tmpfs           /dev/shm      tmpfs     defaults            0 0
devpts          /dev/pts      devpts    gid=5,mode=620      0 0
sysfs           /sys          sysfs     defaults            0 0
proc            /proc         proc      defaults            0 0
/dev/sdb5       /disk5        ext4      defaults            1 2
/dev/sdb6       /disk6        ext4      defaults            1 2
#这里没有写分区的 UUID，而是直接写入分区设备文件名，这也是可以的。不过，如果不写 UUID，
#就要注意，在修改了磁盘顺序后，/etc/fstab 文件也要做相应的改变
```

这里直接使用分区的设备文件名作为此文件的第一个字段，当然也可以写分区的 UUID。只不过 UUID 更加先进，设备文件名稍微简单一点。

至此，分区就建立完成了，接下来只要重新启动，测试一下系统是否可以正常启动就可以了。只要/etc/fstab 文件修改正确，就不会出现任何问题。

9.6 /etc/fstab 文件修复

如果把/etc/fstab 文件修改错了，也重启了，系统崩溃启动不了，该怎么办？比如：

```
[root@localhost ~]# vi /etc/fstab
UUID=c2ca6f57-b15c-43ea-bca0-f239083d8bd2    /         ext4        defaults          1 1
```

```
UUID=0b23d315-33a7-48a4-bd37-9248e5c44345  /boot   ext4    defaults          1 2
UUID=4021be19-2751-4dd2-98cc-383368c39edb  swap    swap    defaults          0 0
tmpfs          /dev/shm      tmpfs    defaults            0 0
devpts         /dev/pts      devpts   gid=5,mode=620      0 0
sysfs          /sys          sysfs    defaults            0 0
proc           /proc         proc     defaults            0 0
/dev/sdb5      /disk5        ext4     defaults            1 2
/dev/sdb       /disk6        ext4     defaults            1 2
#故意把/dev/sdb6 写成了/dev/sdb
```

我们重新启动系统，真的报错了，如图 9-17 所示。

```
Checking filesystems
/dev/sda3: clean, 61328/1283632 files, 527229/5125888 blocks
fsck.ext4: Bad magic number in super-block while trying to open /dev/sdb
/dev/sdb:
The superblock could not be read or does not describe a correct ext2
filesystem.  If the device is valid and it really contains an ext2
filesystem (and not swap or ufs or something else), then the superblock
is corrupt, and you might try running e2fsck with an alternate superblock:
    e2fsck -b 8193 <device>

/dev/sda1: clean, 38/51200 files, 32822/204800 blocks
                                                                [FAILED]

*** An error occurred during the file system check.
*** Dropping you to a shell; the system will reboot
*** when you leave the shell.
*** Warning -- SELinux is active
*** Disabling security enforcement for system recovery.
*** Run 'setenforce 1' to reenable.
Give root password for maintenance
(or type Control-D to continue): _
```

图 9-17　系统启动报错

先别急，仔细看看，系统提示输入 root 密码，我们输入密码试试，如图 9-18 所示。

```
Checking filesystems
/dev/sda3: clean, 61328/1283632 files, 527229/5125888 blocks
fsck.ext4: Bad magic number in super-block while trying to open /dev/sdb
/dev/sdb:
The superblock could not be read or does not describe a correct ext2
filesystem.  If the device is valid and it really contains an ext2
filesystem (and not swap or ufs or something else), then the superblock
is corrupt, and you might try running e2fsck with an alternate superblock:
    e2fsck -b 8193 <device>

/dev/sda1: clean, 38/51200 files, 32822/204800 blocks
                                                                [FAILED]

*** An error occurred during the file system check.
*** Dropping you to a shell; the system will reboot
*** when you leave the shell.
*** Warning -- SELinux is active
*** Disabling security enforcement for system recovery.
*** Run 'setenforce 1' to reenable.
Give root password for maintenance
(or type Control-D to continue):
[root@localhost ~]# _
```

图 9-18　用 root 登录

我们又看到了系统提示符，赶快把/etc/fstab 文件修改回来吧。又报错了，如图 9-19 所示。

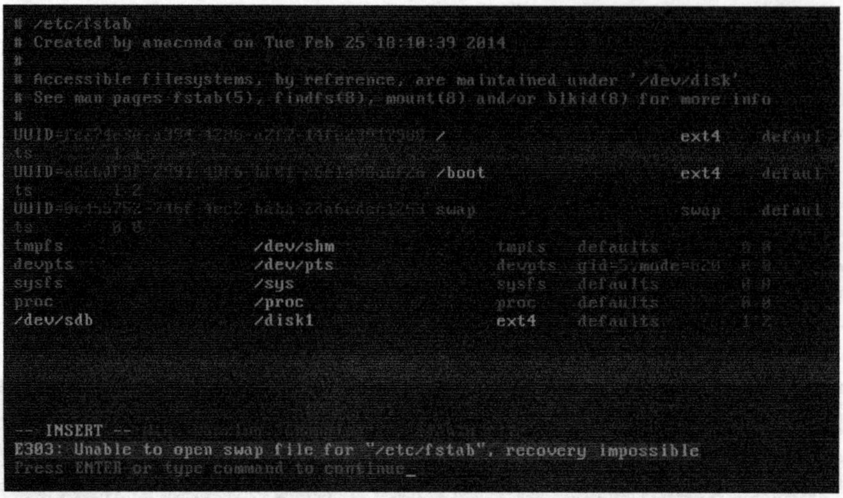

```
# /etc/fstab
# Created by anaconda on Tue Feb 25 10:10:39 2014
#
# Accessible filesystems, by reference, are maintained under '/dev/disk'
# See man pages fstab(5), findfs(8), mount(8) and/or blkid(8) for more info
#
UUID=[illegible] /                                   ext4    defaul
ts        1 1
UUID=[illegible] /boot                               ext4    defaul
ts        1 2
UUID=[illegible] swap                                swap    defaul
ts        0 0
tmpfs                   /dev/shm                tmpfs   defaults        0 0
devpts                  /dev/pts                devpts  gid=5,mode=620  0 0
sysfs                   /sys                    sysfs   defaults        0 0
proc                    /proc                   proc    defaults        0 0
/dev/sdb                /disk1                  ext4    defaults        1 2

-- INSERT --
E303: Unable to open swap file for "/etc/fstab", recovery impossible
Press ENTER or type command to continue_
```

图 9-19　修改/etc/fstab 报错

分析一下原因，提示是没有写权限，把/分区重新挂载上读写权限就可以修改了，命令如下：

```
[root@localhost ~]# mount -o remount,rw /
```

再去修改/etc/fstab 文件，把它改回来就可以正常启动了。

9.7　gdisk 命令分区

MBR 分区表不能识别大于 2.1TB 的硬盘，随着硬盘的不断增大，MBR 分区表已经进入了生命的末期，逐步会被 GPT 分区表取代，那么分区命令也会逐步被 gdisk 命令取代。gdisk 命令的使用方法和 fdisk 命令非常类似，分区步骤也基本一致，如下。

- 添加新硬盘。
- 创建分区。
- 格式化分区。
- 建立挂载点并挂载。
- 实现开机后自动挂载。

9.7.1　添加新硬盘

这一步和之前完全一致，我们不再重复介绍，在虚拟机中添加一块新硬盘即可。

9.7.2　创建分区

1．把新硬盘分区表改为 GPT 分区表

这里同样需要创建分区，只不过使用的命令是 gdisk 命令了。gdisk 命令主要应用于 GPT 分区表的分区，所以先要把新硬盘的分区表转换为 GPT 分区表。转换分区表需要使

用 parted 命令，这个命令我们下个小节再来详细介绍，这里只要按照例子执行即可（编者重新添加了硬盘，所以硬盘设备文件名依然是/dev/sdb，注意这个硬盘已经不是 fdisk 试验中同一块硬盘了）：

```
[root@localhost ~]# parted /dev/sdb
#通过 parted 命令打开/dev/sdb 硬盘，注意/dev/sdb 后没有数字
GNU Parted 3.1
使用 /dev/sdb
Welcome to GNU Parted! Type 'help' to view a list of commands.
(parted) mklabel gpt
#把分区表转换为 GPT 分区表
(parted) quit
#退出 parted 命令
```

修改完成之后，可以执行以下命令进行查询：

```
[root@localhost ~]# parted /dev/sdb print
Model: VMware, VMware Virtual S (scsi)
Disk /dev/sdb: 21.5GB
Sector size (logical/physical): 512B/512B
Partition Table: gpt
#/dev/sdb 硬盘的分区表已经转换为 GPT 分区表了
Disk Flags:

Number  Start  End  Size  File system  Name  标志
```

2. gdisk 命令的使用

gdisk 命令和 fdisk 命令非常类似，我们直接来看看它的用法：

```
[root@localhost ~]# gdisk /dev/sdb
GPT fdisk (gdisk) version 0.8.6

Partition table scan:
  MBR: protective
  BSD: not present
  APM: not present
  GPT: present

Found valid GPT with protective MBR; using GPT.
#此硬盘的分区表为 GPT

Command (? for help): ?
#按？获取帮助
b    back up GPT data to a file
c    change a partition's name
d    delete a partition
i    show detailed information on a partition
l    list known partition types
n    add a new partition
o    create a new empty GUID partition table (GPT)
p    print the partition table
```

```
q       quit without saving changes
r       recovery and transformation options (experts only)
s       sort partitions
t       change a partition's type code
v       verify disk
w       write table to disk and exit
x       extra functionality (experts only)
?       print this menu
```

在 gdisk 命令中，可以通过“？”来获取帮助，我们通过表 9-7 来看看这个命令的主要用法。

表 9-7　gdisk 交互命令

命　令	说　　明
b	备份 GPT 分区到文件
c	更改分区名
d	删除分区
i	显示分区详细信息
l	显示已知分区类型编码
n	新建分区
o	创建一个空的 GPT 分区表
p	打印分区表
q	不保存退出
t	更改分区类型
v	验证分区表
w	保存退出
?	显示帮助

3．新建分区

我们来新建一个 GPT 分区，gdisk 命令的选项和 fdisk 是非常相似的：

```
Command (? for help): n
#新建分区
Partition number (1-128, default 1):
#分区编号默认是 1，也就是/dev/sdb1
First sector (34-41943006, default = 2048) or {+-}size{KMGTP}:
#分区的起始扇区，直接默认即可
Last sector (2048-41943006, default = 41943006) or {+-}size{KMGTP}: +3G
#分区的结束扇区，不能直接回车，否则整块硬盘被分为一个分区
#可以通过+3G 的方式，按照字节建立分区大小
Current type is 'Linux filesystem'
Hex code or GUID (L to show codes, Enter = 8300):
#指定分区类型编码，8300 就是普通分区，直接回车即可
Changed type of partition to 'Linux filesystem'

Command (? for help): p
#查看分区
```

```
Disk /dev/sdb: 41943040 sectors, 20.0 GiB
Logical sector size: 512 bytes
Disk identifier (GUID): ED38057C-ADF6-4723-BE0A-A072E99126D2
Partition table holds up to 128 entries
First usable sector is 34, last usable sector is 41943006
Partitions will be aligned on 2048-sector boundaries
Total free space is 35651517 sectors (17.0 GiB)

Number  Start (sector)    End (sector)  Size       Code  Name
   1            2048         6293503   3.0 GiB    8300  Linux filesystem
#分区编号   起始扇区        终止扇区      大小       类型编码  分区类型

Command (? for help): w
#保存退出
Final checks complete. About to write GPT data. THIS WILL OVERWRITE EXISTING
PARTITIONS!!

Do you want to proceed? (Y/N): y
#问你想继续保存吗?
OK; writing new GUID partition table (GPT) to /dev/sdb.
The operation has completed successfully.
```

总体来说，gdisk 命令和 fdisk 命令非常相似，只是 gdisk 默认分区大小是使用扇区来进行统计的，而不是柱面。这个对我们没有影响，还是建议大家使用字节来进行分区大小的划分。

分区完成之后，还要注意使用 partprobe 命令强制更新：

```
[root@localhost ~]# partprobe
```

9.7.3　格式化分区

分区完成之后，同样需要进行格式化写入文件系统，才能正常使用。这次我们把新分区格式化成 CentOS 7.x 的默认文件系统 XFS。

```
[root@localhost ~]# mkfs -t xfs /dev/sdb1
meta-data=/dev/sdb1              isize=512    agcount=4, agsize=196608 blks
         =                       sectsz=512   attr=2, projid32bit=1
         =                       crc=1        finobt=0, sparse=0
data     =                       bsize=4096   blocks=786432, imaxpct=25
         =                       sunit=0      swidth=0 blks
naming   =version 2              bsize=4096   ascii-ci=0 ftype=1
log      =internal log           bsize=4096   blocks=2560, version=2
         =                       sectsz=512   sunit=0 blks, lazy-count=1
realtime =none                   extsz=4096   blocks=0, rtextents=0
```

其实 mkfs 是一个综合工具，如果我们使用“-t xfs”选项，它会调用 mkfs.xfs 工具来进行分区格式化。同理，之前在 fdisk 分区格式化时，我们使用的是“-t ext4”选项，它实际上是调用 mkfs.ext4 工具来进行格式化。

9.7.4 建立挂载点并挂载

分区已经建立，并格式化完成，接下来需要建立挂载点，并完成挂载。命令如下：

```
[root@localhost ~]# mkdir /gdisk/
#建立/gdisk 目录，用于挂载新的分区
[root@localhost ~]# mount /dev/sdb1    /gdisk/
#挂载分区
[root@localhost ~]# mount | grep /dev/sdb1
#查询
/dev/sdb1 on /gdisk type xfs (rw,relatime,seclabel,attr2,inode64,noquota)
#/dev/sdb1 已经被正确挂载，文件系统类型是 XFS
```

9.7.5 实现开机后自动挂载

要实现开机自动挂载，同样需要修改/etc/fstab 文件，修改方法和之前也非常类似，只是需要注意文件系统是 XFS。命令如下：

```
[root@localhost ~]# vi    /etc/fstab
…省略部分输出…
/dev/sdb1                    /gdisk                    xfs      defaults          0 0
#加入此行
```

注意：/etc/fstab 文件第五字段的 0 代表：不使用 dump 备份。在 CentOS 7.x 中默认已经不采用这种备份了，所以所有的分区都是 0，不再开启。

第 6 字段的 0 代表：不使用 fsck 进行磁盘检测。fsck 命令只能检测 Ext 文件系统，而无法检测 XFS 文件系统，所以这里也不能开启。

9.8 parted 命令分区

fdisk 工具不支持 GPT 分区表，所以最大只能支持 2TB 的分区。不过随着硬盘容量的不断增加，总有一天 2TB 的分区会不够用，这时就必须使用 parted 命令来进行系统分区了。不过 parted 命令也有一点小问题，就是命令自身分区的时候只能格式化成 Ext2 文件系统，不支持 Ext3 文件系统，更不用说 Ext4 文件系统了（这里只是指不能用 parted 命令把分区格式化成 Ext4 文件系统，但是 parted 命令还是可以识别 Ext4 文件系统的）。不过这没有太大的影响，因为我们可以先分区再用 mkfs 命令进行格式化。

9.8.1 parted 交互模式

parted 命令是可以在命令行直接分区和格式化的，不过 parted 交互模式才是更加常用的命令方式。命令如下：

```
[root@localhost ~]# parted 硬盘设备文件名
#进入交互模式
```

例如：

```
[root@localhost ~]# parted /dev/sdb
#打算继续划分/dev/sdb 硬盘
GNU Parted 2.1
使用 /dev/sdb
Welcome to GNU Parted! Type 'help' to view a list of commands.
(parted)                        ←parted 的等待输入交互命令的位置
(parted) help                   ←输入 help，可以看到在交互模式下支持的所有命令
  align-check TYPE N                       check partition N for TYPE(min|opt) alignment
  check NUMBER                             do a simple check on the file system
  cp [FROM-DEVICE] FROM-NUMBER TO-NUMBER copy file system to another partition
  help [COMMAND]                           print general help, or help on COMMAND
  mklabel,mktable LABEL-TYPE               create a new disklabel (partition table)
  mkfs NUMBER FS-TYPE                      make a FS-TYPE file system on partition NUMBER
  mkpart PART-TYPE [FS-TYPE] START END     make a partition
  mkpartfs PART-TYPE FS-TYPE START END     make a partition with a file system
  move NUMBER START END                    move partition NUMBER
  name NUMBER NAME                         name partition NUMBER as NAME
  print [devices|free|list,all|NUMBER]     display the partition table, available devices,
free space, all found partitions,or a particular partition
  quit                                     exit program
  rescue START END                         rescue a lost partition near START and END
  resize NUMBER START END                  resize partition NUMBER and its file system
  rm NUMBER                                delete partition NUMBER
  select DEVICE                            choose the device to edit
  set NUMBER FLAG STATE                    change the FLAG on partition NUMBER
  toggle [NUMBER [FLAG]]                   toggle the state of FLAG on partition NUMBER
  unit UNIT                                set the default unit to UNIT
  version                                  display the version number and copyright
information of GNU Parted
```

parted 交互命令比较多，我们介绍常见的命令，如表 9-8 所示。

表 9-8　parted 常见的交互命令

parted 交互命令	说　　明
check NUMBER	做一次简单的文件系统检测
cp [FROM-DEVICE] FROM-NUMBER TO-NUMBER	复制文件系统到另一个分区
help [COMMAND]	显示所有的命令帮助
mklabel,mktable LABEL-TYPE	创建新的磁盘卷标（分区表）
mkfs NUMBER FS-TYPE	在分区上建立文件系统
mkpart PART-TYPE [FS-TYPE] START END	创建一个分区
mkpartfs PART-TYPE FS-TYPE START END	创建分区，并建立文件系统
move NUMBER START END	移动分区
name NUMBER NAME	给分区命名
print [devices|free|list,all|NUMBER]	显示分区表、活动设备、空闲空间、所有分区
quit	退出

（续表）

parted 交互命令	说　　明
rescue START END	修复丢失的分区
resize NUMBER START END	修改分区大小
rm NUMBER	删除分区
select DEVICE	选择需要编辑的设备
set NUMBER FLAG STATE	改变分区标记
toggle [NUMBER [FLAG]]	切换分区表的状态
unit UNIT	设置默认的单位
version	显示版本

9.8.2　parted 命令的使用

1. 查看分区表

```
(parted) print
#输入 print 指令
Model: VMware, VMware Virtual S (scsi)                  ←硬盘参数，是虚拟机
Disk /dev/sdb: 21.5GB                                   ←硬盘大小
Sector size (logical/physical): 512B/512B               ←扇区大小
Partition Table: msdos                                  ←分区表类型，是 MBR 分区表

Number  Start    End     Size    Type      File system   标志
 1      32.3kB   5379MB  5379MB  primary
 2      5379MB   21.5GB  16.1GB  extended
 5      5379MB   7534MB  2155MB  logical   ext4
 6      7534MB   9689MB  2155MB  logical   ext4
#看到了我们使用 fdisk 命令创建的分区，其中 1 分区没有被格式化；2 分区是扩展分区，不能被格式化
```

使用 print 命令可以查看分区表信息，包括硬盘参数、硬盘大小、扇区大小、分区表类型和分区信息。分区信息共有 7 列，分别如下。

- Number：分区号。
- Start：分区起始位置。这里不再像 fdisk 那样用柱面表示，使用字节表示更加直观。
- End：分区结束位置。
- Size：分区大小。
- Type：分区类型。
- File system：文件系统类型。
- 标志：分区的标记。

2. 修改成 GPT 分区表

```
(parted) mklabel gpt
#修改分区表命令
警告: 正在使用 /dev/sdb 上的分区。              ←由于/dev/sdb 分区已经挂载，所以有警告
```

```
                                              ←注意：如果强制修改，那么原有分区及数据会消失
忽略/Ignore/放弃/Cancel? ignore                ←输入 ignore 忽略报错
警告: The existing disk label on /dev/sdb will be destroyed and all data on this disk will be lost. Do you
want to continue?
是/Yes/否/No? yes                              ←输入 yes
警告: WARNING: the kernel failed to re-read the partition table on /dev/sdb (设备或资源忙). As a
result, it may not reflect all of
your changes until after reboot.               ←下次重启后才能生效

(parted) print                                 ←查看一下分区表
Model: VMware, VMware Virtual S (scsi)
Disk /dev/sdb: 21.5GB
Sector size (logical/physical): 512B/512B
Partition Table: gpt                           ←分区表已经变成 GPT

Number  Start  End  Size  File system  Name  标志
                                               ←所有的分区都消失了
```

修改了分区表，如果这块硬盘上已经有分区了，那么原有分区和分区中的数据都会消失，而且需要重启系统才会生效。

另外，我们转换分区表的目的是支持大于 2TB 的分区，如果分区并没有大于 2TB，那么这一步是可以不执行的。

注意：一定要把/etc/fstab 文件中与原有分区相关的内容删除才能重启，否则会报错。

3. 建立分区

因为修改过了分区表，所以/dev/sdb 硬盘中的所有数据都消失了，我们就可以重新对这块硬盘分区了。不过，在建立分区时，默认文件系统就只能是 Ext2 了。命令如下：

```
(parted) mkpart
#输入创建分区命令，后面不要参数，全部靠交互指定
分区名称?  []? disk1                   ←分区名称，这里命名为 disk1
文件系统类型?  [ext2]?                 ←文件系统类型，直接回车，使用默认文件系统 Ext2
起始点?  1MB                           ←分区从 1MB 开始
结束点?  5GB                           ←分区到 5GB 结束
#分区完成
(parted) print                         ←查看一下
Model: VMware, VMware Virtual S (scsi)
Disk /dev/sdb: 21.5GB
Sector size (logical/physical): 512B/512B
Partition Table: gpt

Number  Start   End     Size    File system  Name   标志
1       1049kB  5000MB  4999MB               disk1          ←分区 1 已经出现
```

不知道大家有没有注意到，我们现在用 print 查看的分区和第一次查看 MBR 分区表的分区有些不一样了，少了 Type 这个字段，也就是分区类型字段，多了 Name（分区名）字段。分区类型是用于标识主分区、扩展分区和逻辑分区的，不过这种标识只在 MBR

分区表中使用，现在已经变成了 GPT 分区表，所以就不再有 Type 类型了。

4．建立文件系统

分区完成后，还需要进行格式化。我们知道，如果使用 parted 交互命令格式化，则只能格式化成 Ext2 文件系统。我们在这里要演示一下 parted 命令的格式化方法，所以就格式化成 Ext2 文件系统。命令如下：

```
(parted) mkfs
#格式化命令（很奇怪，也是 mkfs，但是这只是 parted 的交互命令）
WARNING: you are attempting to use parted to operate on (mkfs) a file system.
parted's file system manipulation code is not as robust as what you'll find in
dedicated, file-system-specific packages like e2fsprogs.   We recommend
you use parted only to manipulate partition tables, whenever possible.
Support for performing most operations on most types of file systems
will be removed in an upcoming release.
警告: The existing file system will be destroyed and all data on the partition will be lost. Do you want to
continue?
是/Yes/否/No? yes                              ←警告你格式化时数据会丢失
分区编号？ 1
文件系统类型？    [ext2]?                       ←指定文件系统类型，直接回车

(parted) print                                 ←格式化完成，查看一下
Model: VMware, VMware Virtual S (scsi)
Disk /dev/sdb: 21.5GB
Sector size (logical/physical): 512B/512B
Partition Table: gpt

Number  Start   End     Size    File system  Name    标志
 1      1049kB  5000MB  4999MB  ext2         disk1          ←拥有了文件系统
```

如果要格式化成 Ext4 文件系统，可用 mkfs 命令完成（注意：不是 parted 交互命令中的 mkfs，而是系统命令 mkfs）。

5．调整分区大小

parted 命令还有一大优势，就是可以调整分区的大小（在 Windows 中也可以实现，不过要么需要转换成动态磁盘，要么需要依赖第三方工具，如硬盘分区魔术师）。Linux 中 LVM 和 RAID 是可以支持分区调整的，不过这两种方法也可以看成动态磁盘方法，使用 parted 命令调整分区更加简单。

注意：parted 调整已经挂载使用的分区时，是不会影响分区中的数据的，也就是说，数据不会丢失。但是一定要先卸载分区，再调整分区大小，否则数据是会出问题的。另外，要调整大小的分区必须已经建立了文件系统（格式化），否则会报错。

命令如下：

```
(parted) resize
分区编号？ 1                                    ←指定要修改的分区编号
起始点？   [1049kB]? 1MB                        ←分区起始位置
```

```
结束点？   [5000MB]? 6GB                    ←分区结束位置
(parted) print                              ←查看一下
Model: VMware, VMware Virtual S (scsi)
Disk /dev/sdb: 21.5GB
Sector size (logical/physical): 512B/512B
Partition Table: gpt

Number  Start   End     Size    File system  Name   标志
 1      1049kB  6000MB  5999MB  ext2         disk1           ←分区大小改变
```

6．删除分区

命令如下：

```
(parted) rm
#删除分区命令
分区编号？ 1                      ←指定分区编号
(parted) print                   ←查看一下
Model: VMware, VMware Virtual S (scsi)
Disk /dev/sdb: 21.5GB
Sector size (logical/physical): 512B/512B
Partition Table: gpt

Number  Start  End  Size  File system  Name  标志         ←分区消失
```

要注意的是，parted 中所有的操作都是立即生效的，没有保存生效的概念。这一点和 fdisk 交互命令明显不同，所以，所有操作大家都要加倍小心。

那么，到底是使用 fdisk 命令，还是使用 parted 命令进行分区呢？这完全看个人习惯，编者更加习惯使用 fdisk 命令。

9.9　分配 swap 分区

我们在安装系统的时候已经建立了 swap 分区。swap 分区是 Linux 系统的交换分区，当内存不够用的时候，使用 swap 分区存放内存中暂时不用的数据。也就是说，当内存不够用时，使用 swap 分区来临时顶替。我们建议 swap 分区的大小是内存的两倍，但不超过 2GB。但是有时服务器的访问量确实很大，有可能出现 swap 分区不够用的情况，所以我们需要学习 swap 分区的构建方法。建立新的 swap 分区，只需要执行以下几个步骤。

- 分区：我们使用 gdisk 命令，先建立一个 swap 分区。
- 格式化：格式化命令稍有不同，使用 mkswap 命令把分区格式化成 swap 分区。
- 挂载 swap 分区。

我们一步一步来实现。

9.9.1　分区

建立 swap 分区，需要修改分区类型编码，默认分区类型编码 8300 代表的是普通

Linux 分区。那么 swap 分区的编码是什么呢？我们查询一下：

```
[root@localhost ~]# gdisk    /dev/sdb
GPT fdisk (gdisk) version 0.8.6

Partition table scan:
  MBR: protective
  BSD: not present
  APM: not present
  GPT: present

Found valid GPT with protective MBR; using GPT.
Command (? for help): l                         ←字母 l 查询分区编码
Command (? for help): l
0700 Microsoft basic data    0c01 Microsoft reserved         2700 Windows RE
4200 Windows LDM data        4201 Windows LDM metadata       7501 IBM GPFS
7f00 ChromeOS kernel         7f01 ChromeOS root              7f02 ChromeOS reserved
8200 Linux swap              8300 Linux filesystem           8301 Linux reserved
…省略部分输出…
#8200 代表 swap 分区
```

接下来，我们建立新的分区，注意需要把分区类型编码修改为 8200。命令如下：

```
[root@localhost ~]# gdisk    /dev/sdb
GPT fdisk (gdisk) version 0.8.6

Partition table scan:
  MBR: protective
  BSD: not present
  APM: not present
  GPT: present

Found valid GPT with protective MBR; using GPT.

Command (? for help): n                         ←新建
Partition number (2-128, default 2):            ←默认分区号为 2
First sector (34-41943006, default = 6293504) or {+-}size{KMGTP}:
Last sector (6293504-41943006, default = 41943006) or {+-}size{KMGTP}: +1G
#大小为 1GB
Current type is 'Linux filesystem'
Hex code or GUID (L to show codes, Enter = 8300): 8200        ←修改类型编码为 8200
Changed type of partition to 'Linux swap'       ←识别为 swap 分区

Command (? for help): p                         ←查看
Disk /dev/sdb: 41943040 sectors, 20.0 GiB
Logical sector size: 512 bytes
Disk identifier (GUID): ED38057C-ADF6-4723-BE0A-A072E99126D2
Partition table holds up to 128 entries
First usable sector is 34, last usable sector is 41943006
Partitions will be aligned on 2048-sector boundaries
Total free space is 33554365 sectors (16.0 GiB)
```

```
Number    Start (sector)    End (sector)    Size         Code    Name
   1           2048           6293503       3.0 GiB      8300    Linux filesystem
   2         6293504          8390655       1024.0 MiB   8200    Linux swap
#/dev/sdb2 为 swap 分区类型
Command (? for help): w                    ←记得保存退出
```

保存退出之后，记得重启，或者使用 partprobe 命令更新分区信息。命令如下：

```
[root@localhost ~]# partprobe
```

9.9.2　格式化

因为要格式化成 swap 分区，所以格式化命令是 mkswap。命令如下：

```
[root@localhost ~]# mkswap   /dev/sdb2
正在设置交换空间版本 1，大小 = 1048572 KiB
无标签，UUID=37e2065e-5156-4683-829b-35807a78320b
```

9.9.3　挂载 swap 分区

在使用 swap 分区之前，我们先来说说 free 命令。命令如下：

```
[root@localhost ~]# free –h
           total    used    free    shared    buff/cache    available
Mem:       227M     115M    5.2M    5.1M      106M          68M
Swap:      499M     264K    499M
```

free 命令主要用来查看内存和 swap 分区的使用情况，“-h”选项是人性化显示存储单位。命令的输出如下。

- total 是指内存总数。
- used 是指已经使用的内存。
- free 是指空闲的内存。
- shared 是指被 tmpfs（临时文件系统）占用的内存。
- buff/cache 是指缓冲内存和缓存内存的总数。
- available 是指预估有多少内存可以启动新程序。

我们需要解释一下 buffers（缓冲）和 cached（缓存）的区别。简单来讲，cached 是给读取数据加速的，buffers 是给写入数据加速的。cached 是指把读取出来的数据保存在内存中，当再次读取时，不用读取硬盘而直接从内存中读取，加速了数据的读取过程；buffers 是指在写入数据时，先把分散的写入操作保存到内存中，当达到一定程度后再集中写入硬盘，减少了磁盘碎片和硬盘的反复寻道，加速了数据的写入过程。

我们已经看到，在加载进新的 swap 分区之前，swap 分区的大小是 499MB，接下来我们需要把刚刚分好的 1GB 的 swap 新分区加入 swap 空间，使用命令 swapon。命令格式如下：

```
[root@localhost ~]# swapon 分区设备文件名
```

例如：

```
[root@localhost ~]# swapon /dev/sdb2
```

swap 分区已经加入，我们查看一下。

```
[root@localhost ~]# free   -h
              total        used        free      shared  buff/cache   available
Mem:           227M        116M        4.2M        5.1M        106M         67M
Swap:          1.5G        264K        1.5G
#swap 变成了 1.5GB，加入成功了
```

swap 分区的大小变成了 1.5GB，加载成功。如果要取消新加入的 swap 分区，也很简单，命令如下：

```
[root@localhost ~]# swapoff /dev/sdb2
```

如果想让 swap 分区开机之后自动挂载，就需要修改/etc/fstab 文件，命令如下：

```
[root@localhost ~]# vi /etc/fstab
/dev/sdb2          swap          swap      defaults        0 0
#加入新 swap 分区的相关内容，这里直接使用分区的设备文件名，也可以使用 UUID
```

本章小结

本章重点

- Linux 中常见的文件系统
- 文件系统常用命令 df、du、mount、umount、fsck、dumpe2fs
- fdisk 命令分区
- /etc/fstab 文件修复
- parted 命令分区
- 分配 swap 分区

本章难点

- 文件系统常用命令
- fdisk 命令的使用方法
- parted 命令的使用方法
- 分配 swap 分区

反侵权盗版声明

举报电话：（010）88254396；（010）88258888

传　　真：（010）88254397

E-mail：　dbqq@phei.com.cn

通信地址：北京市万寿路173信箱

　　　　　电子工业出版社总编办公室

邮　　编：100036